U0791680

# 电力物联网
# 电力无线专网建设实践

国网江苏省电力有限公司信息通信分公司　组编

中国电力出版社
CHINA ELECTRIC POWER PRESS

## 内 容 提 要

本书依托国网江苏省电力有限公司电力无线专网工程，系统地介绍了电力无线专网技术理论、网络规划、工程实践和业务接入，重点论述了电力无线专网的规划设计、施工工艺，并针对典型业务应用场景的网络接入进行了深入研究，提供了多种实施方案。本书既有电力无线专网建设技术与实践理论的系统论述，也有大量实际案例的详细分析，内容丰富翔实，论述深入浅出，针对性强，在技术研究和工程实践上均有较高的参考价值。

本书既适合从事电力物联网研究与建设，电力无线专网规划设计、建设监理、运行维护、业务应用人员参考，也可供大、中专院校通信专业的师生阅读使用。

**图书在版编目（CIP）数据**

电力物联网电力无线专网建设实践 / 国网江苏省电力有限公司信息通信分公司组编. —北京：中国电力出版社，2020.5（2020.8重印）
ISBN 978-7-5198-4236-9

Ⅰ. ①电… Ⅱ. ①国… Ⅲ. ①互联网络–应用–电力工程–研究②智能技术–应用–电力工程–研究③电力系统–无线网–研究 Ⅳ. ①TM76②TM73③TN92

中国版本图书馆 CIP 数据核字（2020）第 023264 号

出版发行：中国电力出版社
地　　址：北京市东城区北京站西街 19 号（邮政编码 100005）
网　　址：http://www.cepp.sgcc.com.cn
责任编辑：王蔓莉（010-63412791）
责任校对：黄　蓓　常燕昆
装帧设计：张俊霞
责任印制：石　雷

印　　刷：三河市百盛印装有限公司
版　　次：2020 年 5 月第一版
印　　次：2020 年 8 月北京第二次印刷
开　　本：787 毫米×1092 毫米　16 开本
印　　张：12.75
字　　数：308 千字
印　　数：2001—3000册
定　　价：58.00 元

**版 权 专 有　侵 权 必 究**

本书如有印装质量问题，我社营销中心负责退换

# 编 委 会

主　任　黄　进

副主任　缪巍巍　鲍丽山　陈向东　韦　磊

委　员　郭　波　李　伟　韩际晖　王　磊

戴　勇　丁士长　蔡　昊　吴子辰

蒋承伶　邓　沙

# 编 写 组

组　长　鲍丽山

副组长　戴　勇　李　伟

成　员（按姓氏拼音排序）

蔡　昊　陈　浩　樊　进　符士侃

兰　健　李　程　李秋生　刘　锐

蒋承伶　蒋跃宇　马生坤　潘裕庆

邵明驰　王海勇　王丽峰　王胜平

王　奕　徐　刚　汪大洋　张　辉

张明轩　张厦千　朱　红

# 前言 >>>>

2020 年初，国家电网有限公司提出“建设具有中国特色国际领先的能源互联网企业”战略目标，计划到 2025 年基本建成具有中国特色、国际领先的能源互联网企业，实现电网智能化、数字化水平显著提升、能源互联网功能形态作用彰显。

电力物联网是能源互联网在技术层面的重要支撑。电力物联网围绕电力系统各参与方，充分应用移动互联、人工智能等现代信息技术、先进通信技术，实现电力系统各个环节万物互联、人机交互，具有状态全面感知、信息高效处理、应用便捷灵活特征的智慧服务系统。通俗地说，就是运用新一代信息通信技术，将电力用户及其设备、电网企业及其设备、发电企业及其设备、电工装备企业及其设备连接起来，通过信息广泛交互和充分共享，以数字化管理大幅提高能源生产、能源消费和相关领域安全、质量和效率效益水平。

物联网架构由感知层、网络层、平台层、应用层组成。无线网络便于接入广泛分布的海量终端，是物联网网络层建设的最佳选择。长期演进（Long Term Evolution，LTE）以传输技术及体制先进、网络结构扁平、业务部署灵活等特点，成为 4G 主要技术标准。由于 LTE 具备数据速率和频谱效率高、时分双工、时隙子帧配比灵活、扁平化组网等技术特征，能够在非视距条件下为电力用户提供多场景下高带宽、多级服务质量保障的无线数据通信服务，并得到国内成熟、完备的产业链支持，成为电力无线专网的首选解决方案。LTE 电力无线专网具有泛在、高速、安全、智能等优点，作为重要的网络层技术，能够为能源互联网建设提供坚强有力的技术支撑。

国网江苏电力 2016 年起在南京、苏州、常州等地开展 LTE 1.8G 电力无线专网试点，并陆续推广建设，截至 2019 年底已建成 1700 多座基站，实现了上述 3 个地区地表全覆盖和江苏其他 10 个地区核心区覆盖，取得了丰富的电力无线专网规划设计、建设运维与业务应用经验和能力。

本书系统总结了国网江苏电力无线专网规划、设计、施工和运营的基础理论、主要做法和经验体会，全书共分 8 章。第 1 章是无线通信和无线专网的发展与应用概述。第 2 章基于现有各类技术标准，分为控制类、采集类、多媒体类和能源互联网新需求等方面，系统全面分析电力终端业务通信需求。第 3 章介绍电力无线专网规划的特征、规划目标，从需求分析、预规划、站址规划、网络仿真、无线资源和参数规划等 5 个阶段全面阐述了规划流程，给出相应的规划方法和参照指标。第 4 章按照电力无线专网工程架构，系统介绍每部分的设计原则、设计要求和设计内容。第 5 章介绍电力无线专网工程施工流程和工艺、工程调测以及施工安全规范。第 6 章描述了电力无线专网工程设备厂验、现场随工验收、阶段性预验收、试运行和竣工验收各个阶段的方法和标准。第 7 章选取典型业务场景，介绍相应的业务接入方案。第 8 章总结电力无线专网工程实践中具有示范性的创新案例。

江苏电力无线专网工程建设得到了国家电网有限公司有关部门和江苏省无线电管理委员会的大力关心与支持，在中国能源建设集团江苏省电力设计院有限公司、南京南瑞集团南瑞信息通信科技有限公司、华为技术有限公司、中兴通讯股份有限公司和国网江苏电力各市供电公司的共同努力下，得到安全、高效、高质量推进，在此深表感谢！本书还参考应用了许多规范标准和公开的技术资料，在此向有关机构和作者一并致谢！

由于笔者水平有限，技术发展日新月异，书中难免有疏漏和不足之处，恳请广大读者批评指正。

编写组

2020 年 3 月

# 目录 >>>>

# 1

# 概　　述

电网各类设备具有分布范围广、站点多、设备工作环境差、业务种类繁多、数据上传量大、可靠性和安全性要求高等特点，这些对通信覆盖提出了很高的要求。随着智能电网和泛在电力物联网建设的不断推进，电力业务信息采集、智能控制的需求不断提高，安全、可靠、泛在、经济的通信手段建设势在必行。光纤通信方式具备业务传输能力强的优势，但部署施工难度大、成本高、维护困难，难以满足海量终端的全覆盖；运营商的无线公网无法满足电力生产控制网络专网专用的安全要求。电力无线专网既有无线网的优势，又是专网专用，是泛在电力物联网通信手段的最佳选择。

相对于已有的通信技术，第三代合作伙伴计划（The 3rd Generation Partnership Project，3GPP）组织制定的全球移动通信系统（Universal Mobile Telecommunication System，UMTS）标准的长期演进（Long Term Evolution，LTE）版本以其传输技术及体制先进、网络结构扁平、业务部署灵活等特点，已成为 4G 主要的技术标准。采用 LTE 技术建设电力无线专网具备高数据速率和频谱效率、时分双工、时隙子帧配比灵活、扁平化组网等技术特征，能够在非视距条件下为电力用户提供多场景下的高带宽、多级服务质量保障的无线数据接入服务，并得到国内成熟完备产业链支持，成为电力无线专网的首选解决方案。

## 1.1　无线通信发展

### 1.1.1　无线通信发展历史

根据用户数据传输速率的不同，无线通信系统的发展大致分为五代。

第一代移动通信系统（1G）为二十世纪 80 年代兴起的模拟蜂窝通信系统，以北美的高级移动电话服务系统（Advanced Mobile Phone System，AMPS）为代表，用户之间通过频分复用（Frequency Division Multiplexing，FDM）分享系统频谱资源，每个用户在一个独占的 30kHz 窄带上传输模拟话音信号，只能以 10kbit/s 的速率传输简单的数字信令。

第二代通信系统（2G）实现了完全的数字化，以二十世纪 90 年代兴起的全球移动通信系统（Global System for Mobile Communications，GSM）为代表，系统频带被以 200kHz 为单位划分为若干子带，每个子带被 8 个用户通过时分复用（Time Division Multiplexing，TDM）的方式共享。通过引入通用分组无线业务（General Packet Radio Service，GPRS），GSM 系统可以为 1 个独占子带的用户提供最高 171.2kbit/s 的数据传输速率。

第三代移动通信系统（3G）于 1999 年正式确立，以国际电信联盟（International Telecommunications Union，ITU）确定 IMT－2000（International Mobile Telecommunication）系统所采用的空中接口为标志。符合 IMT－2000 标准的 3G 系统包括第三代合作伙伴计划组织（3rd Generation Partnership Project，3GPP）提出的宽带码分多址（Wide Code Division Multiple Access，WCDMA），时分－同步 CDMA（Time Division Synchronized CDMA，TD－SCDMA）和 CDMA2000 三种技术体制。3G 系统的用户带宽包括 1.25MHz（CDMA2000）、1.6MHz（TD－SCDMA）、5MHz（WCDMA）等，最高数据传输速率都超过了 ITU 对 3G 系统的要求，即快速移动环境 144kbit/s、室外步行环境 384kbit/s、室内环境 2Mbit/s。从移动通信的发展历史可以看到，用户占用的带宽和数据传输速率随着技术进步逐渐扩大。

2010 年，随着 IMT－2000 发展过程中大量新技术的积累，ITU 确定了第四代移动通信系统的标准 IMT－Advanced，移动通信系统正式进入 4G 时代。4G 的关键指标包括：① 单个载波峰值传输速率 100Mbit/s，载波聚合可达 1Gbit/s；② 增强的频谱效率，上行时，峰值 6.75（bit/s）/Hz，小区平均 1.4（bit/s）/Hz/扇区，小区边缘 0.03（bit/s）/Hz；下行时，峰值 15（bit/s）/Hz，小区平均 2.2（bit/s）/Hz/扇区，小区边缘 0.06（bit/s）/Hz。符合 IMT－Advanced 要求的 4G 系统包括 3GPP 组织提出的时分长期演进（Time Division LTE，TD－LTE）和频分长期演进（LTE－FDD）两种技术体制。

2018 年 6 月 13 日，3GPP 全会批准了第五代移动通信技术标准 5G 新空口（New Radio，NR）独立组网（Stand Alone，SA）功能冻结，标志着首个真正完整意义的国际 5G 基础版标准正式出炉。5G 相比 4G 在无线承载能力上有巨大提升。5G 通过全新的无线新空口技术，提供峰值 10Gbit/s 以上的带宽，毫秒级时延和超高连接密度，在网络峰值速率、终端移动性、时延性能、频谱效率、用户体验速率、连接数密度、流量密度和能量效率 8 个维度相比 4G 实现 10～100 倍的性能提升。此外，5G 还通过引入网络功能服务化、服务本地化技术，实现垂直行业引入、面向业务应用和用户体验的网络智能化变革。

自 2014 年起，国家电网有限公司先后在江苏南京、洪泽、浙江临安，南方电网公司先后在广东广州、贵州遵义等地区以 1.8GHz TD－LTE 技术开展电力无线专网建设。2015 年工信部发布《关于重新发布 1785～1805MHz 频段无线接入系统频率使用事宜的通知》（工部无〔2015〕 65 号），支持电力、石油、城市轨道交通等行业使用 1785～1805MHz 频段开展时分复用的无线专网建设，大大加快了基于第四代 TD－LTE 技术的电力无线专网建设进程。截至 2019 年 6 月底，已经在全国多个省份开展了规模化建设，覆盖面积上万平方千米，接入工控终端数万个。TD－LTE 技术是目前电力无线专网的主流技术体制，在不做特殊声明时，本书论述默认针对该技术体制。

## 1.1.2 TD-LTE 通信系统概述

### 1.1.2.1 TD-LTE 系统帧结构

对于 TDD 系统来说，因为上下行是同一工作频率，所以帧结构需要同时给出上下行占用资源的时间和位置等信息。一个无线帧至少包括下行传输、上行传输和保护间隔（Guard Period，GP）三部分。GP 位于下行转换为上行的时刻，主要作用是保护下行信号对上行信号的干扰。

TD-LTE 物理层帧结构如图 1-1 所示，10ms 的无线帧包含两个半帧，长度各为 $T=5$ms。每个半帧包含 5 个子帧，长度为 1ms。

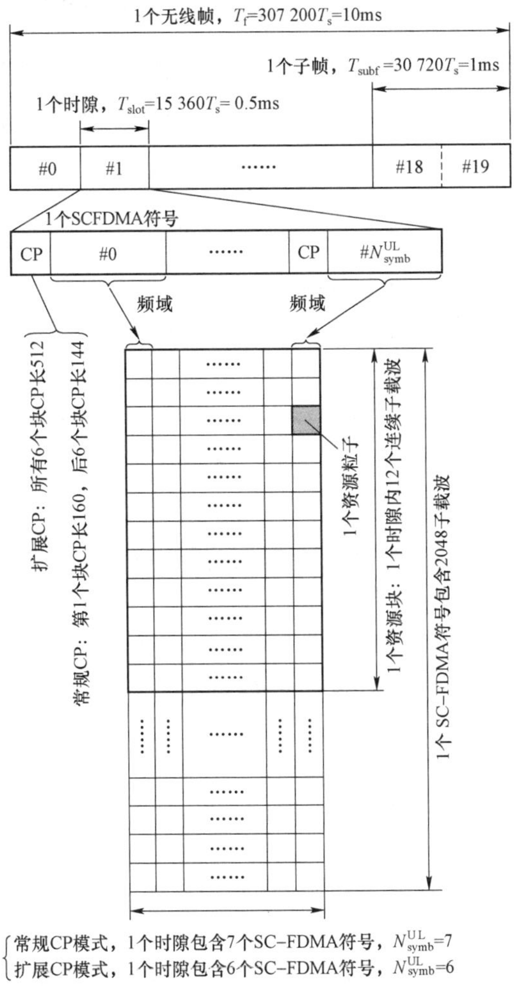


图 1-1 TD-LTE 物理层帧结构图

对于 TDD，上下行在时间上分开，载波频率相同，即在每 10ms 周期内，上下行总共有 10 个子帧可用，每个子帧或上行或下行。TDD 帧结构中，每个无线帧首先分割为 2 个 5ms 的半帧，可以分为 5ms 周期和 10ms 周期两类，便于灵活地支持不同配比的上下行业务。

在 5ms 周期中，子帧 1 和子帧 6 固定配置为特殊子帧；10ms 周期中，子帧 1 固定配置为特殊子帧。每个子帧由 DwPTS、GP 和 UpPTS 3 个特殊时隙组成。

### 1.1.2.2 TD-LTE 系统架构

4G TD-LTE 系统是目前应用规模最大、技术最成熟的蜂窝无线通信系统，其网元组成与 3GPP 传统的通用移动通信系统（Universal Mobile Telecommunication System，UMTS）网络架构相似，是对 UMTS 的长期演进，因而称为 LTE。核心网与无线接入网依然遵循着 UMTS 的发展原则，空中接口在无线接入网终止。核心网与无线接入网的逻辑关系依然存在，核心网与无线接入网的接口也仍旧清楚。LTE 系统从整体上说与 3GPP 系统类似，系统架构也可分为两部分，如图 1-2 所示，一个是演进后的接入网 eNB，一个是演进后的核心网 EPC。eNB 与 EPC 统称为演进分组交换系统（Evolved Packet System，EPS）。

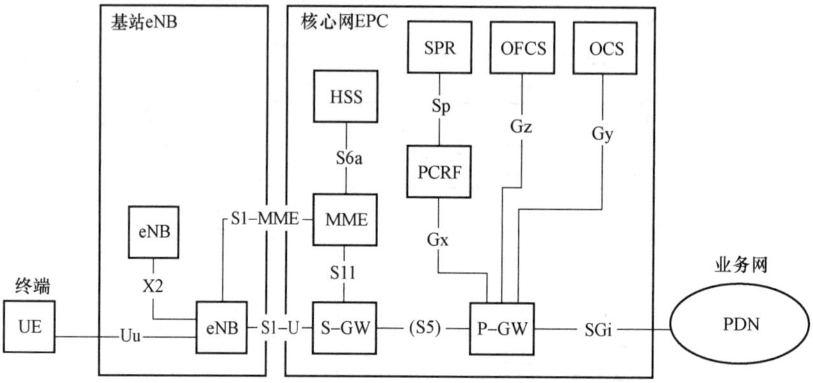


图 1-2　LTE 系统结构

LTE 网络结构特点如下：

（1）LTE 定义的是一个纯分组交换网络，为用户设备（User Equipment，UE）与分组数据网之间提供无缝的动态 IP 连接。

（2）LTE 网络承载的是分组数据网关与 UE 之间满足一定 QoS 要求的 IP 流。

（3）所有网元都通过标准接口连接，满足多供应商产品间的互操作性。

### 1.1.2.3 TD-LTE 系统网元

LTE 的主要网元包括：用户设备（User Equipment，UE）、演进基站（evolved Node B，eNB）、核心网（Evolved Packet Core，EPC）3 个部分。UE 包括手机、用户设备（Customer Premise Equipment，CPE）、上网卡、表计终端模块等形态。无线网指由基站构成的接入网，基站包括基带处理单元（Base band Unite，BBU）和射频拉远单元（Remote Radio Unit，RRU）两个部分，可以分部部署。核心网 EPC 包括移动性管理单元（Mobility Management Entity，MME）、信令网关（Service Gateway，S-GW）、分组数据网关（PDN Gateway，P-GW）、用户数据库（Home Subscriber Server，HSS）和服务质量策略服务（Policy and Charging Rules Function，PCRF）网元。

eNB 是基站，它为用户提供空中接口（Air Interface，AI），用户设备可以通过无线连接到 eNB，eNB 通过有线连接到核心网。一台基站要接受很多台 UE 的接入，负责管理 UE，包括资源分配、调度、管理接入策略等，eNB 与 UE 之间的信令称为接入层（Access Stratum，AS）信令。

MME 是核心网中最重要的实体之一，主要负责的功能包括非接入层（Non－Access Stratum，NAS）信令传输、用户鉴权与漫游管理、移动性管理、承载管理。NAS 信令指的是三层信令，包含移动性管理（EPS Mobile Management，EMM）信令、承载管理（EPS Session Management，ESM）信令和安全相关信令。移动性管理主要有寻呼、跟踪区标识（Tracking Area Identity，TAI）管理和切换。承载管理主要是 EPS 承载的建立、修改、销毁等。

S－GW 主要负责终端在基站间切换时数据业务的传输。

P－GW 是 PDN Gateway 的缩写，其中 PDN 是 Packet Data Network，在运营商公网中为互联网，在专网中是电力业务网。P－GW 是整个 LTE 架构与电力业务网的接口处，UE 如果要访问电力业务网就必须途经 P－GW 实体。通过 P－GW 访问电力业务网，必须要有 IP 地址，P－GW 负责 UE 的 IP 地址分配，同时提供 IP 路由和转发功能。此外，为了将电力业务网各种业务分配给不同的承载，P－GW 提供针对每一个服务数据流（Service Data Flow，SDF）和每一个用户的包过滤功能，在 P－GW 处进出的每一个包属于哪个级别的 SDF 和哪一个用户都已经被匹配好了。P－GW 区分每一个用户不同服务的数据包，从而映射到不同的承载。此外，P－GW 还有其他功能，比如根据用户和服务进行不同的计费和不同的策略。

HSS 是存在于核心网中的一个数据库服务器，里面存放着所有属于该核心网的用户数据信息。用户连接 MME 时，用户提交的资料会和 HSS 数据服务器中的资料进行比对以完成鉴权。

PCRF 根据不同服务制定不同的 PCC 计费策略，也是开展 VoLTE 等业务的关键网元。

签约数据库（Subscriber Profile Repository，SPR）实体为 PCRF 提供用户信息，根据其提供的信息来指定相应的规则。

在线计费系统（Online Charging System，OCS）是用户使用服务的计费系统，离线计费系统（Offline Charging System，OFCS）对计费记录进行保存，在不面向公众的电力无线专网系统中没有上述两个网元。

#### 1.1.2.4　TD－LTE 主要接口

LTE－Uu 接口是位于终端与基站之间的空中接口。终端跟基站建立信令连接与数据连接，信令连接叫无线资源控制连接（Radio Resource Control，RRC），相应的信令在信令无线承载（Signaling Radio Bearer，SRB）上进行传输（SRB 有 3 类，分别是 SRB0、SRB1 和 SRB2，SRB 可以理解为是传输信令的管道）；数据连接是逻辑信道，相关的数据在数据无线承载（Data Radio Bearer，DRB）上传输。这两个连接是终端与网络进行通信必不可少的。

X2 是两个基站之间的接口，利用 X2 接口，基站间可以实现自组网功能（Self－Organizing Network，SON），比如 PCI 的冲突检测等。

S1－MME 是基站与 MME 之间的信令接口，相关 NAS 信令的传输都必须建立在 S1－MME 连接建立的基础上。

S1－U 用户面的接口是建立在 GPRS 隧道协议（GPRS Tunneling Protocol，GTP）的基

础上，连接基站与 MME 的接口，传输基站与 MME 之间的用户数据。

S6a 是 MME 与 HSS 之间的接口，核心网的终端入网附着、业务建立、终端漫游等所有与用户签约信息有关的过程，通过 S6a 接口访问用户数据库。

#### 1.1.2.5 TD-LTE 关键技术

1. 正交频分多址 OFDMA 技术

正交频分复用（Orthogonal Frequency Division Multiplexing，OFDM）是多载波调制技术的一种，其主要思想是将信道分成若干正交子信道，将高速数据信号转换成并行的低速子数据流，调制到每个子信道上进行传输。正交信号可以通过在接收端采用相关技术来分开，这样可以减少子信道间相互干扰（Inter Symbol Interference，ISI）。每个子信道上的信号带宽小于信道的相干带宽，因此每个子信道可以看成平坦性衰落，从而可以消除符号间干扰。由于每个子信道的带宽仅仅是原信道带宽的一小部分，信道均衡变得相对容易。

正交频分多用户接入（Orthogonal Frequency Division Multiple Access，OFDMA）基于 OFDM 的多址技术，各个用户的载波是相互正交的，每个载波在一个符号时间内有整数个载波周期，每个载波的频谱零点和相邻载波的零点重叠，减小载波间的干扰。由于载波间有部分重叠，所以它比传统的频分多址 FDMA 提高了频带利用率。

在 OFDM 传播过程中，高速信息数据流通过串并变换，分配到速率相对较低的若干子信道中传输，每个子信道中的符号周期相对增加，可减少因无线信道多径时延扩展所产生的时间弥散性对系统造成的码间干扰。另外，由于引入保护间隔，在保护间隔大于最大多径时延扩展的情况下，可以最大限度消除多径带来的符号间干扰。如果用循环前缀作为保护间隔，还可避免多径带来的信道间干扰。

在 LTE 以前的频分多址系统中，整个带宽分成 $N$ 个子频带，子频带之间不重叠，为了避免子频带间相互干扰，频带间通常加保护带宽，但这会使频谱利用率下降。为克服该缺点，OFDM 采用 $N$ 个重叠的子频带，子频带间正交，因而在接收端无需分离频谱即可将信号接收下来。OFDM 系统一个主要优点是正交的子载波可以利用快速傅利叶变换（Fast Fourier Transform，FFT）实现调制和解调。对于 $N$ 点的 FFT 运算，需要实施 $N_2$ 次复数乘法，而采用常见的基 2-FFT 算法，其复数乘法仅为（$N/2$）$\log_2 N$，可显著降低运算复杂度。

在 OFDM 系统的发射端加入保护间隔，主要是为了消除多径所造成的 ISI，其方法是在 OFDM 符号保护间隔内填入循环前缀，以保证在 FFT 周期内 OFDM 符号时延副本内包含的波形周期个数也是整数。这样，时延小于保护间隔的信号就不会在解调过程中产生 ISI。

由于 OFDM 技术有较强的抗 ISI 能力以及高频谱效率，2001 年开始应用于光通信中，相当多的研究表明了该技术在光通信中的可行性。

2. 多天线技术 MIMO

多入多出技术（Multiple Input Multiple Output，MIMO）是多天线技术的一种，其基本特征是在通信的发射端和接收端均使用多个天线。MIMO 是单纯的空间分集与空间复用技术的进一步演进，其理论支撑是空时信号处理技术。空间分集是指发射端使用多天线重复发送或在接收端使用多天线接收相同数据的不同副本，其优点是提高无线通信信号的信噪比，提升无线传输系统的信号质量。在实际中，接收分集比发射分集应用更为广泛。空间复用是指发射端使用多天线并行发送且在接收端使用多天线接收多路不同数据，优点是提高无线通信的传输速率，大幅度提升无线传输系统的信道容量。

在 LTE R8 标准中下行支持 1、2、4 天线发射，终端侧 2、4 天线接收，下行可支持最大 4 层（Layer）传输。上行只支持终端侧单天线发送，基站侧最多 4 天线接收。LTE R8 的多天线发射模式包括开环 MIMO、闭环 MIMO、波束赋形（Beam Forming，BF）以及发射分集。

3. 链路自适应技术 LA

链路自适应（Link Adaptation，LA）能够动态跟踪信道变化，根据信道信息确定当前信道的容量，进而确定传输信息的发送功率、编码速率、符号速率和编码方式调制的星座图尺寸、调制方式等参数，可以在保持恒定发射功率下，最大限度地发送信息，实现更低的误码率，同时减轻对其他用户的干扰，满足不同业务的需求，提高系统的整体吞吐量。

由于无线信道的不断变化，需要通过调度、自适应调制编码（Adaptive Modulation and Coding，AMC）、功率控制、混合自动请求重传（Hybrid Automatic Repeat Request，HARQ）等技术适应信道的特性，灵活调整系统配置。对于移动通信系统，由于信道和终端位置的不确定性，终端甚至要在多个基站之间进行选择，并和其他终端竞争接入，大大增加了移动通信物理过程的复杂性。要满足新一代无线通信的高速传输要求，实现多种业务的支持能力，必须考虑 LA 技术。LA 技术包括 AMC、HARQ、动态功率控制等技术。

（1）AMC。AMC 技术针对时刻变化的信道条件，能够动态地、选择恰当的调制编码方式。AMC 技术使系统适应时刻变化信道条件的能力得以加强，在 LTE FDD 中，信道条件是根据接收机的反馈信息进行评估的；而在 TD－LTE 系统中，可根据信道的互易性，直接将上行估计结果用于下行链路。

为了优化系统参数，发射机和接收机必须收集一系列随时间变化的信道统计参数，如自动增益的控制、调制和编码格式、信道估值滤波器、信号功率以及信号带宽等。如果信道变化太快，选择的信道参数将不能匹配信道实际情况，所以信号变化缓慢是自适应传输方案实施的前提。因此，该技术仅可用于多普勒扩展不大的情况。

AMC 在 OFDM 这样一个多载波系统中应用时，还需要考虑一个重要问题，即是否需要对一个用户的不同频率资源块采用不同的 AMC（RB－dependent AMC）。理论上，考虑到频率选择性衰落的影响，相比在所有频率资源上采用同等 AMC 配置，这种方法能取得更好的性能。但在系统假设和实际评估模型下，通过仿真发现，这种方法不仅没有带来显著增益，反而有额外的信令开销。因此，TD－LTE 最终采用 RB－common AMC 方式。也就是说，在一个基本传输时间单元（Transmission Time Interval，TTI）内，对于某一用户的某一数据流，一个层 2 的分组数据单元应只使用一种调制和编码格式，当然，在 MIMO 的不同流情况下，可以采用不同的 AMC 组合。

需要说明的是，AMC 的操作和频率调度、功率控制、HARQ、MIMO 预编码等技术是密不可分的，它们都是为了适应信道的变化、提高系统容量而采用的自适应技术。它们可以共享一部分反馈信息。例如，在 AMC 和频域调度都可以基于信道质量信息 CQI 反馈来实现。

（2）HARQ。通过采用基于自动重传请求（Automatic Repeat－reQuest，ARQ）和前向纠错（Forward Error Correcting，FEC）等差错控制方法，可以降低系统误码率，从而降低无线移动多径衰落和信道时变对信号传输的影响，确保服务质量。FEC 方案相比 ARQ 方案，其产生的时延较小，但降低了系统吞吐量；ARQ 方案相比 FEC 方案，其编码虽不冗余，但其产生的时延较大，不利于提供实时服务。通过比较分析，克服两者缺点，合并两者优点，产生了 HARQ 方案；HARQ 方案使一个 FEC 子系统存在于一个 ARQ 系统中，如果 FEC 子系统的纠错能力可以实现纠错功能，则不需启用 ARQ 系统；当 FEC 子系统不能正常纠错时，ARQ 系统反馈信道请求重发错误码组。HARQ 方案具有更高的系统性和更高的系统吞吐量。

## 1.2 无线专网现状及趋势

随着国际安全局势的日益动荡和自然灾害的频繁发生，各国政府越发重视安全问题和灾难救援工作。由于公共网络在安全性和可靠性上难以满足公共安全客户的需求，因此，建立一个全国性统一的安全网络和应急指挥系统成为各国政府的重要诉求。此外，为保障安全生产、提供高效服务、提升经济效益，能源、交通等行业的专用宽带网络建设需求也日益迫切。基于上述考虑，《工业和信息化部关于 1447～1467 兆赫兹（MHz）频段宽带数字集群专网系统频率使用事宜的通知》（工信部无〔2015〕59 号）批准政务、公共安全等重要行政事业单位使用 LTE 技术建设专网，《工业和信息化部关于重新发布 1785～1805MHz 频段无线接入系统频率使用事宜的通知》（工信部无〔2015〕65 号）批准电力、石油、轨道等重要行业重要企业使用 LTE 技术建设专网。

### 1.2.1 政务

2011 年 7 月，国家无线电管理委员会正式批复 1.4G 频段作为政务网试验频率，在此基础上，北京建成 TD－LTE 政务专网，满足了政务网用户从专业语音、宽带数据到高清视频等多种需求；天津基于 TD－LTE 技术的政务专网一期于 2012 年底完工，整体工程于 2015 年建成；南京 TD－LTE 政务专网承担了 2013 年 8 月第二届亚洲青年运动会赛事通信保障任务，成功实现了 TD－LTE 数字宽带集群技术对国际重大赛事的通信指挥保障。

### 1.2.2 石油行业

中石油、中石化、中海油、延长石油等开展“数字化油田”建设，2012～2016 年，中石油站点数据化覆盖及数据采集传输设备投资规模达到 53 亿元。TD－LTE 用于提供油田作业区的语音、数据、视频、调度、多媒体业务的覆盖。中石油开展的 A11 项目、中石化“数字油田”项目及中海油涠洲油田均开展 TD－LTE 专网测试。大唐移动针对石油行业的特点，提出了数字油田建设的理念，开发出以 TD－LTE 技术为核心的 TDiN 无线专网系统。

### 1.2.3 煤炭行业

“十二五”期间，通过兼并重组，具备信息化建设能力的大中型煤矿数量增加到超过 3000 家，到 2015 年，煤炭行业信息化市场整体规模超过 90 亿元，2013～2016 年煤炭无线通信专网投资规模超过 12 亿元。TD－LTE 用于提供井下、井上的语音、数据、视频、调度等业务覆盖。神华神东上湾矿“一网一站”项目开展 TD－LTE 升级；神华朔黄铁路开展了 LTE 宽带无线通信项目建设。

### 1.2.4 交通运输行业

《公路水路交通运输信息化“十二五”发展规划》提出了公路水路交通安全应急、出行服务、市场监管、决策支持等方面的信息化建设任务和重点。在智能交通方面，研发 LTE－V 推进智能交通和车联网建设，在长江航运建设宽带无线专网，同时采用 TD－LTE 用于提供道（水）路—车—人，车—车，车—人之间数据、多媒体业务的覆盖。

铁路方面，TD－LTE 应用于铁路、地铁等交通方式，进行信号、信息的传输、监控线路路面状况等，采用跨频段频率资源聚合方式，研发多载波 LTE－R 系统，实现高速铁路列车安全运行车的数据高效传输。TD－LTE 的高速铁路宽带通信研究被列入国家重大专项课题。中国移动已完成沪杭高铁嘉兴段 TD－LTE 网络覆盖，杭州地铁已实现 TD－LTE 全程覆盖，国际铁路联盟已启动基于 LTE－R 标准研究。

### 1.2.5 民航

宽带地空通信系统必须能满足民航系统飞行状态安全监控、航班营运、旅客信息等应用服务。根据计划，中国将陆续架设近千个地对空基站，“中国民航地空宽带通信系统”将覆盖国内各大航空公司国内航班的所有航线。TD－LTE 用于地面、地空语音、数据、调度、多媒体服务等业务覆盖。中国民航系统推广“中国民航地空宽带通信系统”，西安机场地勤实现无线宽带覆盖。

### 1.2.6 广电、教育

TD－LTE 用于广播电视专业用高清宽带移动无线传输系统、高清即摄即传系统。普天研究院推出了首款 4G 卫星电视直播车载系统校园无线宽带专网、教学 TD－LTE 专网等教育行业 TD－LTE 应用。TD－LTE 用于提供校园语音、数据、多媒体、教学等业务覆盖。

### 1.2.7 公安、武警、应急

工信部于 2015 年组织厂商开展基于 LTE 的宽带集群通信技术，并将其应用于公安、武警、应急指挥等行业和部门的调度指挥应用中。知名厂商包括鼎桥、高达、信威等。公安无线专网采用窄带数字集群加宽带接入的方式，即 PDT＋LTE（警用数字集群），解决不能全国联网、不能加密等问题，应用主要包括日常警务、重大保卫活动、处置突发事件（含抢险救灾）。

现代化武警建设“动中通”系统实现网络化、智能化执勤体系及一体化指挥控制体系，增强执勤、处置突发事件和反恐维稳能力。TD－LTE 用于提供武警部队的语音、数据、视频、调度、应急指挥等业务覆盖。

在应急通信保障中，基于 TD－LTE 无线宽带的视频技术、高带宽为多媒体应用和移动互联网提供了强大的技术手段和业务可能性，并有着完善的技术演进策略；研发了基于 TD－LTE 制式的应急多媒体通信指挥车、TD－LTE 4G 宽带集群终端芯片、一体化集群手持终端等。

### 1.2.8 智慧城市

智慧城网包括以光纤通信为代表的有线通信网，以及由运营商无线公网和行业无线专网相结合的无线通信网。

有线通信网技术主要包括骨干侧 OTN/DWDM/SDH、汇聚侧的 SDH/PTN/IP－RAN、接入侧的 GPON/EPON、小型化 PTN 技术。

无线通信技术主要包括 2G、3G、4G 通信技术，考虑到时延、带宽、安全性、可靠性等因素，以 LTE 无线通信技术为核心的 4G 网络成为目前行业首选。

# 1.3 电力无线专网

## 1.3.1 电力无线专网频率

《工业和信息化部关于重新发布 1785～1805MHz 频段无线接入系统频率使用事宜的通知》（工信部无〔2015〕65 号）提出 1785～1805MHz 中 20MHz 规划用于交通（城市轨道交通等）、电力、石油等行业专用通信网，采用 TDD 方式无线接入系统。

## 1.3.2 电力无线专网总体结构

电力无线专网由核心网、无线网、回传网等组成，用于承载电网终端网络各类业务，核心网与业务主站之间通过安全网关隔离，总体系统构成如图 1－3 所示。

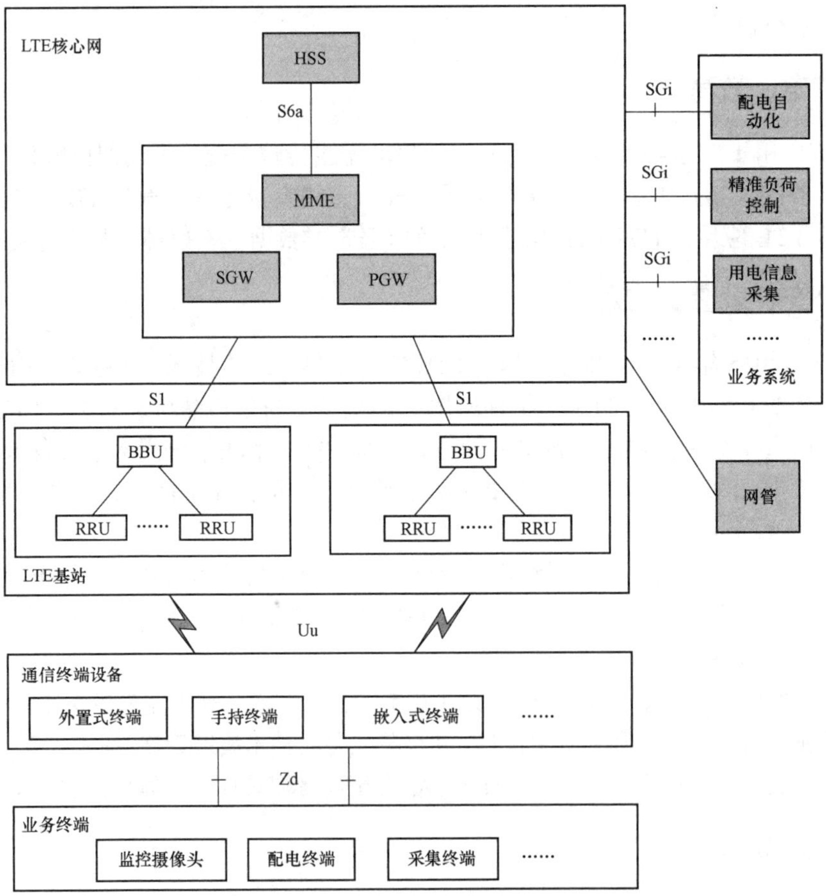


图 1－3　电力无线专网体系架构

电力 LTE 无线专网与标准 LTE 系统在网络结构、网元组成和接口定义方面均相同，但也有许多方面存在差异，具体包括：

（1）工作频率，1.8GHz 电力无线专网使用 1785～1805MHz 频率，并非 3GPP 标准中明确定义的频段。根据 Q/GDW 11804—2018《LTE－G 1800MHz 电力无线通信系统技术规范》，1.8GHz 电力无线专网使用频段号定义为 BAND59，绝对无线频点号（EARFCN）定义为 54 200 起始，可支持 3MHz、5MHz 和 10MHz 带宽配置。

（2）电力无线专网的终端位置固定，业务 IP 地址固定，业务流向和流量固定，业务类型以机器间通信数据为主，业务长期在线。

（3）电力无线专网的网络建设以变电站和电力自有杆塔物业为主，辅以公网铁塔租赁，服务于电力业务。

（4）电力无线专网的网络建设需要兼顾安全性、可靠性和网络性能 3 方面要求，控制类业务需要优先满足安全性要求，与其他业务物理隔离。

（5）电力 LTE 无线专网比公网增加定义了通信终端与业务终端的接口 Zd 接口，Zd 接口目前有串口和 RJ45 接口两种实现形式，承载的协议包括 PPP 拨号协议和以太网协议，该接口也应满足安全性要求。

本章回顾了无线通信发展的历史和 LTE 通信技术发展的历程，介绍了政务、石油、煤炭、交通、民航、教育、公安等行业无线专网技术现状和发展趋势，阐述了 LTE 技术体制的总体结构、网元组成和关键技术优势，以及国家对电力无线专网的频率政策和电力无线专网的应用总体情况。

2

# 电力无线专网需求

电力无线专网因电力业务建设需要而建，它应该满足业务需求、网络需求和安全需求。需要由电力无线专网承载的业务分为控制类、采集类和多媒体类三大类，主要包括配电自动化等20余种。网络需求按照多业务承载的目标，具体指电力无线专网应达到的覆盖和可靠性要求。安全需求是对电力无线专网的安全总体要求、设备安全防护要求、业务安全接入要求和网络运行管理安全要求。业务需求、网络需求和安全需求是电力无线专网工程建设关键技术指标确定的依据。

## 2.1 业务需求

### 2.1.1 控制类业务需求

#### 2.1.1.1 配电自动化业务

1. *系统构成*

配电自动化系统是实现配电网运行监视和控制的自动化系统，具备配电数据采集与监视（Supervisory Control And Data Acquisition，SCADA）、馈线自动化、故障处理、分析应用等功能。

2. *安全防护要求*

遵循《电力监控系统安全防护总体方案》及《配电监控系统安全防护方案》要求，参照“安全分区、网络专用、横向隔离、纵向认证”原则，强化边界防护，加强内部的物理、网络、主机、应用和数据安全。配电自动化系统生产/管理跨区边界、与调度自动化系统边界、与安全接入区边界均应采用电力专用横向单向安全隔离装置；安全接入区与通信网络边界应采用安全接入网关，实现对通信链路的双向身份认证和数据加密；管理信息大区与无线网络接入边界采用硬件防火墙、数据隔离组件、加密认证装置三重防护；新增配电终端采用内置专用安全芯片方式，实现通信链路保护、身份认证、业务数据加密。配电自动化安全防护等级架构示意图如图 2－1 所示。

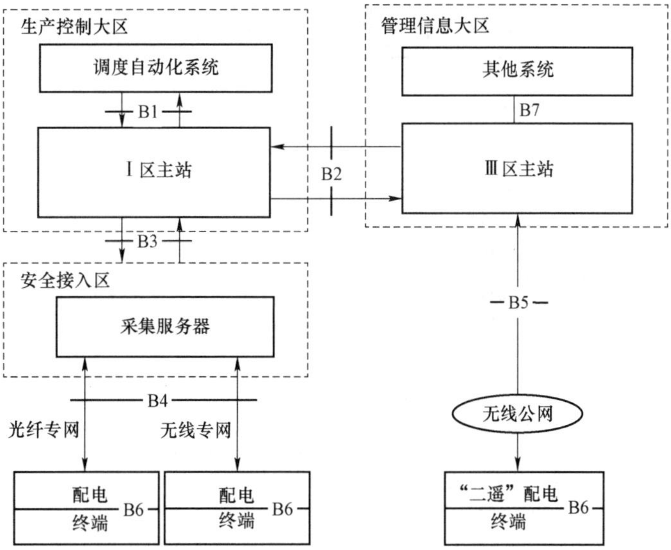


图 2－1　配电自动化安全防护等级架构示意图

B1—生产控制大区横向域边界；B2—大区边界；B3—配电自动化主站生产控制大区应用与安全接入区边界；B4—安全接入区纵向通信的安全防护（专网接入时）；B5—主站管理信息大区纵向通信的安全防护（无线公网接入时）；B6—终端的安全防护；B7—主站管理信息大区内系统间的安全防护

3. 指标要求

依据《关于印发〈配电自动化验收细则（第二版）〉的通知》（生配电〔2011〕92 号）和 DL/T 5781—2018《配电自动化系统验收技术规范》规定，单个配电终端接入速率要求为光纤专网不小于 19.2kbit/s、其他方式不小于 2.4kbit/s（单个配电终端接入速率要求来源为：配电终端串口可选速率为 1200、2400、9600、19 200bit/s，2400bit/s 为常用速率，考虑光纤带宽大，因此选择最大速率要求）。业务特征及业务带宽需求见表 2－1。

**表 2－1　配电自动化业务指标要求**

| | |
|---|---|
| 相关规范 | DL/T 814—2013《配电自动化系统技术规范》<br>DL/T 634.5104—2009《远动设备及系统　第 5－104 部分》<br>DL/T 11413—2015《配电自动化无线公网通信模块技术规范》<br>DL/T 5781—2018《配电自动化系统验收技术规范》 |
| 业务时延<br>（含业务终端动作） | 开关量变位传递到主站＜30s<br>遥控完成时间＜5s<br>重要模拟量越死区传递时间＜15s<br>画面调用时间＜3s<br>遥测模拟量终端至子站时延：无线＜30s<br>遥信状态量终端至子站时延：无线＜30s<br>遥控命令选择、执行或撤销传输时间≤6s |
| 业务工作周期 | 主站总召周期 1～60min 可配<br>终端心跳周期 30s |

续表

| | |
|---|---|
| 业务工作周期 | 终端时钟同步周期 60min<br>遥控为主站下发下行业务，为突发业务<br>遥测和遥信为事件触发上行业务，为突发业务 |
| 业务带宽 | 非光纤：<br>上行 2.4kbit/s<br>下行 2.4kbit/s<br>协议上下行最小 2.4kbit/s、最大 64kbit/s（潜在上限） |
| 可靠性 | 遥测合格率≥98%<br>遥信动作正确率≥99%<br>遥控正确率≥99.99%<br>遥测综合误差＜1%<br>遥信正确率＞99.9%<br>遥控正确率 100%<br>误码率优于 $1\times10^{-5}$ |
| 数据流向 | 上行流量大、下行流量小 |
| 通信指标要求 | ① 通道时延要求：<br>遥测＜3s<br>遥信＜3s<br>遥控＜2s<br>② 丢包要求＜$10^{-4}$<br>③ 速率要求≥2.4kbit/s |

4. 业务分布情况

业务通信现状：A+类区域以配电自动化光纤“三遥”业务为主。A 类区域包括高光纤覆盖率的“三遥”和公网“二遥”业务，B、C、D、E 类区域以公网“二遥”业务为主，正在开展“三遥”业务建设。

### 2.1.1.2 源网荷储控制业务

1. 系统构成

源网荷储控制系统是以可中断负荷为具体控制对象的系统保护网络。在电网需要时，根据控制量精准匹配可中断负荷并对其进行批量快速控制。重点解决电网故障初期频率快速跌落、主干通道潮流越限、省际联络线功率超用、电网旋转备用不足等问题。根据不同控制要求，分为实现快速负荷控制的毫秒级控制系统和更加友好互动的秒级及分钟级控制系统。源网荷储控制系统结构框图如图 2－2 所示。

源网荷储控制系统的通信对象包括接入层电力用户配电室分路开关及计量装置，以及骨干、汇聚层各级上联汇聚站点。

2. 安全防护要求

系统应独立成网，专网专用；安全防护应符合《电力监控系统安全防护规定》（发改委〔2014〕14 号文）和《电力监控系统安全防护总体方案》（国能安全〔2015〕36 号文）的要求。

3. 指标要求

源网荷储控制系统业务指标要求如表 2－2 所示。

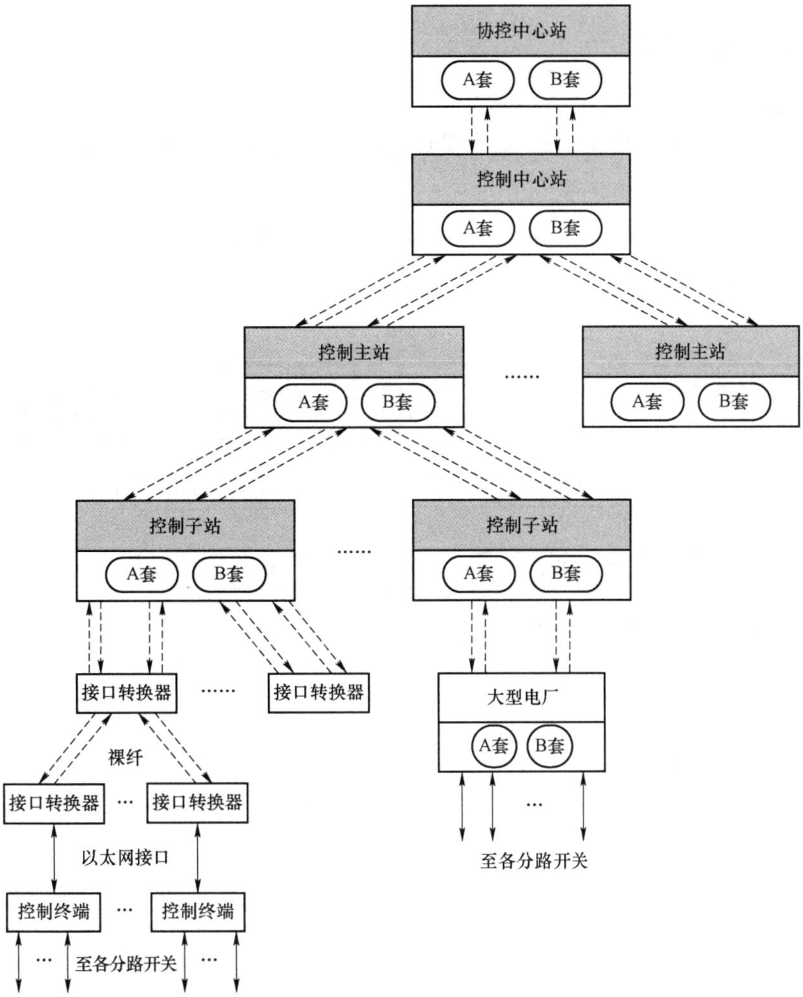


图 2-2　源网荷储控制系统结构框图

**表 2-2　　源网荷储控制系统业务指标要求**

| | |
|---|---|
| 相关规范 | 《精准负荷控制通信系统建设指导意见》(信通通信〔2017〕33 号) |
| 业务时延<br>(含业务终端动作) | 从故障信息采集开始到终端跳开完成:<br>毫秒级系统<650ms<br>秒级系统<8.7s<br>分钟级系统<5min |
| 业务工作周期 | 业务采集周期遥测 80ms |
| 业务带宽 | 毫秒级:28kbit/s<br>秒级和分钟级:48.1kbit/s;可支持 1.13Mbit/s<br>挂网实测计算:70B/50ms=11.2kbit/s |
| 可靠性 | 未对单个终端运行状态及通信通道可靠性提出明确要求 |
| 数据流向 | 终端与子站、主站之间交互,终端横向之间无数据交互 |
| 通信指标要求 | 通道时延要求:<br>(1) 从核心网 SGi 接口至终端 Zd 接口的时延<50ms<br>(2) 丢包要求<$10^{-4}$<br>(3) 速率要求≥11.2kbit/s |

### 2.1.1.3 分布式电源业务

1. 体系架构

分布式电源监控系统是实现分布式电源运行监视和控制的自动化系统，具备数据采集和处理、有功功率调节、电压无功功率控制、孤岛检测、调度与协调控制等功能，主要由分布式电源监控主站、分布式电源监控子站、分布式电源监控终端和通信系统等部分组成。分布式电源监控系统体系架构如图 2–3 所示。

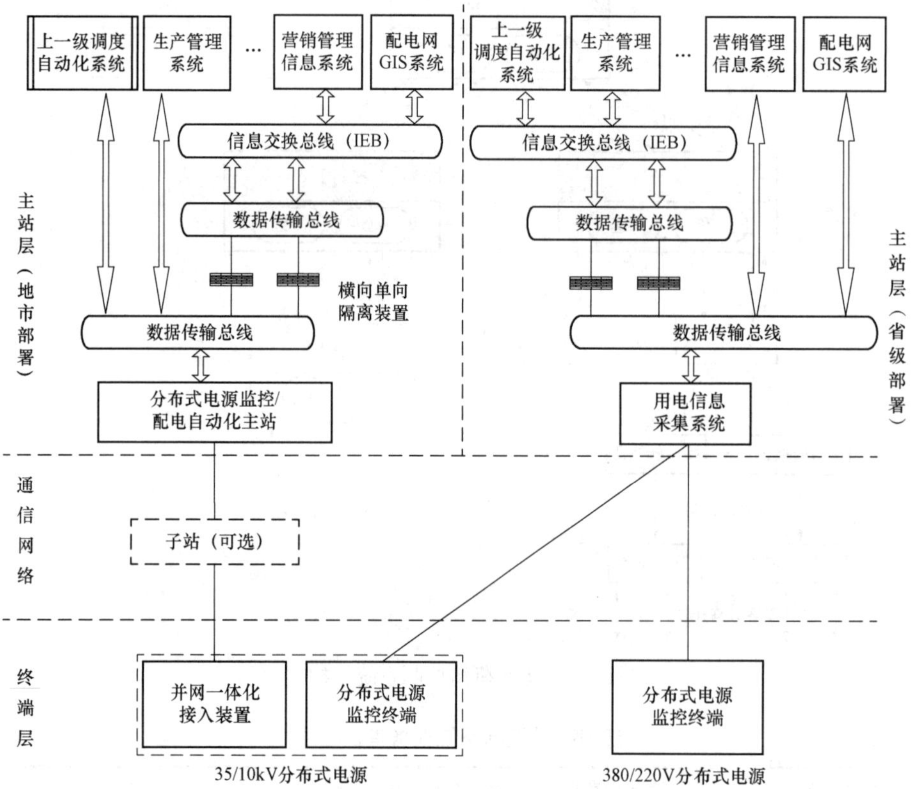


图 2–3 分布式电源监控系统体系架构

2. 指标要求

35/10kV 分布式电源站点调度、营销业务，主要包括分布式电源监测终端信息接入、电费计量业务等；220/380V 分布式电源站点为电费计量业务。分布式电源站点传输流量需求及业务指标见表 2–3 和表 2–4。

**表 2–3 分布式电源站点传输流量需求**

| 业务类型 | 终端流量（kbit/s） | 并发比例 | 业务流向 | 备注 |
|---|---|---|---|---|
| 分布式电源监测终端信息接入 | 5.25 | 100% | 地市公司 | 35/10kV |
| 电费计量 | 1.05 | 100% | 省公司 | 35/10kV 及 220/380V |

表 2-4　分布式电源业务指标要求

| | |
|---|---|
| 业务时延（含业务终端动作） | 遥测：遥测越限由终端传递到子站/主站＜60s<br>遥信：端到端时延＜60s<br>遥控：端到端时延＜5s |
| 业务工作周期 | 召测频度每 5min 一次 |
| 业务带宽 | 上下行：5.25kbit/s～36kbit/s |
| 可靠性 | 遥测综合误控率≤1.5%<br>遥信正确率≥99.9%<br>遥控正确率 100%<br>子站、监控终端平均无故障时间≥26 000h<br>系统可用率≥99.9% |
| 数据流向 | 终端与主站系统之间通信为点对点通信 |
| 通信指标要求 | ① 通道时延要求：<br>遥测＜3s<br>遥信＜3s<br>遥控＜2s<br>② 丢包要求＜$10^{-4}$<br>③ 速率要求≥5.25kbit/s |

### 2.1.1.4 智能家居业务

1. 体系架构

在电力用户家庭内部部署智能交互终端、智能插座、智能家电等设备，实现对家用电器用电信息自动采集、发布、分析，开展烟雾探测、燃气泄漏探测、家庭安防、紧急求助、三表抄收等增值业务；通过智能交互终端与小区低压电力通信网互联，利用 95598 互动网站和智能家居服务平台，实现智能家居远程控制与管理。智能家居逻辑结构如图 2-4 所示。

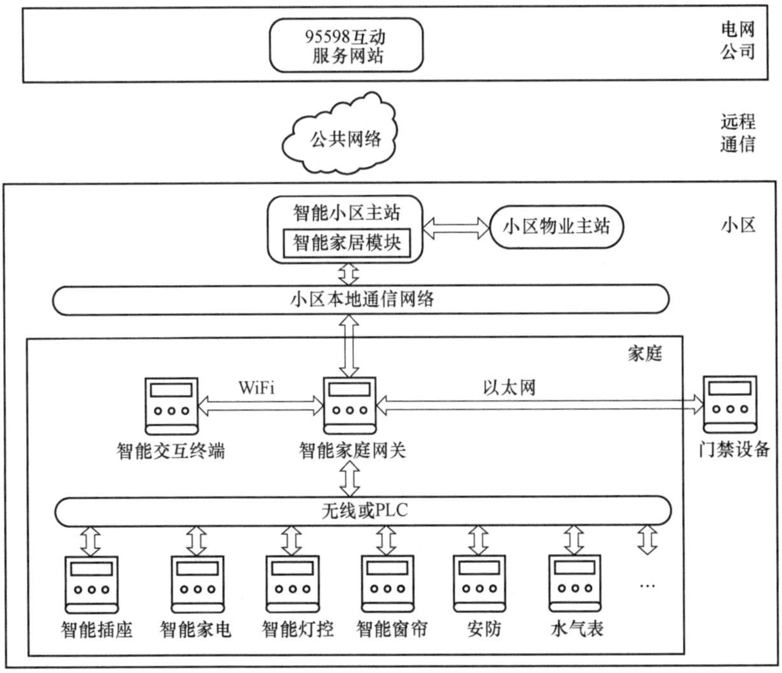


图 2-4　智能家居系统结构

2. 指标要求

智能小区主站（含智能家居模块）控制操作命令响应时间（控制命令下达至终端响应的时间≤5s，控制正确率≥99.99%；智能家居业务用于传输家电、语音、家庭安防等信息，传输速率为 1M～4Mbit/s，传输时延为百毫秒级，具体业务指标要求见表 2-5。

表 2-5　　智能家居业务指标要求

| | |
|---|---|
| 业务时延<br>（含业务终端动作） | 智能小区主站控制命令下达至终端完成动作的时间≤5s<br>数据传输时延≤1s |
| 业务工作周期 | 控制为突发业务 |
| 业务带宽 | 支持用电采集和小区配电自动化 2.4kbit/s<br>支持智能家电为 1M～4Mbit/s |
| 可靠性 | 控制正确率≥99.99%<br>传输误码率≤0.0001% |
| 数据流向 | 通过智能交互终端与小区低压电力通信网互联 |
| 通信指标要求 | （1）通道时延要求：<br>控制命令≤3s，传输家电、语音、家庭安防等信息≤300ms<br>（2）丢包要求：<br>数传≤$1\times10^{-4}$<br>视频≤$10^{-2}$<br>（3）速率要求：<br>仅支撑用电信息采集、小区配电自动化等业务＞1kbit/s<br>传输家电、语音、家庭安防等信息为 1M～4Mbit/s<br>考虑当前及未来智能小区各项业务需求，每户带宽应大于 30Mbit/s |

## 2.1.2　采集类业务需求

### 2.1.2.1　用电信息采集业务

1. 系统构成

用电信息采集系统是对电力用户的用电信息进行采集、处理和实时监控的系统，实现用电信息的自动采集、计量异常监测、电能质量监测、用电分析和管理、相关信息发布、分布式能源监控、智能用电设备的信息交互等功能。用电信息采集系统架构由主站层、传输层、终端层组成，集成在营销应用系统中，数据交互由营销系统与其他应用系统进行接口。

主站层集中部署于省公司，直接采集全省范围内的所有现场终端和表计，集中处理信息采集、数据存储和业务应用，各地市公司不设立单独的主站。

2. 指标要求

用采业务主站采集数据分为定时自动采集、随机召测和主动上报 3 种，目前主要采用定时自动采集方式，主站每天集中召测采集终端 1 次数据。

（1）专用变压器采集终端。专用变压器采集终端采集数据类型包含正反向有无功、日冻结等数据。专用变压器采集终端每天上行数据量为 538byte，下行数据量（包含基础数据类型以及实时突发性控制信息等数据，控制信息数据量为 40 个 byte）为 248byte，由此可得：每天数据总量＝$786\times8/1024=6.14$kbit。

（2）集中抄表终端。根据 Q/GDW 1376—2013《电力用户用电信息采集系统通信协议》，统计用电信息采集系统集中器节点处的汇聚带宽见表 2-6 和表 2-7，其中每个集中器下挂的电表数量为按最终发展规模统计值。

表 2-6　用电信息采集带宽现状及需求预测

| 本地通道业务 | 数据传输模式 | 电表采集周期 | IP 包速率（kbit/s） |
|---|---|---|---|
| 240 个单相表，12 个三相表 | 轮询 | 15min | 1.2 |
| | | 5min | 3.6 |
| | | 1min | 18 |
| | 系统设置采集器/电能表数据为主动上传到集中器（并发） | 15min | 0.44 |
| | | 5min | 1.32 |
| | | 1min | 6.66 |
| 单表远程上电/断电控制 | 下行控制/上行确认 | 突发 | 3.48 |
| 单表告警信息上传 | 上行告警/下行确认 | 突发 | 0.122 |
| 所有表告警信息同时上传（256 块表） | 上行告警 | 突发 | 15.4 |

表 2-7　用电信息采集业务指标

| | |
|---|---|
| 业务时延（含业务终端动作） | 主站巡检终端重要信息<15m<br>系统控制操作响应时间≤5s<br>常规数据召测和设置响应时间<15s<br>历史数据召测响应时间<30s<br>系统对客户侧事件的响应时间≤30m |
| 业务工作周期 | 主站每天集中采集终端 1 次数据<br>控制命令为突发业务<br>采集终端和集中器终端每 15～60min 产生 1 次脉冲心跳 |
| 业务带宽 | （上行）用采：1k～10kbit/s<br>（下行）负控：2.5k～10kbit/s |
| 可靠性 | 远程一次采集成功率≥97%<br>远程周期采集成功率≥99.8%<br>遥控正确率≥99.99% |
| 数据流向 | 上行流量大、下行流量小 |

### 2.1.2.2　电动汽车充电站/桩业务

1. 体系架构

电动汽车充电站（桩）及岸电一般包括各种集中充电站、充电桩、岸电以及系统主站等。电动汽车充电站/桩业务架构如图 2-5 所示。

充电桩用电信息采集计量数据为营销用电信息采集业务系统范畴，不包含在车联网平台内，充电桩用电信息采集业务按照现有用电信息采集系统所采用的无线公网通道进行建设。对于集中式充电站，一般情况下用电信息采集系统仅采集关口表电能信息。充电设备状态、计费等信息通过互联网上传至车联网平台。

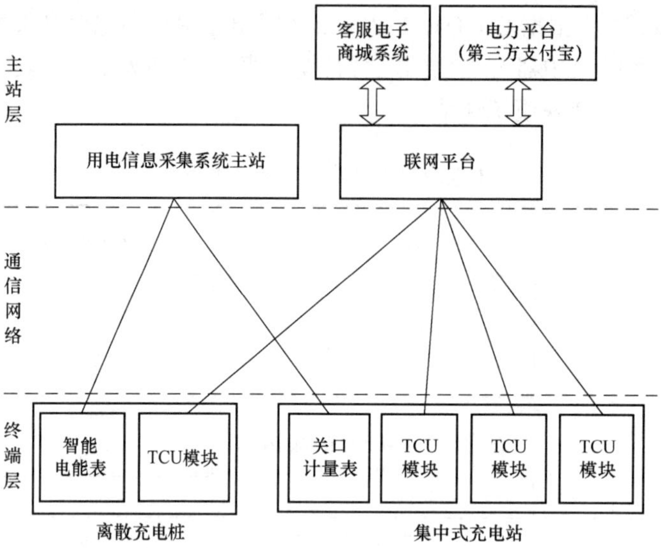


图 2－5　电动汽车充电站/桩业务架构图

2. 指标要求

电动汽车充电业务数据采集方式分为定时自动采集、按需召测和事件触发主动上报 3 种，上行数据主要包括充电桩状态、计量等，下行数据主要为运行、对时和计费等信息。主站系统每 5min 下发一次召测命令，充电桩上传充电桩状态、计量等数据。

按数据采集表计算单个充电桩约需上传数据 267 个 byte，单个充电桩需上传数据总量 $=267\times 8/1024=2$kbit，考虑给予一定通信信道预留，单个充电桩数据量按照 4kbit 进行计算。电动汽车充换电站/桩业务指标要求见表 2－8。

**表 2－8　　电动汽车充换电站/桩业务指标要求**

| | |
|---|---|
| 业务时延（含业务终端动作） | 计量信息传输时延＜5s |
| 业务工作周期 | 分为定时自动采集、按需召测和事件触发主动上报 3 种<br>主站系统每 5min 下发一次召测命令，充电桩上传充电桩状态、计量等数据 |
| 业务带宽 | 上下行≥4kbit/s |
| 可靠性 | 采集成功率≥99.9% |
| 数据流向 | 主站下发召测、计费命令，终端上传设备、计量信息 |

### 2.1.2.3　输变电状态监测业务

1. 体系架构

输变电状态监测业务用于输电和变电设备及线路的温度、气象、现场环境等信息的实时监测。建立输变电设备状态监测系统，可以使电网运行能够充分利用已有的状态信息，通过多方位、多元化的分析最大限度把握电网设备的状态，依此制定合理的检修维护策略，从而提高电网设备可用时间，延长设备使用寿命，其系统架构如图 2－6 所示。

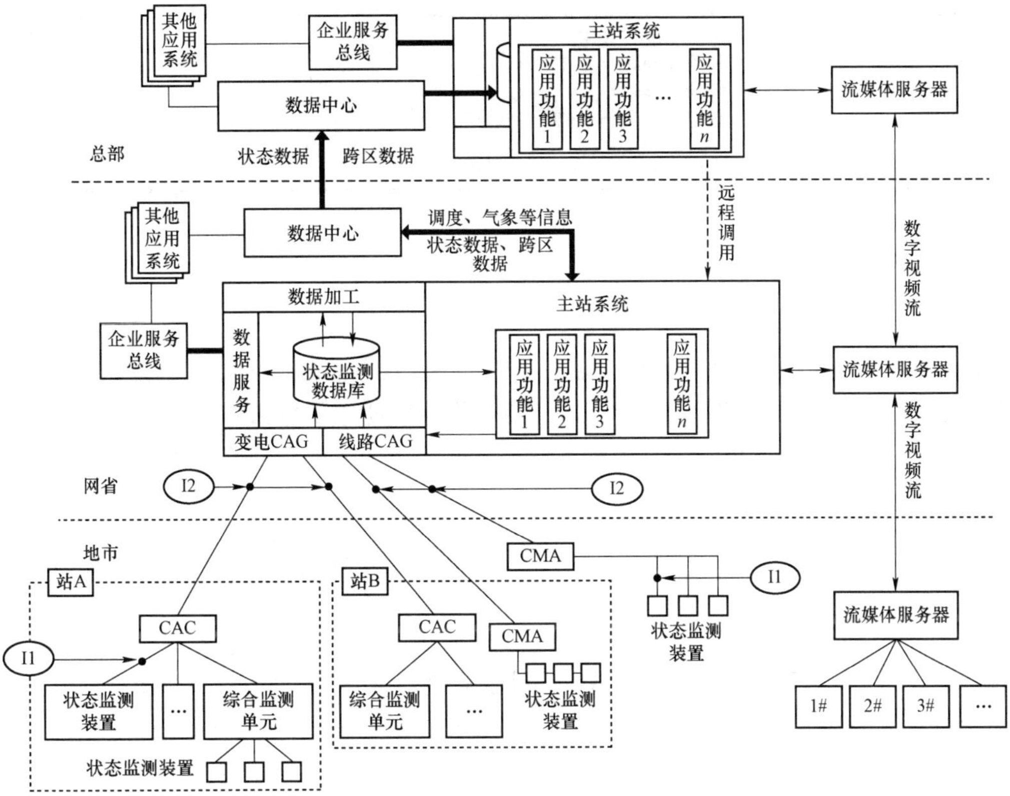


图 2-6 输变电状态监测业务架构图

输变电状态监测系统通过各种先进的传感器技术、广域通信技术和信息处理技术实现实时感知、监视预警、分析诊断和趋势预测，其建设和推广工作对提高电网生产管理水平、加强状态检修辅助决策应用、提升电网智能化程度具有积极而深远的意义，是智能电网运行体系建设和优化的重要内容，是提升生产运行管理精益化水平的重要技术手段。

2. 指标要求

输变电状态监测业务对实时性要求较高，单个接入点的视频带宽需求约为 2Mbit/s，数传时延＜1s。输变电状态监测业务指标要求见表 2-9。

**表 2-9　　输变电状态监测业务指标要求**

| | |
|---|---|
| 业务时延<br>（含业务终端动作） | 终端到主站的端到端传输时延＜1s<br>视频业务传输时延＜300ms |
| 业务工作周期 | 状态监测代理工作周期 1～60min 可配置<br>代理可以配置为主动召测模式，也可以配置为被动接收模式 |
| 业务带宽 | 单点 2Mbit/s |
| 可靠性 | 年均数据缺失率应≤1%<br>寿命应≥12 年<br>平均无故障工作时间（MTBF）应≥25 000h |
| 数据流向 | 装置通过状态监测代理设备将信息集中后传输到输电、变电主站 |

续表

| | |
|---|---|
| 通信指标要求 | ① 通道时延要求：<br>视频＜300ms；数据＜1s<br>② 丢包要求：<br>＜$10^{-2}$（语音，视频）；＜$10^{-4}$（数据）<br>③ 速率要求：<br>≥11.2kbit/s（数据）；≥2Mbit/s（视频） |

### 2.1.2.4 配电综合监测业务

1. 体系结构

配电设备/环境状态监测面向配电状态检修业务，状态监测作为技术手段，目前主要功能偏重测温（环网柜、配电室、线路等）。监测终端功能主要包括站房（环网柜、配电室等）测温、带电检测等，以及少量的配电线路状态监测。配电综合监控系统架构如图2－7所示。

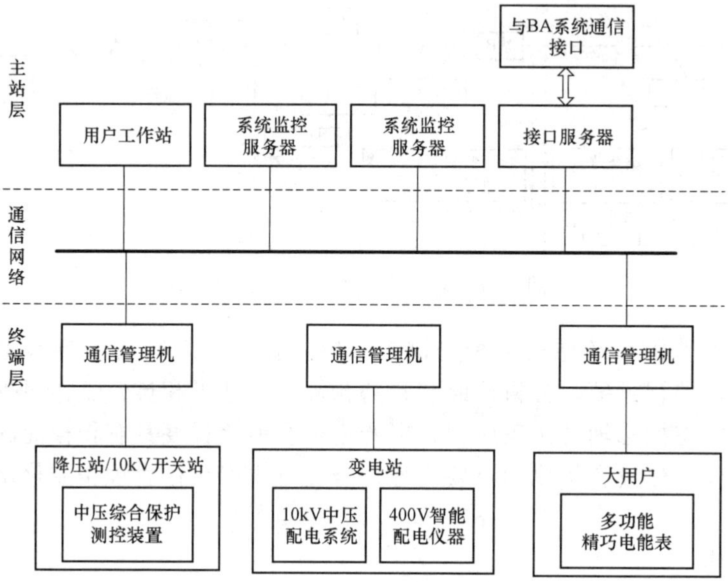


图2－7 配电综合监控系统架构

配电设备/环境状态监测与配电自动化系统的主要区别在于采集的信息不同。配电自动化主要采集电网运行状态信息，包括电压、电流等；配电状态监测主要采集设备状态信息。根据配电自动化发展趋势，配电自动化系统未来也有可能兼顾运行状态和环境状态信息，并提供给不同业务系统。

2. 指标要求

当前配电设备/环境状态监测业务属于配电智能化内容，业务对带宽要求较低，实时性要求不高，通信网络一般独立建设，通信方式以无线公网为主，也可采用已建配电自动化网络。单个接入点的速率需求约为几千比特每秒，传输时延为秒级，当监控内容包括视频时，带宽要求提高到2Mbit/s。配电综合监测业务指标要求见表2－10。

表 2－10　　配电综合监测业务指标要求

| | |
|---|---|
| 业务时延<br>（含业务终端动作） | 视频业务传输时延＜300ms |
| 业务带宽 | 数据业务≥20kbit/s<br>图像业务≥256kbit/s<br>视频业务≥2048kbit/s |
| 通信指标要求 | （1）通道时延要求：<br>从核心网 SGi 接口至终端 Zd 接口的时延＜300ms<br>（2）丢包要求＜$10^{-2}$<br>（3）速率要求：<br>采集数据传输速率≥20kbit/s<br>当包含图像业务时≥256kbit/s<br>当包含视频业务时≥2048kbit/s |

### 2.1.2.5　电能质量监测业务

电能质量监测数据包括来自监测点部署的电能质量监测终端的数据，以及从生产管理系统、供电电压采集系统、调度技术支持系统、配电自动化系统以及用电信息采集系统等其他业务系统的数据。本书仅讨论电能质量监测系统自身的通信需求。根据 DL/T 1297—2013《电能质量监测系统技术规范》要求，服务层一般部署在地市公司。电能质量监测系统对通信的要求见表 2－11。

表 2－11　　电能质量监测业务指标要求

| | |
|---|---|
| 业务时延<br>（含业务终端动作） | 实时数据传输到主站时间≤4s<br>告警响应时间≤3s |
| 业务工作周期 | 数据刷新周期 5～10s |
| 业务带宽 | 终端数据传输速率≥19.2kbit/s |
| 可靠性 | 系统平均无故障时间 MTBF≥25 000h<br>监测终端年可用率≥95%<br>系统年总数据完整率≥95%<br>特定电能质量指标的年数据完整率＞99% |
| 数据流向 | 终端自动采集、监测电网频率、电压和可靠性等电能质量数据上报主站 |
| 通信指标要求 | （1）通道时延要求：<br>从核心网 SGi 接口至终端 Zd 接口的时延＜50ms<br>（2）丢包要求＜$10^{-4}$<br>（3）速率要求≥11.2kbit/s |

### 2.1.2.6　智能营业厅业务

1. 体系架构

智能营业厅利用信息化手段，实现交互式、人性化、自助式的供电服务，包含实体营业厅、互动终端营业厅、网上营业厅、手机营业厅、短信营业厅、呼叫中心营业厅、车载移动营业厅、用电自助终端等多种实现形式。营业厅需与营业厅服务管理系统、营销业务应用系统和其他相关业务系统、95598 供电服务平台及银行系统实现数据交互，智能营业厅系统结构如图 2－8 所示。

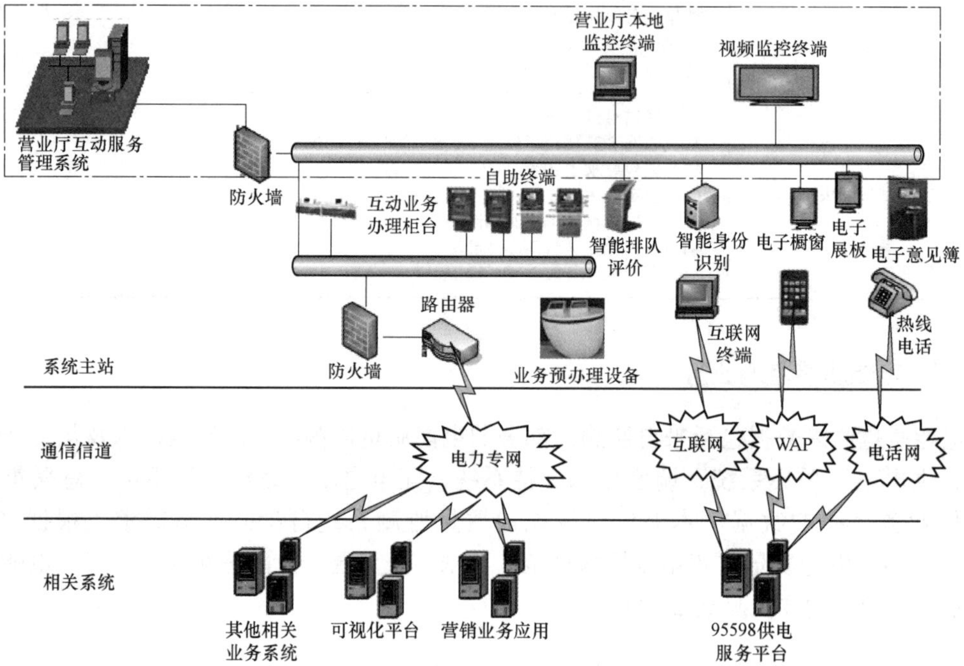


图 2－8　智能营业厅系统结构

2. 指标要求

按照 Q/GDW 581—2011《供电客户服务提供标准》和《变电站、办公场所典型通信需求分类及建设要求》（信通计划〔2013〕169 号）规定，供电营业厅分为 A、B、C、D 四级。不同类型供电营业厅的生产管理、经营服务等典型业务配置需求见表 2－12。

表 2－12　　智能营业厅业务指标要求

| | |
|---|---|
| 业务时延<br>（含业务终端动作） | 视频业务传输时延≤300ms<br>云台控制时延≤300ms |
| 业务工作周期 | 持续实时传输 |
| 业务带宽 | 供电营业厅根据规模（递减）分为 A、B、C、D 四级，营业厅最大带宽业务需求为视频业务，单路业务传输速率为 2Mbit/s |
| 可靠性 | TCP 连接丢包＜1/1000<br>UDP 连接丢包＜1/100 |
| 数据流向 | 营业厅监控终端向主站上报视频和数据信息 |
| 通信指标要求 | （1）通道时延要求：<br>从核心网 SGi 接口至终端 Zd 接口的时延＜300ms<br>（2）丢包要求＜$10^{-2}$<br>（3）速率要求：<br>A、B、C≥4Mbit/s（2 台视频监控、6 台业务终端），D≥180kbit/s（6 台业务终端） |

### 2.1.2.7 配电站所环境监控

1. 体系架构

用于开关站环境监测的动力环境监测子系统，主机安装在监控室，通过采集和传输技术，实时监测开关站的工作环境，如非法入室、电缆沟小动物入侵、电缆沟进水、烟雾、明火等。当工作环境出现异常时，及时显示、报警，并可通过通信网络将数据上传至控制中心。开关站环境监测系统架构如图 2－9 所示。

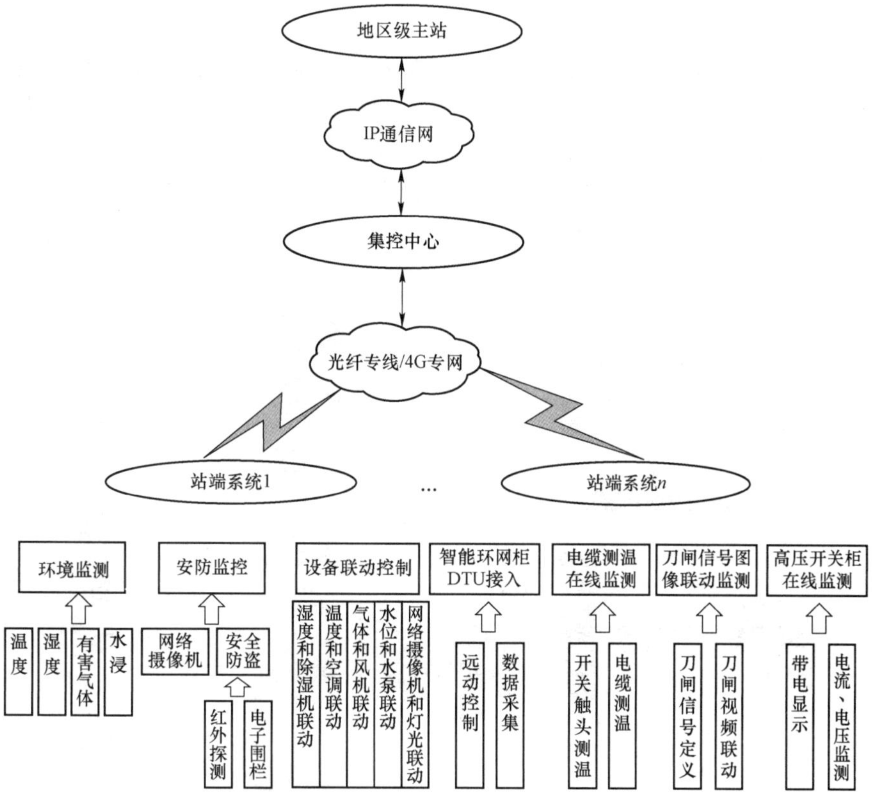


图 2－9　开关站环境监测系统架构

2. 指标要求

开关站环境监测业务指标要求如表 2－13 所示。

表 2－13　　开关站环境监测业务指标要求

| | |
|---|---|
| 业务时延<br>（含业务终端动作） | 视频业务传输时延≤300ms |
| 业务工作周期 | 持续实时传输 |
| 业务带宽 | （1）单终端采集数据传输速率约 20kbit/s<br>（2）考虑传输图像、视频时，图像传输速率为 256kbit/s，视频传输速率为 2Mbit/s |
| 可靠性 | TCP 连接丢包＜1/1000<br>UDP 连接丢包＜1/100 |

续表

| | |
|---|---|
| 数据流向 | 实时监测，并通过通信网络将数据上传至控制中心 |
| 通信指标要求 | （1）通道时延要求：<br>从核心网 SGi 接口至终端 Zd 接口的时延＜300ms<br>（2）丢包要求＜$10^{-2}$<br>（3）速率要求图像传输速率为 256kbit/s、视频传输速率为 2048kbit/s |

### 2.1.2.8 仓储管理业务

1. 体系架构

智能仓储管理系统，通过无线蜂窝网、机器人、无线射频等技术的应用，建立覆盖整个仓库的智能管理体系，实现入库、出库、盘库的智能化管理，提升仓库管理各个环节数据输入的速度和准确性，及时准确地掌握库存的真实数据，合理保持和控制库存。通过科学编码，对库存货物的批次、数量等进行系统管理。利用库位管理功能，及时掌握所有库存货物当前所在位置，有利于提高仓库管理效率。仓储管理系统架构如图 2－10 所示。

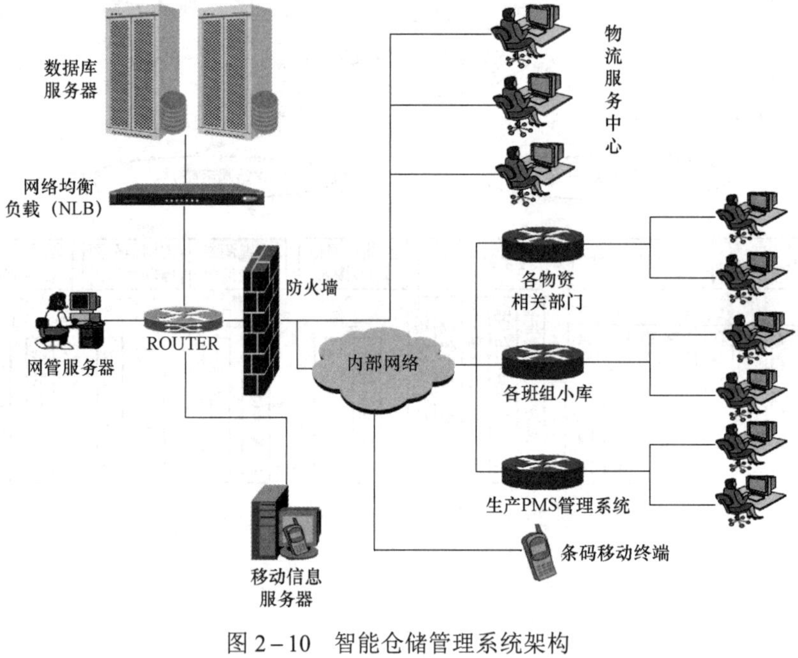


图 2－10　智能仓储管理系统架构

2. 指标要求

仓储管理业务指标要求见表 2－14。

**表 2－14　仓储管理业务指标要求**

| | |
|---|---|
| 业务时延<br>（含业务终端动作） | 语音业传输层单向时延≤300ms<br>视频业务传输时延≤300ms |
| 业务工作周期 | 持续实时传输 |

续表

| | |
|---|---|
| 业务带宽 | ① 语音业务 8～64kbit/s<br>② 视频业务 384kbit/s～2Mbit/s<br>③ 数据业务 64kbit/s～2Mbit/s |
| 可靠性 | TCP 连接丢包＜1/1000<br>UDP 连接丢包＜1/100 |
| 数据流向 | 终端将相关信息上传本地监控室和地市主站 |
| 通信指标要求 | ① 通道时延要求：<br>从核心网 SGi 接口至终端 Zd 接口的时延＜300ms<br>② 丢包要求＜$10^{-4}$<br>③ 速率要求<br>语音业务 8～64kbit/s<br>视频业务 384kbit/s～2Mbit/s<br>数据业务 64kbit/s～2Mbit/s |

## 2.1.3 多媒体类业务需求

### 2.1.3.1 视频监控业务

1. 体系架构

国家电网有限公司不断进行技术创新，将可视化、信息化、集约化的视频监控系统应用于基建工程管理当中。视频监控系统能够把施工现场画面通过网络技术传到办公管理区域，施工管理人员通过实时监控信息对现场施工进行了解和掌握，根据施工进度和施工质量对施工过程进行有效控制和管理，保障基建施工的质量、安全与周期。国网统一视频监控平台系统架构如图 2－11 所示。

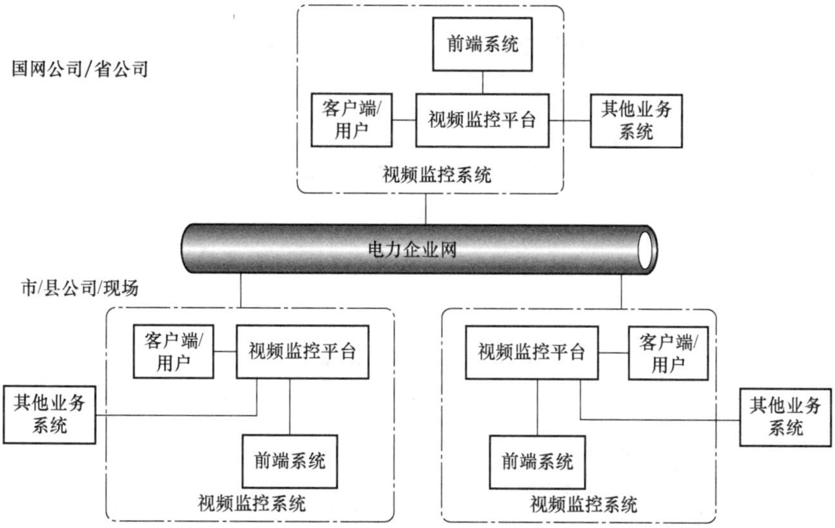


图 2－11　国网统一视频监控平台系统架构

由于施工现场视频监控系统为临时性部署，对实时性、可靠性安全要求较低，在光纤专网与无线专网覆盖区域，优先选用光纤专网或无线专网进行业务承载；也可选择在现场部署无线专网基站，通过连接光纤网络传输至后台主站；还可选用3G/4G无线公网承载。

2. 指标要求

电力基建现场一般部署1～3台视频监控终端，每路普清视频传输速率要求大于2Mbit/s、每路高清视频传输速率要求大于4Mbit/s，下行云台控制信息传输速率一般小于10kbit/s。视频监控业务指标要求见表2－15。

表2－15 视频监控业务指标要求

| | |
|---|---|
| 业务时延<br>（含业务终端动作） | 视频业务传输时延≤300ms<br>云台控制时延≤300ms |
| 业务工作周期 | 持续实时传输 |
| 业务带宽 | ① 分辨率CIF：帧率25F/s、≥512kbit/s<br>② 分辨率4CIF/D1：帧率25F/s、≥2Mbit/s<br>③ 分辨率720p：帧率25F/s、≥4Mbit/s<br>④ 下行云台控制信息传输≥10kbit/s |
| 可靠性 | TCP连接丢包＜1/1000<br>UDP连接丢包＜1/100 |
| 数据流向 | 数据由现场摄像头上传到现场指挥中心和地市主站系统 |
| 通信指标要求 | ① 通道时延要求：<br>从核心网SGi接口至终端Zd接口的时延＜300ms<br>② 丢包要求＜$10^{-2}$<br>③ 速率要求：<br>分辨率CIF：帧率25F/s、≥512kbit/s<br>分辨率4CIF/D1：帧率25F/s、≥2Mbit/s<br>分辨率720p：帧率25F/s、≥4Mbit/s |

### 2.1.3.2 移动巡检业务

1. 业务介绍

移动巡检业务包括现场巡视作业、巡视签到和巡视监控等功能。巡检作业为运维检修人员在规定时间、规定地点对线路、管道、设备等进行巡视检查，通过移动终端设备生成文字或图片形式的巡检记录，储存在本地，巡检结束后上传PMS；巡检过程中，可通过移动终端连接后台系统查询、传输相关信息。移动巡检作业相关业务系统架构如图2－12所示。

2. 指标要求

移动巡检作业业务指标要求见表2－16。

表2－16 移动巡检作业业务指标要求

| | |
|---|---|
| 业务时延<br>（含业务终端动作） | 语音业务传输时延≤300ms<br>视频业务传输时延≤300ms |
| 业务工作周期 | 间歇方式工作 |
| 业务带宽 | ① 语音业务8～64kbit/s<br>② 视频业务384kbit/s～2Mbit/s<br>③ 数据业务64kbit/s～2Mbit/s |
| 可靠性 | TCP连接丢包＜1/1000<br>UDP连接丢包＜1/100 |

续表

| | |
|---|---|
| 数据流向 | 移动终端离线存储数据，也可通过终端在线查询信息，或通过基站上传信息到主站 |
| 通信指标要求 | ① 通道时延要求：<br>从核心网 SGi 接口至终端 Zd 接口的时延＜300ms<br>② 丢包要求＜$10^{-2}$<br>③ 速率要求≥384kbit/s |

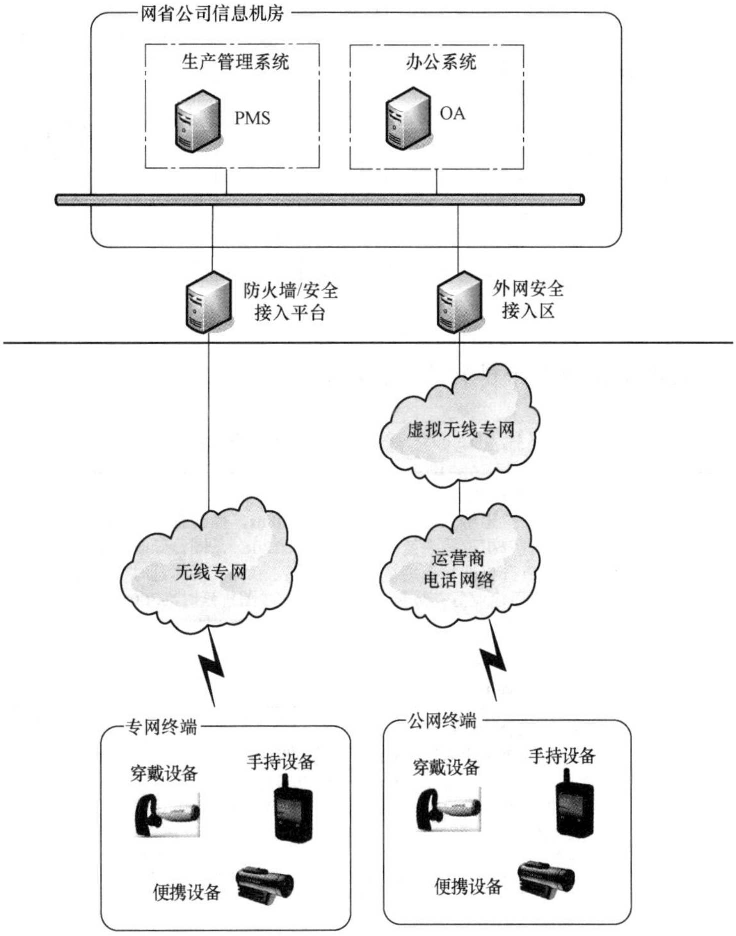


图 2－12　移动巡检作业相关业务系统架构

#### 2.1.3.3　输配电变压器机器巡检

1．体系架构

输配电变压器机器巡检包括无人机巡检及机器人巡检。

（1）无人机巡检应用于电力线与杆塔巡线、线路施工测绘等，通过地面控制站进行操控拍摄，完成图像的实时回传与快速拼接，实现复杂地形、恶劣环境下现场信息获取。

（2）机器人巡检通过机器人搭载的可见光、红外和局部放电综合检测设备，对设备进行观测，实现对设备缺陷的智能诊断和综合管理，自动生成线路及设备健康状态检测报告，并将检测数据和诊断结果自动上传至 PMS 系统，为电网设备状态管控提供基础数据。

机器人巡检系统结构如图 2－13 所示。

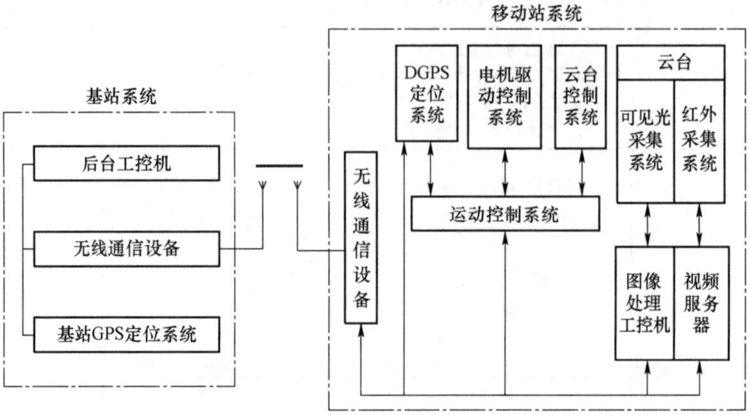


图 2－13　机器人巡检系统结构

2. 指标要求

输配电变压器机器巡检指标要求见表 2－17。

**表 2－17　　输配电变压器机器巡检指标要求**

| | |
|---|---|
| 业务时延（含业务终端动作） | ① 无人机巡检业务：<br>固定翼无人机巡检系统：数传延时≤120ms，图传延时≤300ms<br>中型无人直升机巡检系统：数传延时≤120ms，图传延时≤300ms<br>小型无人直升机巡检系统：数传延时≤200ms，图传延时≤300ms<br>② 机器人巡检业务：数传延时≤200ms，图传延时≤300ms |
| 业务工作周期 | 持续实时传输 |
| 业务带宽 | ≥2Mbit/s（标清） |
| 可靠性 | ① 无人机巡检业务：<br>固定翼无人机巡检系统：误码率≤0.0001%<br>中型无人直升机巡检系统：误码率≤0.0001%<br>小型无人直升机巡检系统：误码率≤0.0001%<br>② 机器人巡检业务：误码率≤0.0001% |
| 数据流向 | 巡检终端与现场控制管理设备通信，现场控制管理设备向远端主站上传数据图像和视频 |
| 通信指标要求 | （1）通道时延要求：<br>从核心网 SGi 接口至终端 Zd 接口的时延＜300ms<br>（2）丢包要求：<br>$<10^{-4}$（数据）、$<10^{-2}$（视频）<br>（3）速率要求：<br>≥11.2kbit/s（数据）、≥2Mbit/s（视频） |

### 2.1.3.4　电力应急通信业务

1. 体系架构

电力应急通信的保障范围是突发事件场景和重要保电场景，均要求应急通信应具备应急指挥和电力运行控制功能。突发事件场景要求为：应急通信应能够快速建立应急指挥中心与现场之间的通信通道、快速恢复现场电力关键生产业务的通信通道、为应急指挥及快速恢复供电提供通信保障。重要保电场景要求为：应急通信应提供保电现场临时业务、对生产控制业务通道实施加固，并对未实现通信的场所进行通信延伸。

应急指挥功能的业务流向为现场与应急指挥中心间的双向语音视频业务，电力运行控制业务恢复或加固时的业务流向为现场电力业务的原本流向。

电力应急通信系统总体架构如图 2－14 所示。

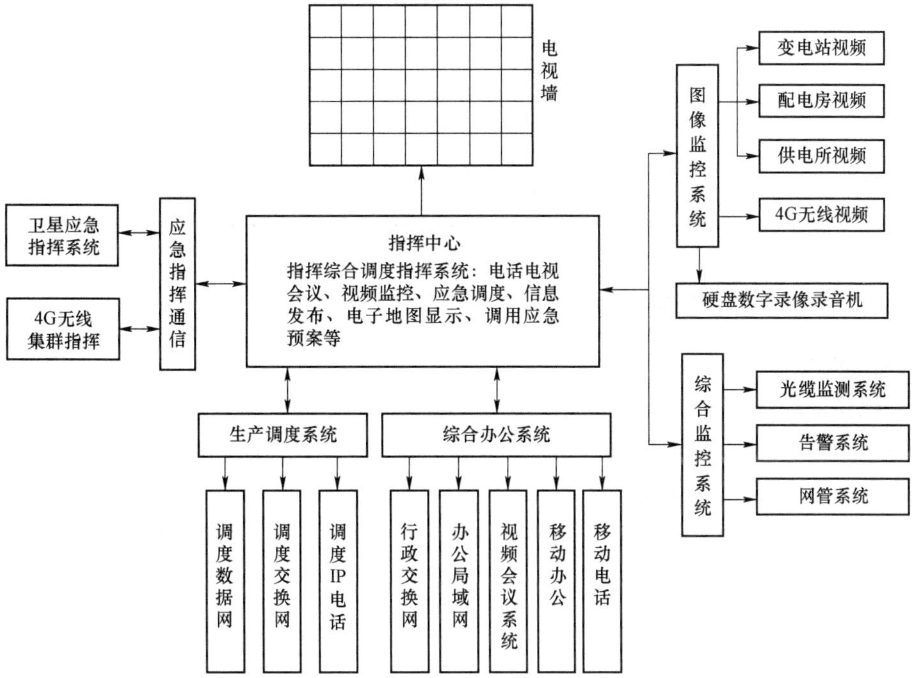


图 2－14　电力应急通信系统总体架构

2. 指标要求

电力应急通信业务指标要求见表 2－18。

**表 2－18　　电力应急通信业务指标要求**

| | |
|---|---|
| 业务时延<br>（含业务终端动作） | ① 应急指挥：端到端时延≤600ms<br>② 电力临时运行控制：<br>调度电话≤150ms<br>交流线路保护≤20ms<br>安全稳定控制≤30ms<br>调度自动化≤30ms<br>直流控制保护≤30ms |
| 业务工作周期 | 应急指挥为集群业务，临时运行控制的工作特征由承载的业务本身决定 |
| 业务带宽 | ① 应急指挥：<br>语音≥22.5kbit/s<br>视频≥512kbit/s<br>数据≥512kbit/s<br>② 电力临时运行通信：<br>调度电话≥64kbit/s<br>交流线路保护≥2Mbit/s<br>安全稳定控制≥2Mbit/s<br>调度自动化≥2Mbit/s<br>直流控制保护≥2Mbit/s |

续表

| | |
|---|---|
| 可靠性 | ① 应急指挥：<br>语音：丢包率≤1%<br>视频：丢包率≤1%<br>数据：丢包率≤1%<br>② 电力临时运行通信：<br>调度电话：误码率≤0.1%<br>交流线路保护：误码率≤0.0001%<br>安全稳定控制：误码率≤0.0001%<br>调度自动化：误码率≤0.0001%<br>直流控制保护：误码率≤0.0001% |
| 数据流向 | 应急指挥功能的业务流向为双向语音视频业务，电力运行控制业务恢复或加固时的业务流向为现场电力业务的原本流向 |

### 2.1.3.5 IP 多媒体子系统行政交换网移动语音业务

1. 体系架构

IP 多媒体子系统（IP Multimedia Subsystem，IMS）行政交换网移动语音业务是架构在无线网络上全 IP 条件下的端到端语音业务，属于上下行对称业务，可以实现移动终端之间以及移动终端与 IMS 行政交换网间的互联互通，为远程协助、移动办公提供有效支撑。IMS 核心网部署在省公司。IMS 行政交换网移动语音业务架构图如图 2－15 所示。

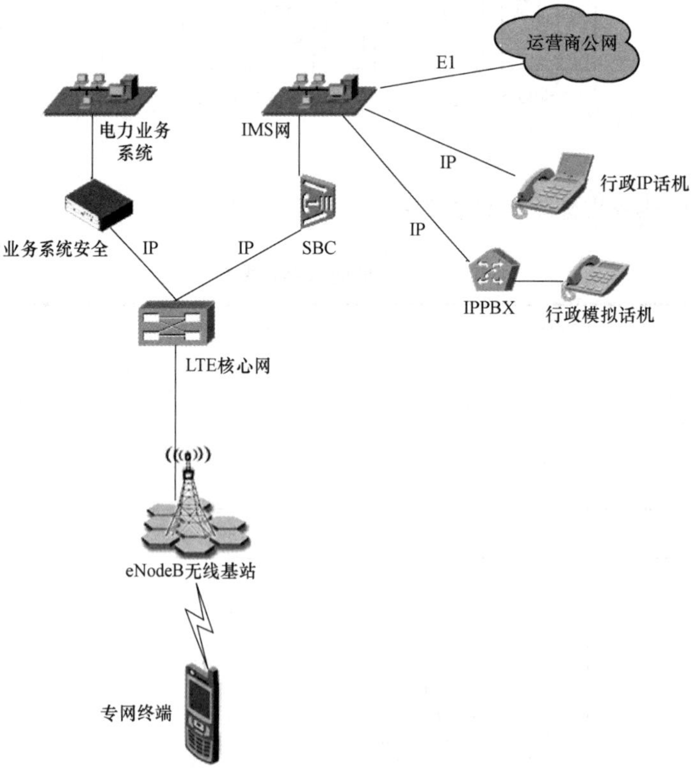


图 2－15 IMS 行政交换网移动语音业务架构图

2. 指标要求

IMS 行政交换网移动语音业务指标要求见表 2－19。

表 2－19　IMS 行政交换网移动语音业务指标要求

| | |
|---|---|
| 业务时延（含业务终端动作） | 端到端单向时延＜300ms |
| 业务工作周期 | 通话过程中，每 20ms 发送一次话音包<br>通话静默期间，每 160ms 发送一次 SID（静默插入描述） |
| 业务带宽 | 标清话音：12.2kbit/s<br>高清话音：23.85kbit/s |
| 数据流向 | IMS 核心网部署在省公司 |
| 通信指标要求 | ① 通道时延要求：<br>从核心网 SGi 接口至终端 Zd 接口的时延＜300ms<br>② 丢包要求＜$10^{-2}$<br>③ 速率要求≥23.8kbit/s |

## 2.2 网络需求

电力无线专网承载业务的策略和思路，是以覆盖控制业务为主，兼顾覆盖范围内的采集业务、多媒体业务。根据国网江苏省电力有限公司无线专网工程建设与技术实践经验，结合通用知识，凝练了建设实践与特色，给出具体的网络建设指标要求。

### 2.2.1 网络边缘性能需求

根据 Q/GDW 11664—2017《电力无线专网规划设计导则》要求，电力无线专网网络性能应满足以下要求：

（1）电力无线专网性能应满足规划明确承载的业务类型、规模、目标覆盖区、覆盖面积、容量及性能目标。

（2）电力无线专网应满足调度自动化、配电自动化、用电信息采集等业务系统对通信网安全性、可靠性、实时性和承载能力的要求。

（3）电力无线专网应能与光纤专网、电力线载波、无线公网等相结合，主要实现对区域内配电自动化“三遥”“二遥”终端、用电信息采集等业务终端的全覆盖。

（4）在同频组网、邻区实际用户占用 50%网络资源条件下，在 A+、A 类地区规划目标覆盖区域内无线网络总体覆盖率应满足 RSRP≥－115dBm 且 RS SINR≥－3dB 的位置不低于 95%，在 B、C 类地区不低于 90%，业务终端 99%的时间可接入网络。

（5）区域应采用边缘速率至少为 128kbit/s 的室外薄覆盖。

### 2.2.2 可靠性需求

电力无线专网是生产控制网，因此对可靠性有极高要求，具体包括以下几个方面内容。

1. 传输网可靠性需求

（1）基站回传通道应优先选用公司自身传输资源，条件不具备时可租用通道，租用通道应满足安全性、可靠性和网络管理的要求。

（2）回传通道线路侧采用端到端 1+1 或 1:1 保护方式，所在网络需提供电信级的业务保障，在故障情况下业务端到端切换时间<50ms。

2. 无线网可靠性需求

（1）同频冗余覆盖。

同频冗余覆盖是指交织覆盖两层网络的基站使用同一个频率接入同一个核心网，交织站址冗余覆盖如图 2-16 所示。

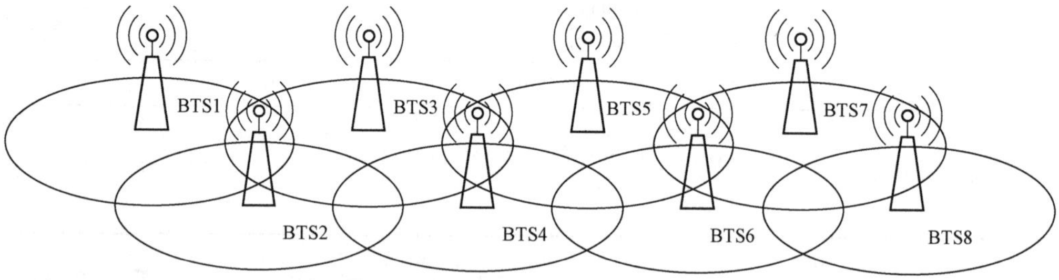


图 2-16　交织站址冗余覆盖

单网同频交织冗余覆盖在无线部分采用交织方式增强无线接入的鲁棒性，在核心网部分采用共享模式，可降低切换的难度、减少网络维护成本。同频重叠覆盖需要控制好重叠程度，以两层重叠为宜。同频重叠覆盖原理如下：

1）小区覆盖半径。距离基站越远，终端的接收信号越弱，传输速率越低。小区覆盖半径是针对某个服务速率而言。真实的电波在空间中自由传播的绝对距离很远，但只有基站近前的一部分区域可以满足业务要求，超出部分的信号却成为其他基站的干扰，既不能消除，也没必要消除，因为 LTE 接收机本身灵敏度很高，可以在很低的信噪比条件下工作。小区覆盖半径示意图如图 2-17 所示。

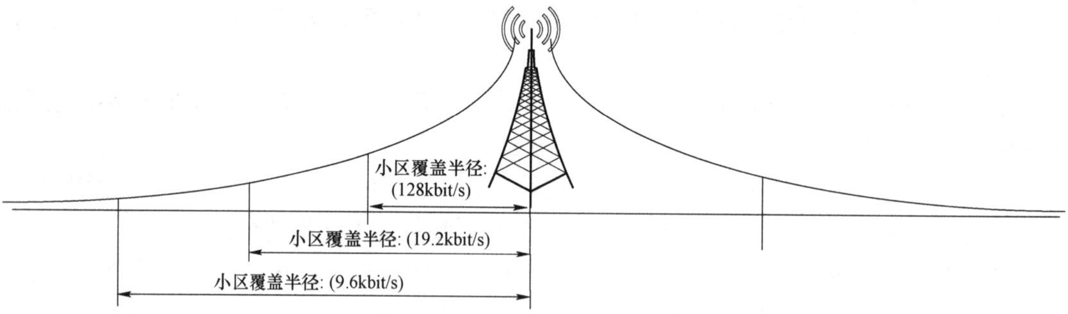


图 2-17　小区覆盖半径示意图

2）双层重叠覆盖有益于提高可靠性。基站正常组网时，邻近基站确实会在小区边缘位置造成一定程度干扰，终端会选择信号最强的基站进行附着，当重叠邻区基站造成的干扰大到一定程度，终端自动重选基站。在图中示意的状态下，重叠覆盖造成的底噪抬升始终不会超过信号。这种重叠覆盖对电力系统是有益的，可以在相邻基站宕机时为业务提供容灾备用。有益于可靠性的适度同频重叠覆盖，如图 2-18 所示。

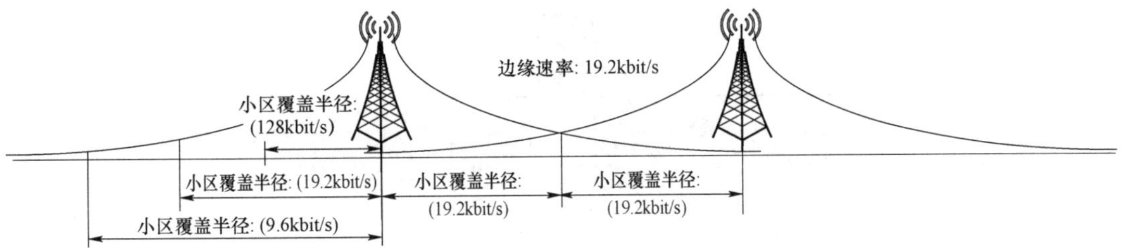


图 2－18　有益于可靠性的适度同频重叠覆盖

3）避免过度覆盖。当基站小区接收到多个相邻小区信号，并且信号强度均比较高时，则多个基站的共同作用将使干扰信号功率之和在小区边缘处大于信号功率，继续增加基站，将进一步导致网络整体性能下降。因此基站重叠以两层为宜，应避免过度重叠。公网采用网络优化的方法避免同频组网基站越区覆盖。有害的同频重叠覆盖如图 2－19 所示。

图 2－19　有害的同频重叠覆盖

（2）异频冗余覆盖。

异频交织冗余覆盖是指交织覆盖两层网络的基站通过不同频率接入同一或者不同核心网，异频交织冗余覆盖如图 2－20 所示。

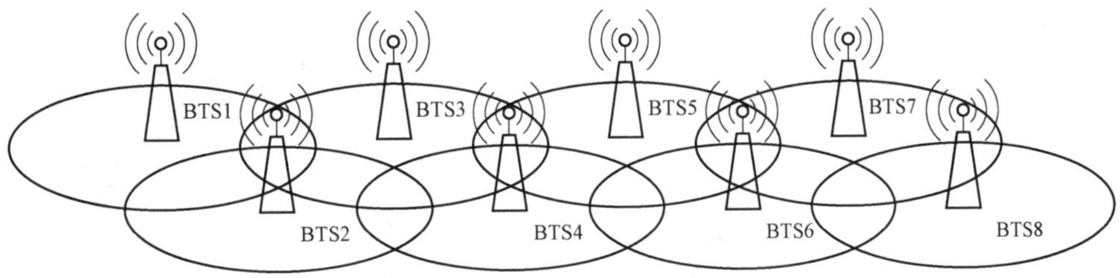


图 2－20　异频交织冗余覆盖

异频交织冗余覆盖在无线部分采用异频交织方式增强无线接入的鲁棒性，同时可以满足电力不同业务的物理隔离需求。但此种方式需要切分频率资源，将降低电力无线专网频率利用率。在终端接入数量允许的情况下，采用异频组网可以获得较好的网络质量。

3. 核心网可靠性需求

核心网采用异地容灾部署，不同站点的核心网平台之间进行冗余部署，核心网容灾示意图如图 2－21 所示。

该容灾部署方式包含以下几种冗余方式：

（1）MME 组池。

当池内的某 MME 出现故障，eNodeB 发现此故障后将用户服务请求分配给池内其余正常运行的 MME。

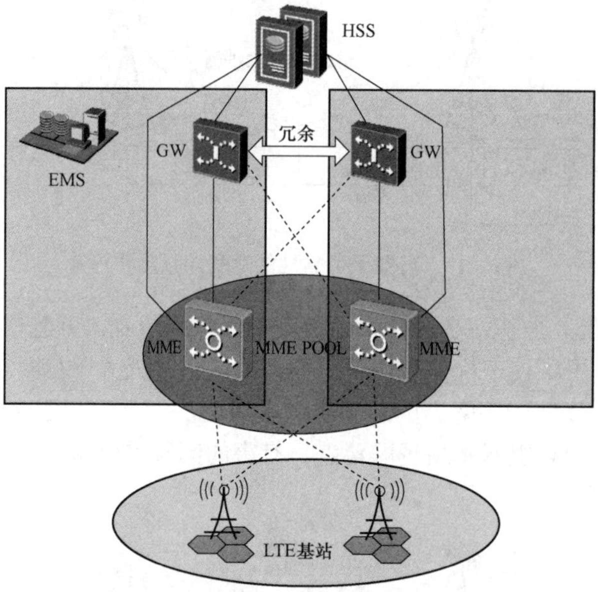


图 2－21　核心网容灾示意图

不组池下故障事件示意图如图 2－22 所示，在不组池情况下，UE 通过 eNodeB2 附着到 MME1，此时如果 MME1 出现故障，eNodeB2 和 MME1 之间的链路断裂，会导致业务中断。

组池下故障事件示意图如图 2－23 所示，eNodeB 与池内两个 MME 互联，当 UE 通过 eNodeB2 附着到 MME1 后，如果 eNodeB2 和 MME1 间链路断裂，UE 发起 TAU 流程时，eNodeB2 发送 TAU 请求给 MME2，MME2 将执行 inter－MME TAU 流程，从而为 UE 提供服务；如 MME1 故障，TAU 请求被拒绝，这时 UE 发起附着流程，eNodeB2 发送附着请求消息给 MME2，UE 通过 eNodeB2 附着到 MME2，由 MME2 提供服务。

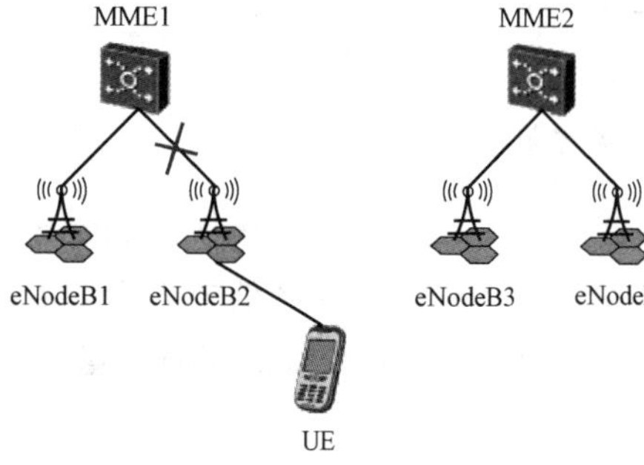


图 2－22　不组池下故障事件示意图

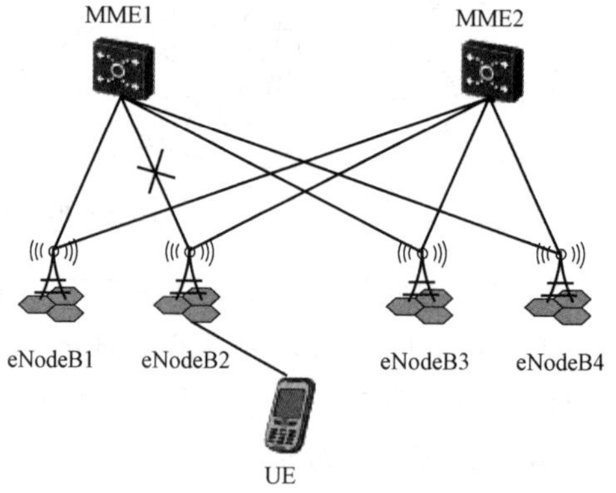


图 2－23　组池下故障事件示意图

（2）S/P－GW 主备。

S/P－GW 可以配置如下两种工作模式：

1）主备模式：GW 配置不同的优先级，MME 在可用的 GW 中选取优先级最高的 GW，如果该 GW 出现故障，MME 会从剩余的 GW 中选取次优先级的 GW，从而避免服务中断。

2）负荷分担模式：所有 GW 优先级相同，MME 轮选 GW，从而使得 GW 负载均衡。

（3）HSS/PCRF 集群容灾。

HSS/PCRF 支持异地集群部署，通过数据复制和一致性校验技术完成数据同步，实现无缝切换的地理容灾。

HSS/PCRF 无缝切换地理容灾具有以下优势：

1）无缝时间隔离故障，网络高度安全。

2）采用成熟的 IT 和 IP 技术，容灾建设成本较低。

3）简化网络，方便维护，降低总体运行成本。

## 2.3　安全需求

### 2.3.1　安全总体需求

安全总体需求如下：

（1）电力无线专网应符合 3GPP TS 33.401 规范对 LTE 系统的安全机制要求。

（2）电力无线专网应符合 ITU－T X.805《提供端到端通信的系统的安全架构》、GB/T 22239—2019《信息安全技术　网络安全等级保护基本要求》、YD/T 17421742—2008《接入网安全防护要求》《信息安全等级保护管理办法》（公通字〔2007〕43 号）、《电力行业网络与信息安全管理办法》（国能安全〔2014〕317 号）和《电力行业信息安全等级保护管理办法》（国能安全〔2014〕318 号）的要求，从物理、边界、网络、主机、终端、应用、数据 7 个维度开展安全防护。

（3）无线专网的通信安全性能应符合发改委〔2014〕14 号令、国能安全〔2015〕36 号文及电力监控系统安全防护相关要求。

（4）在数据通信、身份认证过程中应使用国产密码算法，宜采用电力专用算法；相关密码的科研、生产、管理和使用应符合《中华人民共和国密码法》的要求。

（5）生产控制大区业务所用数字证书应由电力调度数字证书系统签发。

（6）电力无线专网安全防护架构应符合 Q/GDW 11345.5—2015《电力通信网信息安全　第 5 部分：终端通信接入网》的要求。

（7）应支持空中接口加密，空口传输过程中，为信令提供加密和完整性保护，应为数据提供加密功能。

（8）在附着、TAU（可选）、业务请求时，对用户进行鉴权和认证；当终端采用独立的 SIM 或 USIM 卡时，应具有防破解和防替换措施。

（9）设备提供物理隔离和逻辑隔离能力。

（10）能抵御数据的非法访问和网络攻击。

（11）具有日志记录和防篡改功能。

（12）S1 接口支持 IPSec 安全传输协议，核心网侧通过 SEG 终结 IPsec 通道。

（13）系统能抵御远程或本地恶意控制。

（14）设备应支持关闭无用端口和服务，并能限制设备访问地址及端口号范围。

## 2.3.2 设备安全防护技术需求

### 2.3.2.1 核心网要求

核心网应满足如下要求：

（1）应能通过双套或单套内部物理隔离的核心网设备实现生产控制大区业务与管理信息大区业务的物理隔离。

（2）应支持独立传输端口区分 S1 和 SGi 链路。

（3）宜支持多 PLMN 功能。

（4）应支持多 APN 配置，支持 APN 和 VPN 的映射。

（5）应自动保障高优先级业务通信需求。

### 2.3.2.2 基站要求

基站应满足如下要求：

（1）基站应支持为生产控制大区和管理信息大区业务配置独立的传输板。

（2）基站应支持单个基带板承载不同业务，基站宜支持单个 RRU 承载不同业务。

（3）基站宜支持多 PLMN 或多频点配置，PLMN≥3 个或频点数量≥3 组。基站可支持在同一小区内通过不同 PLMN 方式，或通过不同频点方式，分配不同比例的时频资源，时频资源占用比例灵活可配，以 PLMN/频点分配的资源之间相互独立，无论是否空闲均不得抢占。

（4）基站应支持 IPSec 加密。

（5）基站应保证高优先级业务接入及数据通信需求。

（6）基站电源等重要部件宜按冗余配置。

### 2.3.2.3 终端要求

终端应满足如下要求：

（1）根据业务类型和使用环境可选择独立式通信终端和嵌入式通信终端。

（2）通信终端应使用软 SIM 卡或硬 SIM 卡方式，通过读取 SIM 卡上的 PLMN 信息或业务类型使用基站为不同业务配置的对应 PLMN/频点的时频资源。

（3）通信终端设备应采用鉴权、认证、加密机制、访问控制措施，保证业务数据的保密性和完整性。

（4）通信终端应能与业务终端绑定，禁止非法业务终端接入。

（5）应根据通信终端接入业务类型及位置，优先选用低功耗、工业级、嵌入式、易维护的设备，并配备防窃、防火及防破坏的防护措施。

（6）通信终端宜支持 IMEI 和 IMSI 号码绑定，并支持与业务终端 MAC 地址绑定。

（7）通信终端首次发起网络注册时使用 IMSI，再次发起网络注册及注册成功后空口传输应使用 TMSI。

### 2.3.2.4 网管要求

应支持对核心网和基站进行多业务承载的管理和配置功能，应支持配置 MAC 地址与

IP 绑定配置功能，应支持配置 IP－MAC 绑定或开启 ARP 防护功能开关等方式实现抵御 ARP 欺骗能力。

### 2.3.3 业务安全接入技术需求

#### 2.3.3.1 配电自动化

配电自动化安全防护要求如下：

（1）依据《电力监控系统安全防护规定》（发改委〔2014〕14 号）有关规定，电力监控系统安全防护的总体原则为“安全分区、网络专用、横向隔离、纵向认证”。

（2）配电自动化业务的无线接入应经过物理隔离装置，并经过国网安全检测机构认证。

#### 2.3.3.2 用电信息采集

用电信息采集安全防护要求如下：

（1）用电信息采集业务系统应符合信息系统安全等级保护第三级的安全要求。

（2）国网系统用电信息采集系统的管理数据回传应符合 Q/GDW 1376.1—2013《电力用户用电信息采集系统通信协议：主站和采集终端通信协议》安全要求。

（3）国网系统智能电能表与红外手持设备传输、集中采集设备之间的数据传输应符合 Q/GDW 365 要求。

#### 2.3.3.3 电动汽车充换站/桩

电动汽车充电站/桩业务系统总体应符合信息安全等级保护第三级的安全要求。应通过定制的 SIM 卡将充电桩通过电力无线专网接入到车联网服务平台。通信安全应符合 Q/GDW 1376.1 要求。

#### 2.3.3.4 分布式电源

分布式电源业务系统总体应符合信息安全等级保护第三级的安全要求。通信安全应符合 Q/GDW 11147 要求。

#### 2.3.3.5 源网荷储控制

系统应独立成网，专网专用；安全防护应符合发改委〔2014〕14 号要求。

#### 2.3.3.6 其他业务

其他业务接入应符合 Q/GDW/Z 11345.5—2015《电力通信网信息安全　第 5 部分：终端通信接入网》、YD/T 1742—2008《接入网安全防护要求》和 GB/T 22239—2019《信息安全技术　网络安全等级保护基本要求》要求；总体应遵循“边界隔离、双向认证、传输加密、安全审计”原则。

### 2.3.4 网络运行管理安全需求

#### 2.3.4.1 无线专网网络及设备风险防范要求

无线专网网络及设备风险防范要求如下：

（1）应防范因基站回传网拓扑设计不合理造成的外部网络访问风险。

（2）应对基站和其回传通道进行分组，防范回传网中发生非法访问和广播风暴风险。

（3）应对核心网进行单独防护，防范回传网被外部网络访问造成核心网数据风险。

（4）应防范因网络拓扑设计不合理，网络节点设备、路由配置不合理，通信安全保护不足造成的外部访问和内部非法访问。

（5）终端、基站和核心网之间均应进行双向鉴权认证，防范伪基站风险。

（6）应合理预留网络资源，避免因资源不足而导致在突发流量时业务中断风险。

（7）应防范因业务数据保密性不够，重要数据未及时进行本地和异地备份造成的数据风险。

（8）应防范因账号和口令保护不够，鉴权和访问控制机制不完善，重要部件未配置主备用保护导致的数据安全风险。

（9）应防范因系统配置不合理、设备补丁安全不及时、设备防病毒和攻击能力不够，备份和恢复机制不健全造成的数据安全风险。

（10）应防范因设备超过使用年限或核心部件老化，设备发生故障后未及时处理造成的数据安全风险。

（11）应实现设备日志及安全事件的采集，运用实时监视、预警告警、定位溯源、审计分析、闭环管控措施，实现对运行情况的实时监视、事件分析和安全审计，以防范应急突发事件。

#### 2.3.4.2 无线专网终端风险防范要求

无线专网终端风险防范要求如下：

（1）应防范非法终端通过无线专网入侵电力内部网络和系统。

（2）应采用专用设备和软件对终端的配置文件和软件进行维护和诊断，同时对专用设备接口进行物理封装。

（3）USIM 卡应和无线通信终端绑定。在网管系统中将 USIM 卡与无线通信终端绑定，限制该卡只能工作在指定的无线通信终端上。

（4）应防范无线数据信号被非法泄露截获、复制攻击。

（5）无线通信终端和基站、核心网之间应双向认证，无线通信终端和基站、核心网之间采用基于鉴权四元组的双向认证及密钥协商机制，同时采用无线接入层、非无线接入层这两层安全机制，分别对终端与基站间、终端与核心网间传送的信令或数据进行加密和完整性保护。

（6）应采用“端到端”认证，将业务终端和无线通信终端进行绑定，同时终端集成硬件安全模块，防止业务应用层面非法接入。

（7）应加强无线通信终端状态监测，核心网对无线通信终端进行监测，终端实时上报位置信息，发现异常及时报警，对已丢失的无线通信终端、USIM 卡，清除 USIM 卡的放号信息，遥毙丢失的无线通信终端。

（8）应防范终端共用无线传输资源存在相互影响，应限制终端访问权限。在核心网对每一个无线通信终端进行严格权限配置，超出无线通信终端权限的内容可不予响应。

#### 2.3.4.3 管理风险防范要求

管理风险防范要求如下：

（1）应防范因岗位设置不合理、授权和审批程序过于简化、沟通和合作未执行、审核和检查未执行等造成的安全风险。

（2）应防范人员录用不符合程序、人员离岗未办理安全手续、人员未进行安全培训、对于第三方人员未进行限制访问造成的安全风险。

（3）应防范安全方案不完善、软件开发不符合程序、工程实施未进行安全验收或验收不严格等管理风险。

（4）应防范物理环境管理措施简单、存储介质使用不受限、设备没有定期维护、厂家支持力度不够、关键性能指标没有定期监控、无恶意代码防范措施、无数据备份和恢复策略、访问控制不严格、操作管理不规范等应急保障措施不到位造成的安全风险。

本章针对现有的主要电力业务类型，分析了业务的主要功能、业务架构、数据流向、工作周期等特征。电力业务种类多，各种业务对通信的需求也不尽相同，有些还有不同的子业务通过不同的通道传输不同类型的数据。因此，要详细分析子业务需求，需要对每种不同类型的业务进行详细讨论，兼顾业务未来发展，制定相应的需求规范。现有电力业务智能化水平逐步提高，对通信的需求越加迫切，通信技术已在一定程度上成为电力业务高效开展和升级换代的制约因素，需要加快新技术、新装备的建设与应用。

3

# 电力无线专网规划

规划是电力无线专网建设的重要阶段，电力无线专网规划具有一般无线专网规划的特点，也兼有电力行业特有的规划方法。网络规划的任务是收集网络的需求和目标，通过一定的理论模型计算，给出网络建设的投资规模和建设方向建议。电力无线专网的规划分为需求分析、覆盖和容量估算、规划仿真和性能分析 3 部分。

## 3.1 规划原理

### 3.1.1 规划原则

电力无线专网主要包括无线网、传输网和核心网 3 部分，规划侧重点各不相同。无线网络规划侧重于无线接入网网元数目和配置规划，传输网络规划侧重于各个网元之间链路需求和连接方式规划，核心网络规划侧重于核心网网元数目和配置规划，其中，无线网络的规划最困难，也最为重要，其结果将直接影响传输网和核心网的规划。无线网络规划目标一般从覆盖、容量、质量和成本 4 个方面确定。简单来说，就是构建服务质量良好的无线通信网络。构建过程必须符合两个基本要求：投资要经济合理，网络要符合业务发展需要。

按照网络建设的阶段，无线网络规划可以分为新建网络规划和已有网络扩容规划两种。无论新建网络规划还是扩容规划，都是根据网络建设要求，在目标覆盖区域范围内，布置一定数量的基站，实现网络建设目标。

（1）基站站点规划和建设应布局合理，做到站址资源的统筹共享，坚持“统建、统管、统租、共用”的“三统一共”总体原则。

（2）应结合网络规划要求和通信实际需要，以需求为导向，建设适度超前、满足目标区域内网络覆盖和网络容量需求的基站站点，保证电力通信网络的安全、可靠、经济、高效、接入灵活。

（3）统筹终端通信接入网建设，强化建设协同，坚持无线网络平台先行、业务按需接入，规划成果应满足规划期内各类接入业务的增长需求。

（4）无线通信专网建设应与电力光纤专网和无线公网相结合，充分考虑利用现有网络资源，无线专网基站设备宜优先安装在变电站、供电所、办公楼等自有物业，适当选取第三方物业点补充，满足不同规划时期各类电力业务的接入需求。

（5）无线专网所采用的通信频段应严格遵守《中华人民共和国无线电管理条例》相关规定，采用无线电管理委员会许可的频率。

### 3.1.2 规划流程

TD－LTE 宏蜂窝网络的规划流程，可分为 5 大阶段：需求分析→预规划→站址规划→网络仿真→无线资源和参数规划。

（1）需求分析阶段首要任务是明确建网策略，提出相应的建网指标，搜集 TD－LTE 无线网络规划所需的重要输入数据，主要包括现网基站数据、地理环境信息和业务需求数据等。

（2）预规划阶段对网络规模进行估算，通过估算覆盖目标和容量目标确定网络建设的基本规模。在估算覆盖目标时，需确定带宽等信息，了解当地的传播模型，按需进行校正。通过链路预算，确定小区覆盖半径，并据此估算符合覆盖目标的基站数目。容量目标规划则需要分析 TD－LTE 网络在一定时隙和基站站型配置条件下可以承载的系统容量，并计算该容量是否能满足用户对容量的需求。

（3）站址规划的核心任务是站点布局和站点筛选（可用性分析）。站点布局主要任务是根据预规划阶段中链路预算的估算值，结合已有网络站址覆盖情况，生成理想情况下的基站列表，即站点的初步布局。在初步布局完成后，实地勘察结合相关数据资料进行选址，确定可用共址站点和需新建的站点。

（4）初步站址规划结束后，将站址规划方案输入规划仿真系统，主要对覆盖目标和容量目标进行仿真分析。网络仿真流程依次为导入地图和布设基站→导入规划参数→传播预测→邻区规划→频率和时隙规划→模型配置→仿真。输出的仿真结果，对其进行分析，进而验证方案在覆盖和容量两方面是否已达到需求目标。若仍存在部分区域未能达标，则需继续修改规划方案，直至方案最终能达到规划的目标。

（5）规划仿真软件在对站址规划方案进行详细评估之后，输出详细的无线参数。如天线安装位置、高度、下倾角、方向角等小区基本参数、频率规划参数、物理小区标识（Physical Cell Identifier，PCI）参数、邻区规划参数等，并根据具体情况进行跟踪区域（Tracking Area，TA）规划。无线网络规划还需要提出相应的传输、配套电源等资源需求。最终，这些规划参数和资源需求将作为规划方案输出，并提交给后续工程设计优化使用。

### 3.1.3 覆盖仿真原理

覆盖仿真的原理是通过计算传播路损，估算终端接收功率。根据多个小区的覆盖估算终端干扰。当终端接收功率高于业务要求的终端接收机灵敏度，且终端接收信噪比高于业务要求的终端解调门限时，业务可以正常开展，反之则需要对基站站址、天线挂高、方位角、下倾角、发射功率等进行调整。覆盖仿真原理如图 3－1 所示。覆盖仿真原理图数据说明见表 3－1。

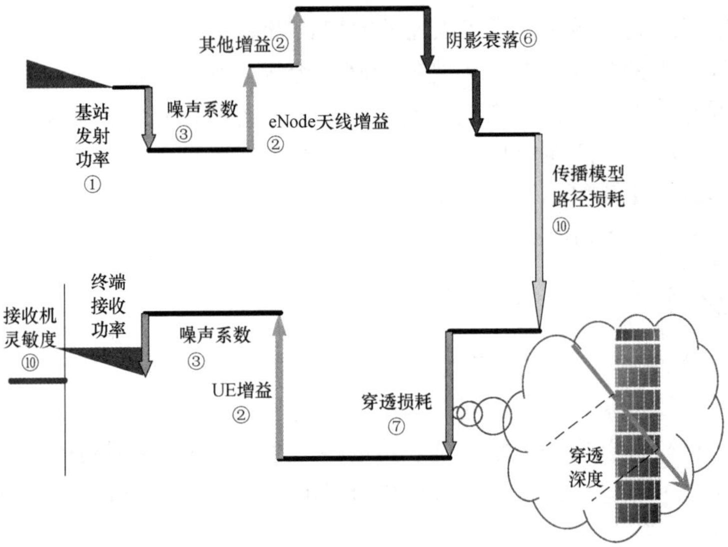


图 3-1　覆盖仿真原理

表 3-1　　覆盖仿真原理图数据说明

| 物理量 | 说　　明 |
|---|---|
| ① 发送功率（dBm） | 发射机发射输出功率 |
| ② 系统增益（dB） | 发射和接收环节的天线、算法等增益之和 |
| ③ 系统噪声系数（dB） | 接收机对噪声的放大倍数 |
| ④ 热噪声密度（dBm/Hz） | 环境噪声功率谱密度 |
| ⑤ 干扰余量（dB） | 预留由于用户增加导致的噪声升高 |
| ⑥ 阴影衰落（dB） | 无线信道缓慢变化的波动幅度 |
| ⑦ 穿透损耗（dB） | 无线信号穿透普通建筑单面墙壁的损耗 |
| ⑧ 工作信道带宽（Hz） | 与业务有关的业务无线信道带宽要求 |
| ⑨ 解调门限 SINR（dB） | 与业务有关的接收机提供相应速率的最低信噪比 |
| ⑩ 接收机灵敏度=③+④+⑨+10log（⑧）（dBm） | 对数域是加法，实数域是乘法。<br>接收机灵敏度=工作带宽×噪声密度×噪声系数×工作信噪比：表示与业务有关的最低信号功率 |
| ⑪ MAPL=①+②-⑤-⑥-⑩（dB） | 允许的信号最大传播损耗 |

## 3.2　建设规划方案

### 3.2.1　TD-LTE 网络规划需求分析

随着移动业务的迅猛发展，移动网络和传统有线业务呈现快速结合的趋势，LTE 作为一个高带宽的移动通信网络，预计其承担的高带宽业务将更多且更广泛。在网络规划的准备阶段，需要进行区域调研、收集大量基础资料，进行功能定位、区域划分及业务预测。

（1）功能定位：准确把握业务功能需求和发展计划，并结合前期搜集的相关业务资料，进行合理的定位。

（2）区域划分：将整个覆盖区划分为不同类型的业务区域。其划分的依据为区域的功能、业务分布特点和建筑物等。针对各类区域的不同特点分别确定其覆盖目标、业务种类和质量要求等。

（3）业务预测：分为总体业务量预测和业务分布预测两个任务。总体业务量预测就是对未来的业务需求总量进行预测。预测时需要综合考虑的因素包括配电、用电等业务发展规划，移动业务、固定业务等新业务发展等。业务分布预测是根据前一个任务预测的结果，来对各个区域内业务量的分布情况进行预测判断，进而指导后期建设方案。

根据移动通信网络运营经验，一个网络的运营需要经过 3 个阶段：预商用阶段、商用初期阶段、成熟商用期阶段。

由于 TD－LTE 采用的扁平化网络结构，减小了网络复杂度，使网络部署更加简单，同时提高了业务服务质量，缩短了接入时延。与 GSM 和 TD－SCDMA 相比，TD－LTE 具有高速、高效、低时延、低成本特性，适合开展高速、移动、实时的业务。

针对 3 个运营时期的特点，TD－LTE 的业务定位如下：

（1）预商用期：重点面向个人用户、发展基于单/多模数据卡、CPE 的高速无线宽带接入业务。

（2）商用初期：重点面向个人，发展基于多模双待或单待智能手机终端的宽带移动互联网业务、移动多媒体数据业务；面向集团客户提供 IMS 多媒体业务，以及基于行业终端的 M2M 业务。

（3）成熟商用期：除继续扩大商用初期的业务规模外，逐步引入 VoIP 语音业务。

针对 3 个运营期的特点，同时充分考虑 TD－LTE 的投资回报率，TD－LTE 的覆盖策略如下：

（1）预商用期：预商用期用户较少，只在局部热点区域建设 TD－LTE 网络，局部区域内保持连续。

（2）商用初期：商用初期用户有所发展，对 TD－LTE 的认知和认可程度增加，此时 TD－LTE 覆盖人口密集的大城市和中等城市。

（3）成熟商用期：成熟商用期用户较多，业务量也较大，此时 TD－LTE 覆盖大多数人口集中的区域，实现广域的连续覆盖。

## 3.2.2 TD－LTE 覆盖性能分析

### 3.2.2.1 TD－LTE 覆盖特性

（1）覆盖规划以为数据业务确定合理的目标速率为基础。在 TD－LTE 中，不存在电路域业务，只有分组域业务。不同分组域数据速率的覆盖能力有差异，在进行覆盖目标规划时，就要先确定边缘用户的数据速率目标，如 128kbit/s、5Mbit/s、10Mbit/s 等，目标数据速率的差异会导致解调门限不同，进而影响小区覆盖范围。因此，确定合理的目标速率是覆盖规划的基础。

（2）资源分配和覆盖特性紧密关联。针对不同的规划需求和覆盖环境，TD-LTE网络可以将用户所使用的传输模式、无线资源块（Resource Block，RB）资源、调制解码方式和时隙比例进行灵活组合。在实际网络里，信号与干扰加噪声比值、MCS、用户速率和占用RB数量4者之间相互影响，使得LTE网络的调度算法复杂化，而在进行覆盖规划时，很难模拟实际网络应用中复杂的调度算法，因此，如何合理确定调制解码方式和RB资源，使之更符合实际网络状况是覆盖规划的一个难点。

（3）覆盖规划会受到天线类型选择和传输方式的影响。LTE最重要的关键技术之一是多天线技术。在引入该技术后，LTE网络存在多种天线类型和多种传输模式，选择哪种天线类型和传输模式会对覆盖性能产生较大影响。

（4）TD-LTE覆盖性能受到小区间干扰影响。TD-LTE系统引入了OFDMA技术。同一小区不同用户之间子载波频率正交，使得它们之间的信号干扰可以忽略不计。但整个系统内小区之间的同频干扰仍旧存在，且干扰水平会随着网络负荷的增加而增加，使用户SINR值下降，传输速率相应降低，呈现出一定的呼吸效应。此外，干扰消除技术的差异会导致不同的小区间业务信道干扰抑制效果，进而影响TD-LTE边缘覆盖效果。因此，如何评估小区间的干扰抬升水平是TD-LTE网络覆盖的另一难点。

#### 3.2.2.2 覆盖参数

电力无线专网规划应明确承载业务类型、规模、目标覆盖区、覆盖面积、容量及性能规划目标，应满足调度自动化、配电自动化、用电信息采集等业务系统对通信网安全性、可靠性、实时性和承载能力的要求。电力无线专网应与光纤专网、电力线载波、无线公网等相结合，主要实现对区域内配电自动化“三遥”“二遥”终端、用电信息采集等业务终端的有效覆盖。

在同频组网、邻区实际用户占用50%网络资源条件下，在A+、A类地区规划目标覆盖区域内无线网络总体覆盖率应满足室外RSRP≥-115dBm且RS SINR≥-3dB的位置不低于95%，在B、C类地区不低于90%。业务终端在99%的时间可接入网络。小区边缘用户上行接入速率不低于128kbit/s。

电力无线专网小区边缘位置的场强RSRP、信噪比SINR和接入速率之间推导关系如下：首先根据业务确定速率要求，无线专网建设目标需要承载配电自动化等控制类业务，为保障时延和可靠性，确定小区边缘室外速率为128kbit/s，对于1800MHz LTE系统，这个速率确定了接收机解调最低要求为-3dB。在20℃的常规环境中，无线通信环境的热噪声功率谱密度为-173.98dBm/Hz。1800MHz系统小区边缘工作带宽为180kHz，接收机灵敏度为$-173.98+10\times\log_{10}(180\,000)-3=-124.5$dBm。扣除实际系统噪声余量7dB和干扰余量3dB，因此保守估计的边缘场强为RSRP=-115dBm。该指标在国网江苏省电力有限公司无线专网建设过程中得到了充分验证。

密集市区相对取定了最大的面覆盖率，根据不同场景的业务需求以及人口密度依次从大到小的特点，一般市区、郊区等的覆盖率参数取定见表3-2。

表 3－2　　不同区域类型覆盖率要求

| 覆盖区域 | 场景补充说明 | 面覆盖率 | 边缘覆盖概率 |
|---|---|---|---|
| 密集市区（或A+、A类供电负荷区） | 低速/静止信道 | 95% | 88.5% |
| 一般市区（或B、C类供电负荷区） | 低速/静止信道 | 90% | 75% |
| 郊区（或D类及以下供电负荷区） | 低速/静止信道 | 85% | 65% |

结合覆盖目标和链路预算，可以得到不同区域完全覆盖最少需求的站点数。

考虑到后期网络的要求可能会有所提高，因此在条件成熟的区域，可在规划基础上适当增加站点，以缩小LTE站距，实现更高的边缘速率，电力TD－LTE具体站间距建议为密集市区0.85km、一般市区2km。

#### 3.2.2.3 TD－LTE链路预算

链路预算的主要流程为：确定系统资源配置（包括载波带宽时隙配比、天线类型、边缘MCS等），通过链路仿真得出各种信道接收机解调门限，根据网络组网情况及采用的干扰协调技术，选取合适的干扰余量。

TD－LTE基本配置参数主要包括TDD上/下行时隙配置、特殊时隙配置、系统总带宽、RB总数、分配RB数、发射及接收天线数、天线使用方式等。具体说明如下：

（1）上/下行时隙及特殊时隙配置是指TD－LTE帧结构中如何配置上行时隙和下行时隙，以及特殊子帧如何配置。目前电力无线专网选择上下行采用3:1时隙配置，特殊子帧采用10:2:2配置。

（2）系统总带宽，LTE网络可灵活选择1.4MHz、3MHz、5MHz、10MHz、20MHz等带宽，目前通常采取5MHz、10MHz两种带宽。

（3）RB总数及分配RB数，20MHz带宽RB为100个，考虑同时调度10个用户，边缘用户分配RB数为10个。

（4）天线数量及天线使用方式根据目前技术发展情况，天线主要采用4阵元双极化天线，边缘用户主要使用波束赋形方式。

### 3.2.3 TD－LTE容量性能分析

#### 3.2.3.1 TD－LTE容量特性

TD－LTE小区的容量受诸多因素的影响，包括信道及参数配置、多天线技术选取、调度算法、小区间干扰协调算法等。前两者的资源分配侧重考虑语音用户；而后者采用全IP网络，更多地考虑了数据业务的承载设计，采用链路自适应的资源分配方式，不仅根据用户的信道质量来调整编码方式以获得更高的频谱效率，同时依据当前小区总体资源的占用情况以及用户的位置和信道质量，动态调整用户业务对资源的占用，同时在频域上进行选择性地调度。LTE的容量规划需要根据系统仿真和实测统计数据相结合的方法，得到小区吞吐量和小区边缘吞吐量，以此确定网络规模。

TD－LTE支持1.4MHz、3MHz、5MHz、10MHz、15MHz、20MHz带宽的灵活配置，可以根据拥有的频谱资源进行相应的频率规划。在频谱资源允许情况下，为了能够承载更多的语音业务并提高上下行分组的数据速率、减少时延，一般建议采用 10MHz 带宽进行实际组网部署。

此外，TD－LTE 系统还采用了 OFDMA 和 MIMO 等新技术。OFDMA 技术具有抗多径干扰、便于支持不同带宽、频谱利用率高、支持高效自适应调度等优点，下行使用 OFDMA，最高速率达到 100Mbit/s，满足高速数据传输的要求。上行使用 OFDM 衍生技术 SC－FDMA（单载波频分复用），在保证系统性能的同时能有效降低峰均比（PAPR），减小终端发射功率，延长使用时间，最高速率达到 50Mbit/s。MIMO 技术利用多天线系统的空间信道特性，能同时传输多个数据流，实现了空间复用，有效提高了数据速率和频谱效率。将智能天线与 MIMO 技术相结合，能提高系统在不同应用场景的性能。

#### 3.2.3.2　TD－LTE 容量目标

衡量 TD－LTE 容量性能的主要指标有用户吞吐量、小区吞吐量、同时在线用户数、同时调度用户数等。TD－LTE 系统容量规划，应能达到使系统可提供最大的数据吞吐量；使用户体验到最高速率；支持最大的用户数目。

#### 3.2.3.3　TD－LTE 理论峰值速率计算

理论峰值速率为：$[TBS\times(N\text{子帧数}+P\text{特殊子帧})]\times N\text{流数}/5\text{ms}$。

*TBS*：传输块大小，根据 3GPP TS 36.213 协议查表取值，与调制编码方式、占用物理资源块数目等有关。

*N* 子帧数：根据上下行子帧配比取值。

*P* 特殊子帧：下行传输时，特殊子帧中 DwPTS 传送的数据块大小为正常子帧的 0.75 倍，取值 0.75；上行传输时，特殊子帧不传输数据，取值为 0。

*N* 流数：下行双流，取值为 2；上行单流，取值为 1。

以下行 2:2 为例：$75\,376\times(2+0.75)\times2/0.05=82.9136\text{Mbit/s}$。

各配置下 TD－LTE 理论峰值速率见表 3－3。

**表 3－3　　TD－LTE 理论峰值速率表**

| | 64QAM（Mbit/s） | | |
|---|---|---|---|
| DL:UL | 1:3 | 2:2 | 3:1 |
| 2×2DL | 52.7632 | 82.9136 | 113.06 |
| 1×2DL | 45.2256 | 30.1504 | 15.0752 |

#### 3.2.3.4　影响 TD－LTE 容量性能的主要因素

影响 TD－LTE 容量性能的主要因素有单扇区频点的带宽、时隙配置方式、频率使用方式、天线技术、资源调度算法、小区间干扰消除技术、网络结构和组网方式。

因此，TD－LTE 网络需要根据可用频率带宽、信道质量的实时检测反馈，动态调整用户数据的编码方式以及占用的资源，从系统上做到性能最优。

### 3.2.3.5 TD－LTE 容量评估指标

1. 最大同时调度用户数

TD－LTE 调度用户数主要受限于上、下行控制信道的可用资源数目。上行调度用户数主要取决于物理上行控制信道（Physical Uplink Control Channel，PUCCH）、物理随机接入信道（Physical Random Access Channel，PRACH）、探测参考信号（Sounding Reference Signal，SRS），下行调度用户数则主要取决于 PHICH 信道、PCFICH 信道和 PDCCH 信道（物理下行控制信道）可用的 CCE 个数。PHICH 每条占用一个 CCE，最多复用 8 个 UE，PCFICH 指明给定带宽和天线配置下可用的 CCE 的个数，PDCCH 传输上下行调度控制信息，一个对称业务的用户需要 2 条 PDCCH。此外，设备的硬件资源、处理能力也限制了单小区能支持的激活用户。综合各方面因素，在 20MHz 带宽下，不采用半持续性调度时，最大可支持的调度用户数为 70～80 个。

2. 小区平均吞吐量和小区边缘吞吐量

容量规划主要是考虑小区平均吞吐量，容量规划的建议值，在同频组网实际用户占用 50%网络资源的条件下，单小区平均吞吐量达到 5/20Mbit/s（上行/下行），空载时，小区边缘用户可达到 250kbit/s/1Mbit/s（上行/下行）；负载 50%时，小区边缘用户可达 150/500kbit/s（上行/下行）。

3. 同时在线（激活）用户数

由于数据业务对时延不太敏感，并且数据业务具有非持续性的突发特性，动态调度算法会保证用户在需要数据传输时及时为用户分配实际的空口资源。只要协议设计支持，同时在线用户数主要由业务特征及设备能力决定。从设备能力的范畴来看，TD－LTE 在 20MHz 带宽内，单个小区可提供不小于 1200 个用户同时在线的能力。

### 3.2.3.6 容量规划建议

在 TD－LTE 系统网络部署初期，主要目的是为用户提供高速的无线宽带数据业务，而对 VoIP 仅作设备能力的要求。在网络部署的中后期，在不断提高数据业务能力基础上，还要以 VoIP 形式提供语音业务，并对其性能进行优化。

本章介绍了 TD－LTE 无线网络规划的特征，明确了规划目标。根据 TD－LTE 系统特性，提出了详细的 TD－LTE 宏蜂窝网络规划流程，主要包括需求分析、预规划、站址规划、网络仿真、无线资源和参数规划 5 个阶段。基于无线网络规划流程，给出了相应的需求分析方法，对覆盖性能、容量性能、主要影响因素进行了详细分析，并有针对性地提出了建议。

4

# 电力无线专网设计

工程设计是根据建设工程和法律法规，对建设工程所需的技术、经济、资源、环境等条件进行综合分析、论证，编制建设工程设计文件，提供相关服务的活动。电力无线专网设计遵循国家基本建设方针政策和技术经济政策，符合国家及行业相关技术体制及技术标准，同时应密切结合我国电力通信发展的实际需要。

## 4.1 电力无线专网工程设计概述

本节从无线专网的总体要求、设计流程、设计内容、专业分工、总体架构和设备选型等方面概述电力无线专网设计的总体内容。

### 4.1.1 总体要求

根据业务需求分析，现有电力业务的服务质量和系统能力要求越来越高，新业务、新需求也层出不穷。因此，电力无线专网应采用先进、成熟、适用的无线通信技术，提供安全的数据传输通道，规划设计指标可适度超前。设计应充分调查分析和预测业务需求及运营维护需求，并充分考虑到新业务、新技术对网络结构、容量及服务质量的影响等因素。设计应充分利用已有的基础设施，节省投资。电力无线专网设计应满足电力监控系统安全防护要求，强化无线空口安全防护能力，符合等级保护要求。电力无线专网系统频率使用应采用经无线电管理委员会许可使用的频率，并按照国家相关规定执行。

### 4.1.2 设计流程

电力无线专网工程设计是一套系统而规范的流程，主要包括 7 个阶段，具体介绍如下。

（1）需求调研分析：对项目相关方进行调研，收集可研及相关数据，进行现状分析和需求分析。

（2）确定总体建设方案：根据需求调研分析结果和项目特点，参考相关技术标准和规范，从业务功能、网络架构、网络容量、性能指标等方面分析目标网络，提出系统的发展目标和演进路径。对主要技术方案进行研究比选，确定系统的总体建设方案。

（3）初步勘察：根据建设方案和前期经验，估算设备的硬件规格和数量，根据组网方案初步确定网元的物理连接，编制勘察表。制定勘察路线，并向建设单位汇报和联系进场，对机房/柜、立塔位置/租赁塔位等建站条件进行勘察。

（4）初步设计编制：在需求分析、总体建设方案及初步勘察基础上，提出建设目标，进行网络容量估算，提出建议的系统建设方案及新建/改造的建设规模，制定主设备技术参数要求，编制项目总概算。

（5）确定设备选型及配置：以初步设计为依据，确定设备选型和设备的具体配置。

（6）全面勘察：根据确定的具体设备配置及网元最终物理连接，进一步对机房、立塔位置进行勘察，租赁站点由出租方再次进行确定。

（7）施工图设计编制：在初步设计、设备配置及全面勘察基础上，确定具体实施方案，绘制详细的施工图纸，编制施工预算。

### 4.1.3 设计内容

电力无线专网设计包括初步设计和施工图设计两个阶段。

初步设计需根据批准的可研报告以及相关的设计标准、规范，并结合现场勘查形成的基础资料进行编制，初步设计内容主要包括以下6部分内容：

（1）现状分析：梳理当地供电负荷分布分区、无线频谱资源情况，搜集与工程建设方案相关的各类业务系统现状以及当地通信骨干网现状、接入网现状，并深入分析存在的问题。

（2）业务需求预测：按照电力无线专网目标覆盖区和供电区域分类情况，列出设计水平年内配电自动化、用电信息采集等各类业务的业务模型、终端类型、各类型终端的数量、终端分布密度，进行容量预测和统计。

（3）建设方案：包括系统总体架构、基站、核心网、网管、回传网络、安全防护、业务接入、设备选型、同步、辅助设施（杆塔、机房、电源、防雷接地等）、维护仪表等方案。

（4）设备配置：制定主设备技术参数要求，并估算主设备的硬件规格和数量；确定配套设备建设方案。

（5）工程实施方案：进行铁塔、机房选址，初步确定设备安装位置，初步进行设备安装、走线的设计。

（6）工程概算：从技术中立的角度，提出合理的投资概算。

施工图设计根据批准的初步设计文件和主要设备订货合同进行编制，施工图设计应进一步细化初步设计中相关的设计内容，确定设备的具体配置，明确详细的工程实施方案，并列出工程预算。

### 4.1.4 设计依据

设计依据是工程设计必须遵循的标准、规范、原则及调研资料等，主要包括合同、委托、可研批复、国家/行业/地方/企业标准、建设方相关文件及要求、现场勘查资料、调研资料等。

电力无线专网相关的国家/行业标准和规范汇总归类如下：

GB 50009—2012　建筑结构荷载规范

GB 50011—2010　建筑抗震设计规范
GB 50135—2006　高耸结构设计规范
GB 50689—2011　通信局（站）防雷与接地工程设计规范
GB 51194—2016　通信电源设备安装工程设计规范
YD/T 5003—2014　通信建筑工程设计规范
YD/T 1537—2015　通信系统用户外机柜设计规范
YD/T 5059—2005　电信设备安装抗震设计规范
YD/T 5131—2005　移动通信工程钢塔桅结构设计规范
YD/T 5213—2015　数字蜂窝移动通信网 TD－LTE 无线网工程设计暂行规定
YD/T 5222—2015　数字蜂窝移动通信网 LTE 核心网工程设计规范
DL/T 5391—2018　电力系统通信设计技术标准
DL/T 5404—2007　电力同步数字系列（SDH）光缆通信工程设计技术标准
DL/T 548—2012　电力系统通信站过压防护规程
DL/T 1509—2016　电力系统光传送网（OTN）技术要求
Q/GDW 1594—2014　国家电网公司管理信息系统安全防护技术要求
Q/GDW 11147—2013　分布式电源接入配电网设计规范
Q/GDW 11170—2014　电动汽车充电站/电池更换站监控系统与充换电设备通信协议
Q/GDW 11664—2017　电力无线专网规划设计技术导则
Q/GDW 11665—2017　电力无线专网可行性研究内容深度规定
Q/GDW 11803—2018　电力无线专网通用要求
Q/GDW 11804—2018　LTE－G 1800MHz 电力无线通信系统技术规范
Q/GDW 1738—2012　配电网规划设计技术导则
Q/GDW 1807—2012　终端通信接入网工程典型设计规范
Q/GDW 242—2010　输电线路状态监测装置通用技术规范
Q/GDW 1375—2013　电力用户用电信息采集系统型式规范
Q/GDW 1560—2014　输电线路图像/视频监控装置技术规范
Q/GDW 488—2013　电动汽车充电站及电池更换站监控系统技术规范
Q/GDW 561—2010　输变电设备状态监测系统技术导则

工信部无〔2015〕65 号　工业和信息化部关于重新发布 1785～1805MHz 频段无线接入系统频率使用事宜的通知

公安部、国家保密局、国家密码管理局、国信办公通字〔2007〕43 号　信息安全等级保护管理办法

国家发展和改革委员会〔2014〕14 号　电力监控系统安全防护规定

IEC 62305 雷电防护标准

### 4.1.5　设计专业分工

电力无线专网设计是一个系统的设计过程，与传统的电力通信项目不同，除了通信专业还包含其他专业的参与。具体的专业分类和专业之间的关系如下。

#### 4.1.5.1 专业分类

电力无线专网工程设计涵盖的主要专业有通信、土建（含勘测）、结构、电气，通信专业主要负责方案的牵头和总体设计，土建专业负责新建铁塔的地质勘测、物探、塔桅基础设计，结构专业负责塔桅和塔上设备平台的设计，电气专业负责新建塔桅的防雷接地方案设计。

#### 4.1.5.2 专业接口

专业工作接口关系及时间顺序如下：通信专业提出建塔需求和基站天线挂高需求，优选变电站内几个适合拟建塔位后，土建专业进场勘察实际建站条件确定可用位置，并出具地质报告供铁塔基础设计参考；确定建塔位置后，通信专业邀请结构专业根据挂高需求设计铁塔，并提出相关塔基要求；土建专业根据地质报告和铁塔方案设计铁塔基础，电气专业进行铁塔防雷接地方案设计。

### 4.1.6 总体架构

电力无线专网由核心网、无线网、回传网、业务承载网等组成，用于承载电网终端网络的各类业务，核心网设备与业务主站之间通过安全网关隔离。其总体系统构成如图 4－1 所示。

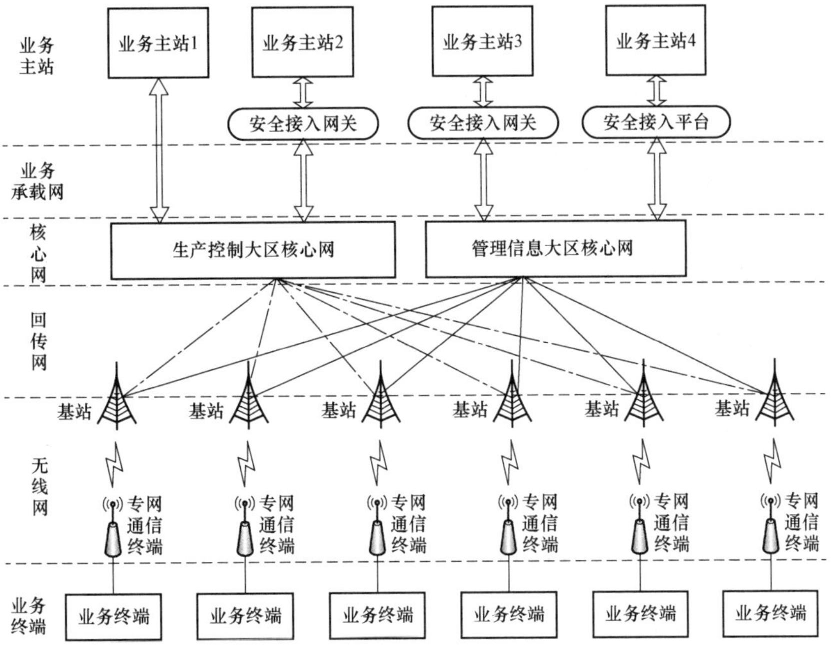


图 4－1 总体无线专网体系架构

### 4.1.7 设备选型

电力无线专网工程新增设备包括基站、核心网、网管等设备，设备的选型需结合工程实际需求和设计方案来确定，总体上应该满足以下要求。

#### 4.1.7.1 总体原则

（1）设备型号应尽量集中。

（2）设备配置应满足当前需求以及远景扩容的需要。

（3）设备板卡配置应在满足需求的同时种类尽量少，以减轻运维压力和减少维护备品备件的数量。

（4）系统成熟稳定，具有良好的兼容性。

（5）设备集成度高，低功耗，低散热，环境适应能力强。

#### 4.1.7.2 核心网设备配置原则

（1）核心网设备应选择技术先进，在满足成熟稳定的前提下，优先考虑采用专网核心网设备。

（2）核心网设备在软硬件设计上采用分布式、冗余、负荷分担等措施保证硬件的可靠性，应能支持异地容灾备份，核心网设备关键单元应考虑冗余配置，提高可靠性。

（3）核心网设备容量根据覆盖区域规划的基站数量、业务需求预测合理确定，并保留一定裕度。

（4）核心网设备应能支持与多厂商基站对接。

#### 4.1.7.3 基站设备配置原则

（1）基站设备按单套配置，公共部件冗余配置。

（2）可根据站址的美化需求，选择各种类型的美化天线。

（3）无线基站设备在软硬件设计上采用分布式、冗余、负荷分担等措施保证硬件的可靠性。

#### 4.1.7.4 网管配置原则

（1）无线网管选型应首选容量大、处理能力强、可靠性高的设备，实际设置时不应超过其满配处理能力的 70%。

（2）不同设备品牌的无线网管可根据实际需求设置在省级或市级，提供唯一的操作维护界面，但应支持多网管客户端分层分域管理。

（3）同品牌的 TDD 无线设备通过一套网管实施操作维护功能。

（4）网管系统应能管理核心网、基站及终端等设备。

## 4.2 核心网方案设计

核心网 EPC 系统负责终端鉴权认证、数据加密、IP 地址管理、移动性管理等，通过局域网或数据通信网与业务主站通信，主要由移动管理实体 MME、服务网关 S－GW、分组数据网网关 P－GW、归属用户服务器 HSS、策略及计费规则功能 PCRF 等功能单元组成。电力无线专网核心网按照业务类型分为生产控制大区和管理信息大区两套核心网，分别承载一、二区业务和三、四区业务。核心网的典型架构如图 4-2 所示。

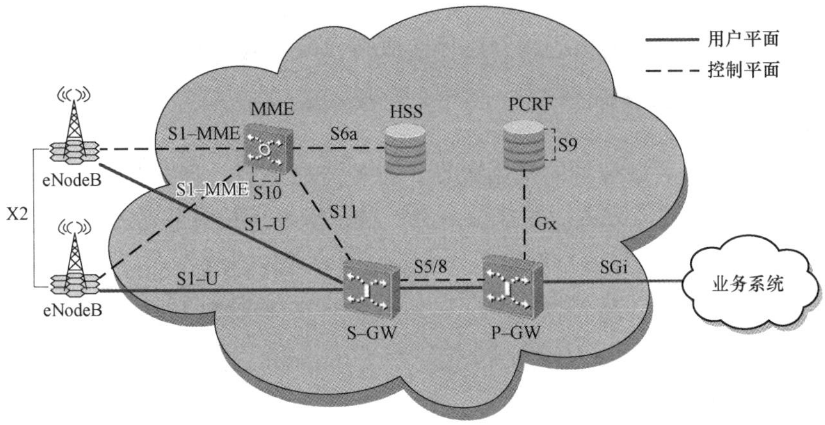


图 4-2　电力无线专网核心网典型功能架构图

（1）MME：主要负责信令处理及移动性管理。功能包括 NAS（非接入层，支持核心网和 UE 之间业务和信令消息的传输）信令及其安全；跟踪区域（Tracking Area，TA）列表的管理；P-GW 和 S-GW 的选择；鉴权、漫游控制以及承载管理；3GPP 不同接入网络的核心网络节点之间的移动性管理；信令面的合法监听等。

（2）S-GW：作为面向基站终结于 S1-U 接口网关，负责数据处理；当 eNodeB 间切换时作为本地锚点并协助完成 eNodeB 的重排序功能；合法侦听以及数据分组的路由和前传；根据每个 UE、PDN 和业务质量等级标识（QoS Class Identifier，QCI）的上行链路和下行链路计费等。

（3）P-GW：与其他数据网连接，终结于 SGi 接口网关，进行分组数据路由和转发，基于用户的分组过滤；用户 IP 地址分配；执行所有面向用户的策略功能。

（4）HSS：用于存储用户信息的数据库，主要功能包括存储用户相关的信息；签约数据管理和鉴权，如用户接入网络类型限制、用户 APN 信息、计费信息管理；支持多种卡类和多种方式的鉴权。

（5）PCRF：策略和计费控制单元，主要功能包括用户的签约数据管理功能，用户、计费策略控制功能；QoS 功能；网络安全性功能；IP 连接访问网络（IP-Connectivity Access Network，IP-CAN）承载与 IP-CAN 会话相关联策略信息的管理功能等。

核心网网络组织：核心网网元间采用 IP 承载方式，宜通过数据通信网互连。当核心网网元处于同一局址时，也可直接通过局域网互通。

核心网与其他网络的互联：

（1）核心网在无线侧配置三层交换机与回传网互联，也可通过 SDH/PTN 以太网口直接接入。在业务主站侧配置核心路由器与各业务网络边缘设备（Customer Edge，CE）互联，详见回传网设计章节。

（2）核心网与业务平台互连应严格按照《电力监控系统安全防护规定》《电力监控系统安全防护总体方案》等文件要求，依据配电监控系统安全防护方案，落实生产控制大区和信息管理大区的安全接入措施。各业务的安全接入平台应当由各业务部门按要求设计方案，与各业务平台对接的网络互连方案详见业务承载网设计方案章节。

### 4.2.1 设计原则

核心网方案设计原则分为核心网网络设计原则和核心网节点设置原则两部分。

#### 4.2.1.1 核心网网络设计原则

核心网应根据覆盖区域规划的基站数量、业务需求预测、容灾要求、安全要求等合理确定网络结构、功能及建设方案，并保留一定裕度；核心网应根据电力无线专网承载业务、建设规模确定部署方式，宜部署在地市公司；可根据业务接入规模、流向等，部署在省（市）公司；应设置两套核心网，分别承载生产控制大区业务（含源网荷储业务）和管理信息大区业务；核心网关键单元应冗余配置。

#### 4.2.1.2 核心网节点设置原则

电力无线专网核心网应至少设置以下节点：MME、S－GW、P－GW、HSS 等。S－GW 和 P－GW 宜物理上综合设置为 S－GW/P－GW，简称 SAE－GW，也可以根据业务需要分设；MME、S－GW/P－GW、HSS 宜以地市或省（市）为单位集中部署，设置在地市公司或省公司，新建核心网网元设备处理能力应满足设计水平年需求并考虑一定比例的冗余量；当网络中设有多个 S－GW/P－GW，宜采用负荷分担的方式实现容灾备份。

### 4.2.2 系统容量指标

核心网容量应根据覆盖区域规划的基站数量、业务需求预测合理确定。核心网按性能容量分为Ⅰ、Ⅱ、Ⅲ、Ⅳ、Ⅴ 5类，系统容量指标见表4－1。

表4－1　核心网设备主要系统容量指标

| 分类 | 单设备可管理基站数量 $A$（个） | 单设备可管理用户数量 $B$（个） |
|---|---|---|
| Ⅰ | $A \geqslant 2000$ | $B \geqslant$ 20万 |
| Ⅱ | $1000 \leqslant A < 2000$ | 10万 $\leqslant B <$ 20万 |
| Ⅲ | $500 \leqslant A < 1000$ | 5万 $\leqslant B <$ 10万 |
| Ⅳ | $150 \leqslant A < 500$ | 1万 $\leqslant B <$ 5万 |
| Ⅴ | 1 | $B \geqslant 1000$ |

### 4.2.3 接口要求及业务带宽计算

核心网应具备支持 S1－MME 接口、S1－U 接口、SGi 接口、NAS 接口、网管接口等功能，接口要求应符合现行行业标准 YD/T 5222—2015、Q/GDW 11804《LTE－G 1800MHz 电力无线通信系统技术规范》。业务带宽计算应遵循以下原则：

（1）核心网工程设计中所使用的业务和信令模型应结合业务特性、业务变化趋势、带宽需求、时延要求、可靠性要求、安全性要求等因素综合取定。

（2）核心网工程设计的业务带宽计算至少包含 S1 和 SGi 接口，业务带宽根据业务终端的业务情况及数量计算总量。

本节以 1800MHz 系统 SAE－GW 设备的接口带宽和接口数为例进行测算。网元吞吐量会随着用户规模和单用户流量的增长而迅速增加，考虑到后续网络扩容便利和减少接口调整，一般按 10GE 接口板配置。

单套 SAE－GW 设备吞吐量等于上下行总流量。而 10GE 接口为全双工收发，因此计算以太网接口需求时，仅需计算单向最大流量。SAE－GW 网元有进和出两个接口，分别为 S1－U 和 SGi 接口，接口带宽需求翻倍。根据工程实际经验，信令带宽占媒体带宽 1%～3%，专网主要为固定业务、漫游业务少，信令带宽和省/市际漫出数据带宽忽略不计。专网上行业务的流量一般大于下行业务流量，因此以上行流量需求为单向最大流量计算设备的带宽和接口需求。

当单套 SAE－GW 设备吞吐量一定时，需要单套 SAE－GW 配置足够的 10GE 接口数满足设备最大吞吐量设置，即以接口数计算上行最大传输带宽≥以设备吞吐量计算上行最大传输带宽，单套 SAE－GW 10GE 接口数量/2×10GE×网络负荷系数≥单套 SAE－GW 吞吐量配置×最大单向流量占比。一般的，设备端口数通常为偶数，所以上述公式取整后为：

单套 SAE－GW 10GE 接口数量≥INT2（单套 SAE－GW 吞吐量配置×最大单向流量占比×2/10GE/网络负荷系数）

其中，函数 INT2（）表示向上取偶数。以 20 万用户核心网为例，单套 20 万用户核心网设备 SAE－GW 吞吐量一般为 50Gbit/s。业务的最大单向流量占比暂按 0.75 考虑；IP 承载网通常为轻载网络，网络负荷系数取 0.5。根据上述公式，规模为 20 万用户的单套核心网 SAE－GW 10GE 接口数量≥INT2（50.0×0.75×2/0.5/10）＝16 个。

### 4.2.4 核心网部署方案设计

电力无线专网核心网部署方案应结合承载业务、业务接入规模、流向及建设规模等情况确定部署方式。现针对不同场景对核心网部署方案进行讨论。

#### 4.2.4.1 管理信息大区和生产控制大区核心网方案

根据电力终端业务的分类和流向提出多种核心网部署方案并进行比较。电力无线专网业务主要有毫秒级源网荷储、秒级源网荷储、配电自动化、地县自动化采集（非工空调、分布式能源等）、地市采集（用户变电站监测、电压检测仪、配电站所环境监控、智能仓储等）、音视频（视频监控、机器人巡检、线路在线监测等）、配电变压器采集（配电变压器监测）、用电信息采集、其他采集等，其业务归类及业务流向见表 4－2。

**表 4－2　无线专网业务名称及业务流向表**

| 业务名称 | 类别 | 业务流向 |
|---|---|---|
| 毫秒级源网荷储 | 生产控制类 | 至市公司 500kV 控制子站 |
| 秒级源网荷储 | 生产控制类 | 经市公司至营销主站 |
| 配电自动化 | 生产控制类 | 至市公司 |
| 地县自动化采集（非工空调、分布式能源等） | 生产控制类 | 至市公司 |
| 地市采集（用户变电站监测、电压检测仪、配电站所环境监控、智能仓储等） | 管理信息类 | 至市公司 |

续表

| 业务名称 | 类别 | 业务流向 |
|---|---|---|
| 配电变压器采集（配电变压器监测等） | 管理信息类 | 至市公司 |
| 音视频（视频监控、机器人巡检、线路在线监测等） | 管理信息类 | 至市公司 |
| 用电信息采集 | 管理信息类 | 至省公司 |
| 其他采集 | 管理信息类 | 至省公司 |

1. 方案一：省级公司集中部署

电力无线专网核心网设备集中部署在省公司，核心网集中部署，将在省公司按异地容灾方式集中部署，全省基站的信令流和数据流将集中接入核心网，目前运营商多采用该方案。设备容量需满足设计水平年全省终端用户接入和处理需求，可以适当考虑一定比例的冗余量。组网典型方案如图 4－3 所示。

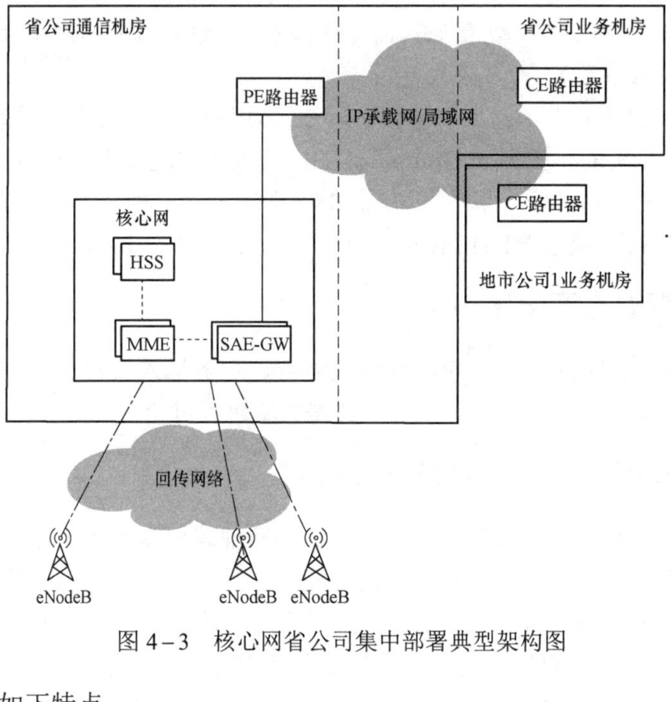


图 4－3　核心网省公司集中部署典型架构图

该方案具有如下特点：

（1）可以提高网络扁平化，满足集中集成管理要求。

（2）随着业务集中集成，大量业务向省公司集中（目前生产控制大区业务的毫秒级源网荷储、配电自动化主站设在地区），该方案的组网与未来的业务流向也较为吻合。主站在地区的，需由省公司转接至各地市公司，增加了传输时延。

（3）全省一个核心网，降低 MME 间位置更新和切换频率，提升网络性能（移动业务角度），所以在跨地区交界处较容易处理。

（4）网络与现有网络联接入口集中在省公司，所以易于安全平台的配置和安全接入的管理。

（5）需采用运营商级核心网设备。

（6）本方案可根据后期业务和流量情况，将 SAE－GW 网元下沉到有需要的地市，以进一步提升整体网络性能。

2. 方案二：省级公司集中部署（S－GW/P－GW 下沉）

因核心网省集中造成业务回传流量较大、骨干传输网带宽不足且不具备条件改造和扩容的，可将 S－GW/P－GW 下沉至地市部署，MME、HSS 等仍采用省公司集中部署方式，各功能模块设备之间采用 IP 网络互通。组网典型方案如图 4－4 所示。

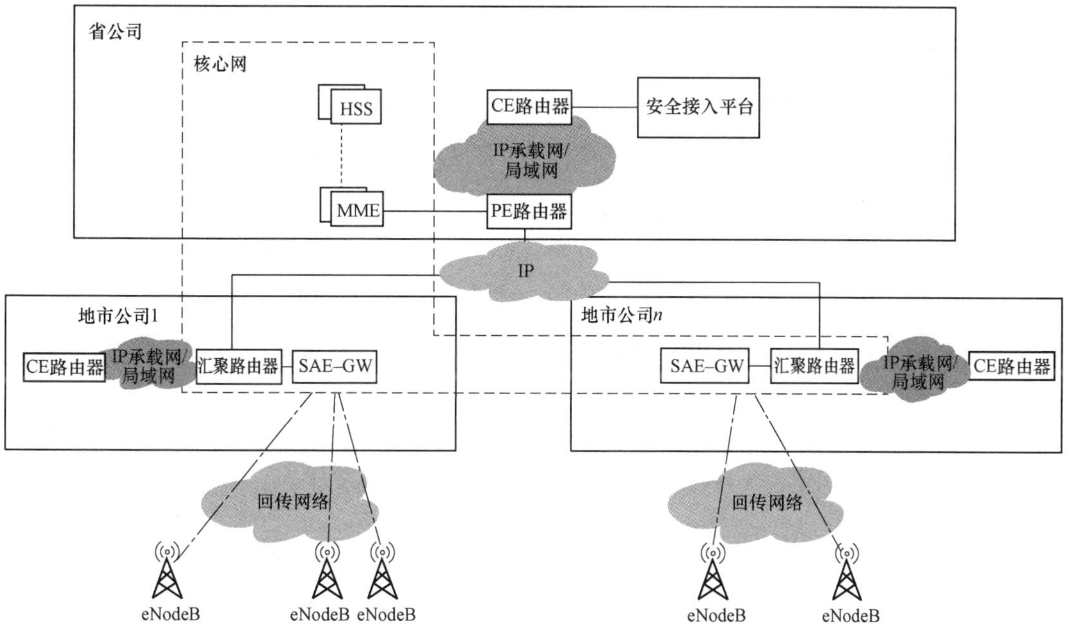


图 4－4 省公司集中部署（SAE－GW 下沉至地市）典型架构图

该方案具有如下特点：

（1）该方案具有方案一的所有优点。

（2）网关下沉可提升承载网效率和减少路由迂回的可能，降低业务的传输时延。

（3）网关分布部署比省公司全部集中部署方案运维开销高。

3. 方案三：地市集中部署

因用户接入规模较大造成省公司核心网设备数量较多时，可将核心网设备以地市为单位进行部署。各地市公司基站均接入各自核心网，网络管理在地市公司完成，网管系统通过北向接口接入 AMS 系统，省公司通过 AMS 系统监视各地区专网系统。以地市为单位进行部署时，设备处理能力满足设计水平年本地市终端用户接入和处理需求，并考虑一定比例的冗余量。组网典型方案如图 4－5 所示。

该方案具有如下特点：

（1）生产控制大区业务源网荷储、配电自动化直接传输至各地市业务平台，极大降低生产控制大区业务时延，与方案一相比节约省—市传输带宽。

（2）核心网分别部署在各地市，省公司集中集成管理难度增加。

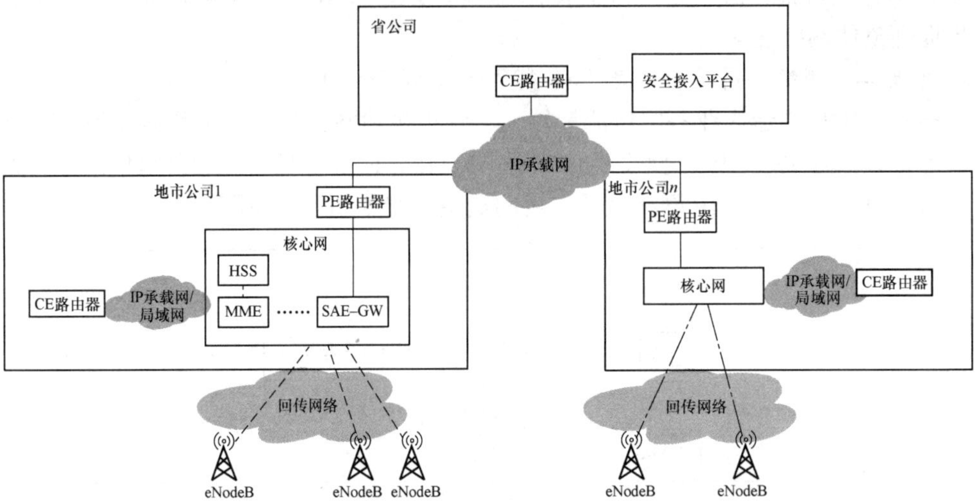


图 4-5　核心网地市公司集中部署典型架构图

（3）该方案业务均由各地市公司接入，省集中业务仍需在各地市转至省到市骨干网接入省公司。

（4）全省多核心网，MME 间位置更新和切换频繁，在跨地区交界处存在跨局漫游。

（5）该方案核心网可以灵活部署，满足现有和远景扩展要求。

4. 方案比较

方案一、方案二以省级公司为中心建设核心网，符合 LTE 系统的扁平化架构，有利于终端大范围移动，有利于网络的集中管控和优化。但需要综合考虑全省业务现状和预期总量，建设周期较长，建成之后全省业务的运维和优化工作量集中在省公司侧，人力资源紧张。方案三以市公司为中心建设核心网，市公司核心网间需对接配置，维护和优化工作量相对较大，但初期投资小，建设周期短。

目前电力业务主要是固定终端，移动业务量少、地域性强，漫游移动业务极少。目前生产控制大区业务平台集中在市公司侧，尤其是配电自动化三遥和源网荷储等对时延敏感的业务。方案三满足目前业务需求，其投资门槛低、建设风险小的优势明显。综合以上各方案的优劣势，在无线专网初期，建议以地市公司为主体建设生产控制大区和管理信息大区两套核心网，市公司间管理信息大区核心网对接互联，在无线专网扩大覆盖时，两套核心网网架结构向省集中演进。

通过比较，采用管理信息大区和生产控制大区核心网设计方案为地市集中部署，具体如图 4-6 所示。

### 4.2.4.2　其他核心网

针对变电站内视频监控及移动巡检类大流量业务，可采用一体化软核心设备。在本站部署小型一体化核心网服务器，以及 BBU、RRU、天线等配套设备；核心网服务器与 BBU 优先考虑独立分设。核心网关键设备和板卡宜采用 1+1 冗余方式。组网典型方案如图 4-7 所示。

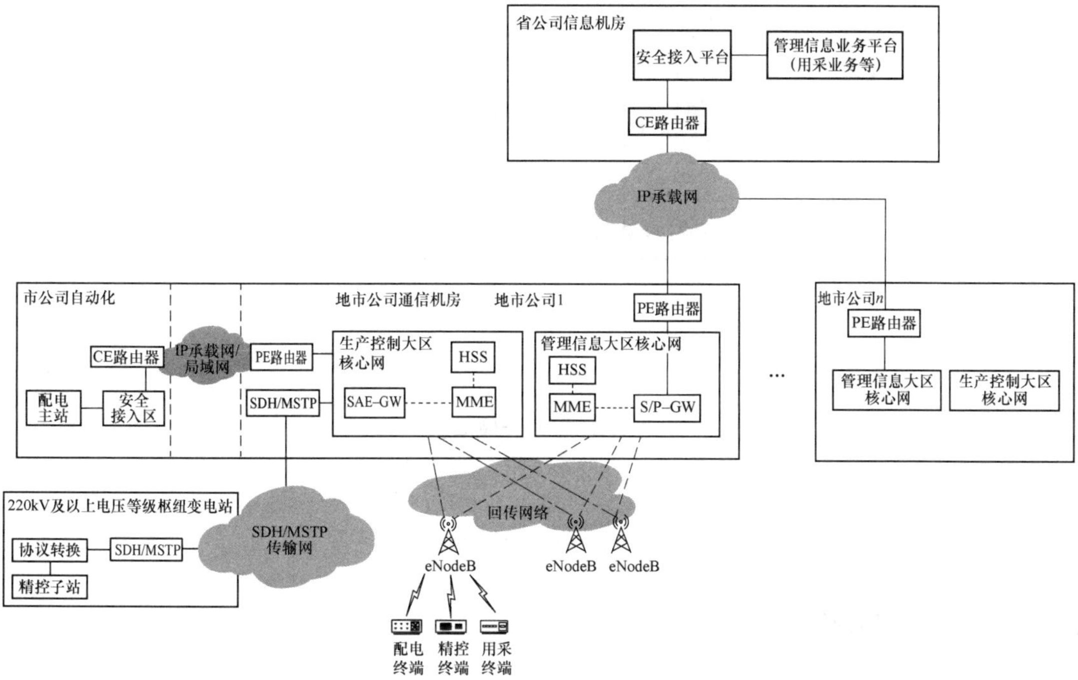


图 4－6　管理信息大区和生产控制大区核心网方案图

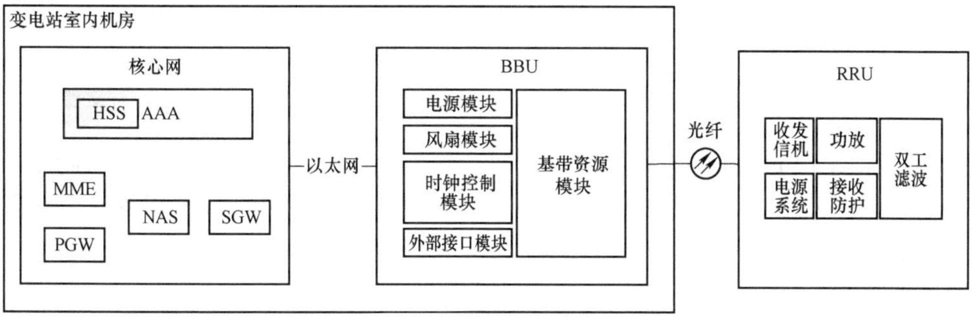


图 4－7　一体化核心网部署典型架构图

## 4.2.5　核心网容灾方式

核心网作为整个电力无线专网的重要节点，需要进行容灾备份设计。核心网典型容灾架构如图 4－8 所示，各功能模块容灾主要实现方式如下：

（1）MME：组建资源池，当池内的某 MME 出现故障，eNodeB 发现此故障后将用户服务请求分配给池内其余正常运行的 MME。

（2）S－GW/P－GW（SAE－GW）：采用负荷分担和主备两种模式，优先选用负荷分担模式。

（3）HSS：通过数据复制和一致性校验技术完成备份数据同步，实现容灾。

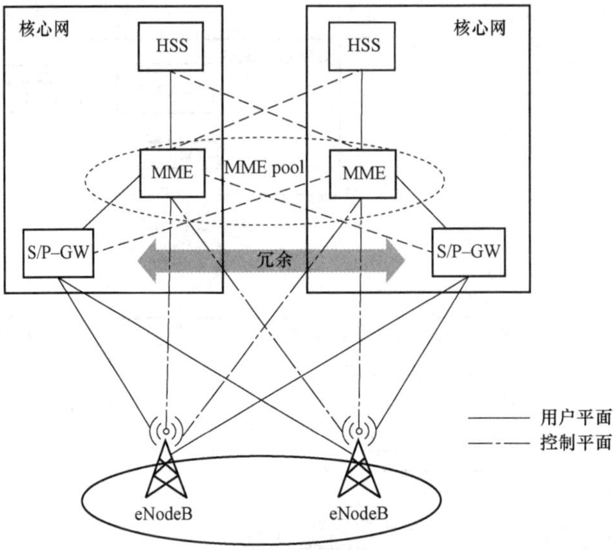


图 4－8　核心网典型容灾示意图

## 4.2.6　核心网同步要求

核心网设备需支持时间同步机制，并与标准时间源保持时间同步，支持向网元提供时间同步服务。

## 4.2.7　核心网技术

### 4.2.7.1　QoS 承载技术

电力无线专网 EPC 在 QoS 控制方面引入了策略协商、决策和执行监控等机制。QoS 控制的基本粒度是承载，即相同承载上的所有数据流量将获得相同的 QoS 保障，不同类型的承载提供不同的 QoS 保障。为实现端到端 QoS，EPS 系统从业务起点到终点都建立和使用具有明确定义属性与功能的承载业务。

1．承载级 QoS 参数

EPS 系统中，承载级 QoS 参数包括 QCI、分配与保持优先级（Allocation Retention Priority，ARP）、保证比特速率（Guaranteed Bit Rate，GBR）、最大比特速率（Maximum Bit Rate，MBR）和聚合最大比特速率（Aggregate Maximum Bit Rate，AMBR）。

QCI 用来表示特定接入节点中控制其承载级别的数据包传输处理参数，例如调度权重、接入门限、队列管理门限、链路层协议配置等；ARP 用于在资源受限制的情况下，作为决策依据判定接受还是拒绝承载的建立或修改请求；GBR 参数是相应 GBR 类承载预期能够提供的比特速率；MBR 表示 GBR 承载能提供的最大比特速率。AMBR 表示一组承载的业务比特速率，分为每个 APN 合计最大的比特速率 APN－AMBR 和每个 UE 合计的最大比特速率 UE－AMBR。

2．标准 QCI 属性

QCI 是 EPS 承载最重要的 QoS 参数之一，它是一个数量等级，代表了 EPS 应该为这个

SDF 提供的 QoS 特性。QCI 属性根据实际需求预配置在 eNodeB 上，具体属性主要有以下几类：

（1）优先级：用于区分相同或不同 UE 的 SDF 集合。每个 QC 与一个优先级相关联，优先级 1 是最高的优先级别。

（2）数据包时延：用于表示数据包在 UE 和 PDN－GW 之间传输产生的延迟时间。对于同一个 QCI，数据包时延数值在上行和下行方向相同。

（3）数据包丢失率：定义为在已经在发送端链路层处理后，但未被接收端成功发送到上层服务数据单元（Service Data Unit，SDU）的比率，实际上体现了非拥塞情况下数据包丢失率的上限。对同一个 QCI，数据包丢失率在上下行方向上相同。

专网承载电力业务优先级及服务质量分类要求（与 3GPP QCI 映射关系）见表 4－3。

**表 4－3　专网电力业务优先级及质量分类要求**

| 3GPP 业务质量标识 | 电力业务对无线系统的 QoS 要求 | | | |
|---|---|---|---|---|
| QCI | 优先级 | 无线通道时延 | 丢包率 | 业务类型 |
| 5 | 1 | 50ms | $10^{-4}$ | 一级控制类（如毫秒级源网荷储等） |
| 2 | 2 | 2s | $10^{-4}$ | 二级控制类（如配电自动化三遥等） |
| 3 | 3 | 3s | $10^{-4}$ | 三级控制类（如常规负荷控制、充电桩、分布式电源等） |
| 1 | 4 | 300ms | $10^{-2}$ | 窄带多媒体类 |
| 4 | 5 | 6s | $10^{-4}$ | 数据采集类（如用采等） |
| 6 | 6 | 300ms | $10^{-2}$ | 宽带多媒体类（如视频、图像等） |
| 无线通道时延：数据包从核心网 PDN 侧的 SGi 接口接收成功到通信终端 Zd 接口发送成功的传输时延 | | | | |

### 4.2.7.2　核心网 NFV 技术

网络功能虚拟化（Network Function Virtualization，NFV）技术的核心理念在于把逻辑上的网络功能从实体硬件设备之中解耦出去，以期能够大幅度降低基础电信网络运营商的网络建设成本与运营成本，具体的实现方式为：

（1）网络硬件设备方面，将原先的各个网元标准化为“高性能服务器”“大容量存储器”“数据交换机”等 3 大类底层 IT 硬件设备。

（2）网络功能软件方面，利用可编程的软件平台来实现虚拟化的网络功能。NFV 因为实现硬件和软件之间的去耦，所以网络设备的功能不需要再依靠于特殊的硬件，网络资源可以实现充分而且灵活的共享，从而可以实现业务快速开展、开发和部署。电信网络的虚拟化架构包括网络功能虚拟化基础设施（NFV Infrastructure，NFVI）、管理和编排（Management and Orchestration，MANO）、虚拟网络功能（Virtual Network Functions，VNFs），它们是 NFV 标准架构的实体概念。这样的设计实现了以下 5 个目的：

（1）在 NFV 架构中，将物理网元功能拆分，可增加运营商选择范围，从多个供应商挑选最适合的网络功能。

（2）VNF 可以通过不同的物理硬件和虚拟机管理程序来创建和管理。

（3）能够只通过软件进行快速发布。

（4）不同供应商间的虚拟化网络功能可通过标准的开放接口进行互通。

（5）硬件通用，不受制于特定供应商，建设成本更低。

# 4.3 无线网络方案设计

基站是移动通信中组成蜂窝小区的基本单元，负责接收、处理与发送无线信号，以及将无线信号转换成易于传输的光/电有线信号。LTE基站通常包括基带处理单元 BBU、射频拉远单元 RRU 和天馈线系统。从形态上，无线基站可分为分离式基站（BBU+RRU）和一体式基站。从站型上，基站分为宏基站、宏站拉远、微基站、直放站、室内分布系统。无线基站设计方案应当包含服务质量指标、网络覆盖方案、网络容量设计、子帧规划、天馈线系统设计、参数设计、设备典型配置等。宏基站典型示意图如图 4－9 所示。

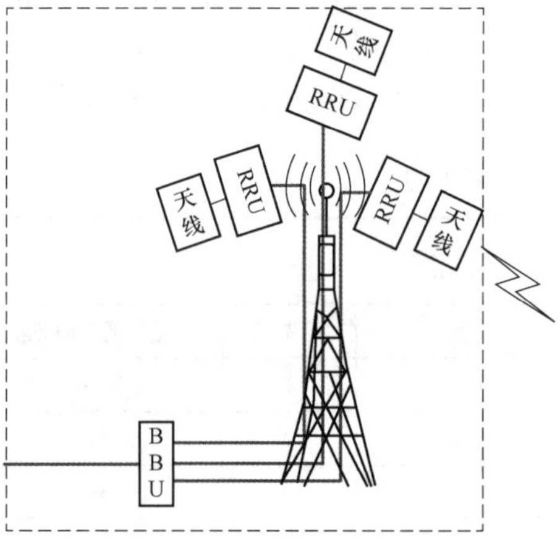

图 4－9　宏基站典型示意图

## 4.3.1 设计原则

无线基站在部署时，需要遵循以下原则：

（1）满足无线网络覆盖和容量要求。

1）应综合考虑基站发射功率、业务数据速率、系统负荷、无线环境、干扰情况等因素，同时结合天馈线系统参数进行链路预算，确定合理基站覆盖范围。

2）根据目标区域地形物貌特征以及业务覆盖质量指标的差异化要求，制定有针对性的无线网络覆盖目标。

3）无线网设计应具备前瞻性，保证网络的质量和稳定性。

4）无线网络覆盖设计基站选型宜采用宏基站，覆盖方式宜采用室外覆盖，设计时宜留有补盲站点，在网优阶段可根据实际覆盖情况及业务终端分布需求，部署补盲站点。

5）在网络边界地带，应进行资源分配协调，并做好邻边地带无线覆盖区的协调控制。

6）无线通信终端分布在超高建筑阴影、室内、地下室等环境时，无线覆盖指标达不到要求时，可采用增加基站或光纤射频拉远、无线中继转发、泄漏电缆等方式进行深度覆盖。

（2）满足网络结构要求。

1）在满足设计目标前提下，基站站址优先选择自有变电站、供电所、营业厅等自有场所，充分利用现有机房、电源、杆塔等基础设施，条件不具备时可考虑新建或租用。建筑物的高度不能满足基站天线高度要求时，应有屋顶架设塔桅或地面立塔条件。不满足上述条件时，也可采用路灯杆、监控杆等设施进行部署。

2）无线网宏蜂窝覆盖应按蜂窝网络结构以及公司已有基础设施布局状况，通过仿真验证，合理布局基站位置和确定天线挂高、方向角、下倾角，达到精准覆盖要求。

3）基站站址宜选择在规则蜂窝结构的基站位置附近，其偏离范围应不影响网络覆盖并满足干扰要求。宜避免多个基站覆盖重叠区位于无线业务集中的区域。

4）基站的目标覆盖区应视野开阔，站址附近不宜有高于基站天线高度的高大建筑物，对于定向天线，在天线主瓣覆盖方向100m内应无阻挡。

（3）站址避免周围环境对网络质量的影响。

1）站址宜选择在地形平坦、地势相对较高、交通便利、外电引入及传输线路建设方便、地质良好的地段，不宜选择在地震断裂带、有山体滑坡迹象、边坡不稳定易塌方、易发生泥石流、有较深垃圾回填土质、河道边坡无驳岸河岸边等。

2）站址不宜选择在大功率无线电发射台、大功率电视发射台、大功率雷达站和具有电焊设备、X光设备或产生强脉冲干扰的热合机、高频炉的企业附近。

3）站址不宜选择在易燃、易爆的仓库和材料堆积场，以及在生产过程中容易发生火灾和爆炸危险、散发较多粉尘或有腐蚀性排放物的工厂、企业附近。

4）站址不宜设置在高压油管、天然气管、燃气管附近，当基站设置塔、桅杆等天线支撑物时，杆塔中心离上述管道的水平距离不宜小于杆塔的高度，同时宜大于50m。

5）当基站需要设置在飞机场附近时，其铁塔、桅杆高度应符合机场净空高度要求，并按照有关规定设置航标灯。

6）站址不宜设置在铁路线路安全保护区内，站址边、杆塔中心离铁路设施的距离应符合国家标准、行业标准和铁路安全防护要求。

### 4.3.2 服务质量指标

根据规划，目标区域应采用边缘速率至少为128kbit/s的室外薄覆盖方案。

同时，在同频组网、邻区实际用户占用50%网络资源条件下，在A+、A类供电区域规划目标覆盖范围内无线网络总体覆盖率应满足RSRP≥－115dBm且RS SINR≥－3dB的位置不低于95%，在B、C类供电区域不低于90%，业务终端99%的时间可接入网络。

### 4.3.3 网络容量设计

网络容量设计应综合考虑业务预测、小区平均吞吐率、网络负荷要求、目标用户数、业务速率、边缘速率等方面，并与该区域业务分布相匹配，需要满足各种业务的接入需求及质量要求。TD－LTE网络是一张同频网络，应合理规划基站小区参数，减少小区间干扰，以获得较大的系统容量。对于局部无线网容量或边缘用户吞吐量不足的区域，可通过适当增加新的扇区或小基站等措施来满足网络需求。

### 4.3.4 室外无线网络覆盖方案

电力无线专网主要以室外无线网络覆盖为主。室外无线网络覆盖方案应根据目标区域地形物貌特征以及业务覆盖质量指标，针对电力业务需求分布，结合链路预算的相关结果进行布站，现场勘查与仿真计算相结合，设计合理的网络覆盖方案。

#### 4.3.4.1 覆盖场景分类

覆盖区域可根据建筑物高度密度、终端分布情况、业务需求等分为密集城区、一般城区、郊区和农村等4类场景。这与供电区域分类存在一定的相关性，A+、A类地区近似对应密集城区、一般城区，B、C、D类地区对应郊区、农村等，典型场景分类见表4－4。

表 4－4　　典型场景分类表

| 序号 | 覆盖场景 | 供电区域 |
|---|---|---|
| 1 | 密集城区 | A+、A 类中心区域 |
| 2 | 一般城区 | A 类、B 类中心区域 |
| 3 | 郊区 | B 类、C 类中心区域 |
| 4 | 农村 | C、D 类 |

### 4.3.4.2 无线网络能力要求

对于采用 LTE－G 1800MHz 同频组网时，邻区实际用户占用下行 50%网络资源情况下，应满足以下条件：

（1）小区平均吞吐量。在子帧配置上下行 3:1（config0），特殊子帧配置 10:2:2（config7）条件下，每小区并发用户数不小于 50 时，小区平均上下行吞吐量应达到：

1）10MHz 频谱宽度时，4（Mbit/s）/6（Mbit/s）（上行/下行）。

2）5MHz 频谱宽度时，2（Mbit/s）/3（Mbit/s）（上行/下行）。

（2）小区边缘吞吐量。与小区平均吞吐量目标相同的配置条件，小区边缘用户上行吞吐量达到 128kbit/s。

### 4.3.4.3 室外宏基站天线挂高建议

根据不同的覆盖场景，基站侧天线挂高和终端侧天线高度建议见表 4－5。

表 4－5　　基站侧天线挂高和终端侧天线高度建议

| 覆盖场景 | 网络制式 | 基站侧天线挂高 | 终端侧天线高度 |
|---|---|---|---|
| 密集城区、一般城区 | 1800MHz 系统 | 30～40m，密集城区等资源受限区域可适当降低 | ≥1.5m |
| 郊区、农村 | 1800MHz 系统 | 40～50m | ≥1.5m |

### 4.3.4.4 站址布局与覆盖仿真

电力无线专网建站方案，应该受限于根据链路预算结论估算的网络所需基站数量，初步选定站址并测算，结合业务分布和目标区域可用站址资源（自有电力场所和符合天线挂高要求的租赁站点）对站址进行合理布置，确定基站布局。基站分布应与业务分布一致，站间距应符合业务覆盖需求，并优先采用以自有物业建站为主的建设模式，充分利用现有变电站、微波塔、楼宇等资源，节约建设成本，方便运行维护。条件不具备时可考虑与铁塔公司等商谈合作建设或租赁基站等方式。由于 TD－LTE 网络为同频网络，对信号质量更为敏感，基站布局应尽量满足标准蜂窝网络结构的设计。

1. 站址布局

在整个设计过程中，基站站址布局是一个动态的过程。站址的选择随着站址勘查和覆盖仿真计算的结果不断优化，直至最终确定可用的站址。具体步骤如下：

（1）站址勘查获得实际的基站条件信息，并据此初步设置基站各项参数，如天线位置、天线高度、天线类型、发射功率等。

（2）通过规划软件对覆盖区域做出覆盖预测，并通过优化设置改进规划仿真结果，将仿真结果作为网络设计的参考。

（3）对照仿真结果和覆盖目标确定站址。仿真结果如果出现部分区域弱覆盖或者 RS SINR 值较差时，需要增加或修改站点，并根据对比结果给出整体站址修改方案。新增或修改的站点，需再次回到步骤（1）进行站址勘察，现场确定实际的基站条件，并再次回到步骤（2）进行仿真计算，确定覆盖效果。循环往复直至得到满意效果，方可确定最终的建站方案。

2. *覆盖仿真*

覆盖仿真的地图应为无偏投影勘测地图（非百度等有偏投影的公众地图）。C、D、E 地区宜采用 20～50m 精度三维地图，A、B 地区宜选用 5～20m 精度三维地图，地图应至少包括地形海拔信息、地物信息和矢量边界信息，A+类地区宜选用 5m 及以上高精度三维矢量地图，增加建筑物矢量边缘及高度信息。传播模型应根据地图精度和工作频段进行选择，采用高精度地图的仿真应采用射线追踪传播模型，采用低精度地图时，LTE 1800M 宜使用 COST－231 HATA 传播模型。

不同的传播模型有不同的适用范围，应根据不同覆盖区的地形地貌特点选择合适的传播模型，并利用数字地图和移动通信网络规划软件计算传播损耗。覆盖仿真的计算结果应至少提供 RSRP、RS－SINR 等参数的覆盖效果图和详细的分项覆盖统计数据。

### 4.3.4.5 典型基站方案

典型的室外宏站为 S111 型站，即三扇区定向天线配置站。专网基站按照建站形式可以分为自建站和租赁站，LTE 架构中 RRU 通常与天线安装在一起，BBU 设备可就近安装在基站机房机柜（自建站通常采用该方式），或通过光纤拉远延伸安装到一定距离之外（租赁站通常采用该方式），因此基站的安装方案可分为自建站和拉远站两种，具体方案如下。

1. *自建站安装方案*

当新建无线基站为利用自有物业建设时，BBU 通常安装在自建站点机房内的 19 英寸标准机柜/机架中，使用机房已有或改造后的配电设备。典型自建站安装场景如图 4－10 所示。

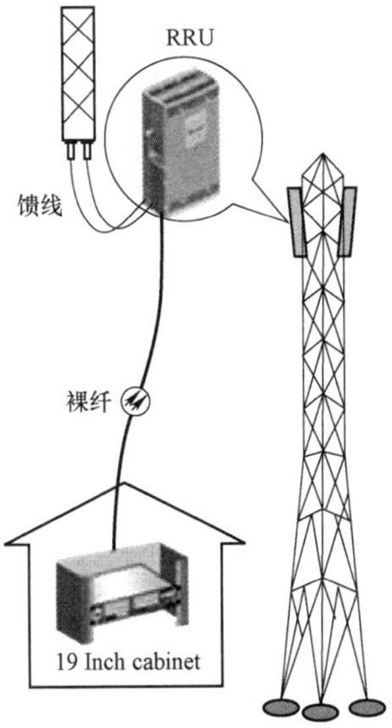

图 4－10　自建站安装方案

2. *拉远站点安装方案*

拉远站点实现了基站的基带单元和射频单元分离，使用光纤来传输基带信号，传输距离一般可达 5km 以上，通常在租赁站点或补盲时使用。租赁站点场景下，一般采用租赁铁塔、运营商的铁塔或楼顶天面实现拉远站点设备安装，需要租赁站点提供 RRU、天线设备的安装平台以及 RRU 设备的电源接入。RRU 射频拉远方案如图 4－11 所示。补盲场景下，可以采用租赁方式，也可以将无线设备部署在具备专用光纤的电力设施附近或自有物业内。

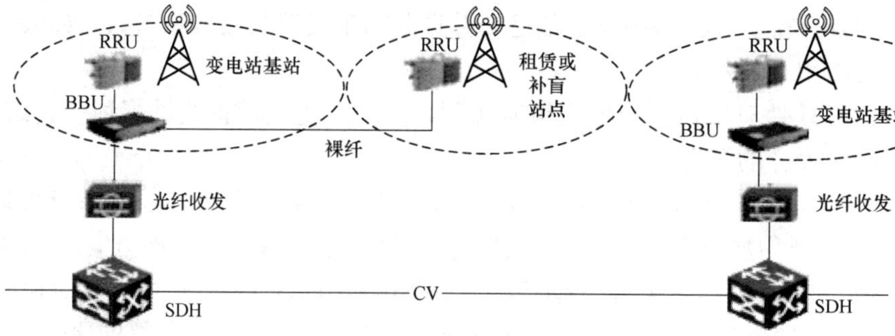


图 4-11　RRU 射频拉远方案

#### 4.3.4.6　设备配置

原则上应采用三扇区定向天线配置，站型配置为 S111，补盲站也可以采用全向天线基站，基站的工作频段为 1785MHz～1805MHz，设备支持 3MHz、5MHz、10MHz、15MHz、20MHz 多种宽带灵活配置。具体的 BBU、RRU 和天线的配置要求如下：

1. BBU 设备

BBU 设备提供基带信号处理和操作维护控制等功能。BBU 设备一般安装在机房内或室外一体化机柜内，BBU 的设备尺寸需满足安装场景的安装要求，BBU 设备的其他技术参数要求见表 4-6。

表 4-6　BBU 技术参数要求

| 序号 | 项目 | 要求值 |
|---|---|---|
| 1 | 制式 | TD-LTE |
| 2 | 工作频段 | 支持 1785MHz～1805MHz |
| 3 | 安全隔离要求 | 通过时域、频域分离实现生产控制大区与管理信息大区业务的物理隔离 |
| 4 | 基站类型 | 分布式基站 |
| 5 | 供电 | 支持-48V DC、220V AC 输入可选，支持双电源输入 |
| 6 | 允许电压变化范围 | -43～-53V（DC）<br>198～242V（AC） |
| 7 | 传输板卡 | 传输板卡≥2 块，GE/FE 接口总数≥4 个，光口或电口可选 |
| 8 | Ir 接口 | ≥6×2.5G 光接口，支持级联≥1 级 |
| 9 | 小区容量 | 板卡满配时，单站应至少支持 18 个小区 |
| 10 | 用户容量 | ≥1200 连接用户/小区，≥400 激活用户/小区；≥3600 连接用户/基站，≥1200 激活用户/基站 |
| 11 | 同步方式 | GPS/北斗，1588V2 时钟提取（可选） |
| 12 | 同步要求 | 星卡故障或丢星后，基站系统可正常工作不少于 8h |
| 13 | 工作温度 | -15～+45℃ |
| 14 | 工作湿度 | 10%～85% |

续表

| 序号 | 项目 | 要 求 值 |
| --- | --- | --- |
| 15 | 防护等级 | IP20（室内型） |
| 16 | 设备的可用度 | ≥99.999% |
| 17 | 设备 MTBF | ＞150 000h |
| 18 | 维护功能 | 支持近端维护和通过网管实现远程维护、远程检测、远程故障恢复、远程软件下载等 |

2. RRU 设备

RRU 设备是基站的射频模块部分，通常与天线安装在基站塔顶或楼顶，安装方式需支持塔上安装或挂墙安装。为了节省馈线长度，减少信号功率损耗，在室外宏基站覆盖时，RRU 设备通常靠近天线安装。常见的安装形式有抱杆安装、槽钢安装、角钢安装和挂墙等，具体安装形式如图 4－12 所示。

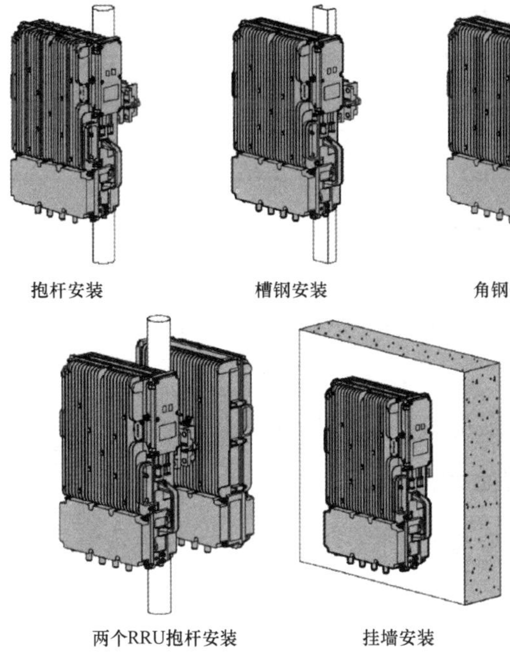


图 4－12　RRU 设备具体安装形式

RRU 的技术参数要求见表 4－7。

**表 4－7　RRU 技术参数要求**

| 序号 | 项目 | 要 求 值 |
| --- | --- | --- |
| 1 | 制式 | TD－LTE |
| 2 | 工作频段 | 支持 1785MHz～1805MHz，支持 5M、10M、15M 和 20M 频宽工作 |
| 3 | 接收灵敏度 | ≤－105dBm |
| 4 | 接收机噪声系数 | ≤5dB |

续表

| 序号 | 项目 | 要 求 值 |
|---|---|---|
| 5 | 通道数 | 4T4R 或以上 |
| 6 | 发射功率 | 单通道发射功率≥10W/通道<br>且整机发射功率≥40W（整机发射功率＝通道数×单通道发射功率） |
| 7 | Ir 接口 | ≥2×2.5G 光接口 |
| 8 | 单级拉远距离 | ≥5km |
| 9 | 级联数 | ≥1 |
| 10 | 带外发射功率 | 应符合工业和信息化部发布的《关于重新发布 1785～1805MHz 频段无线接入系统频率使用事宜的通知》中关于基站带外发射功率与基站杂散发射限值的要求 |
| 11 | 杂散发射限值 | |
| 12 | 供电 | 支持－48V DC、220V AC 输入可选 |
| 13 | 允许电压变化范围 | －43～－53V（DC）<br>187～253V（AC） |
| 14 | 工作温度 | －20～＋55℃ |
| 15 | 工作湿度 | 5%～100% |
| 16 | 防护等级 | IP65 |
| 17 | 设备的可用度 | ≥99.999% |
| 18 | 设备 MTBF | ＞150 000h |
| 19 | 维护功能 | 支持近端维护和通过网管实现远程维护、远程检测、远程故障恢复、远程软件下载等 |

3. 天线

基站天线设备配置案详见 4.3.7 天馈线系统设计。

## 4.3.5 室内无线网络延伸方案

室内分布系统是 LTE 室内覆盖的重要实现方式，典型的室内分布系统组网形式如图 4－13 所示。

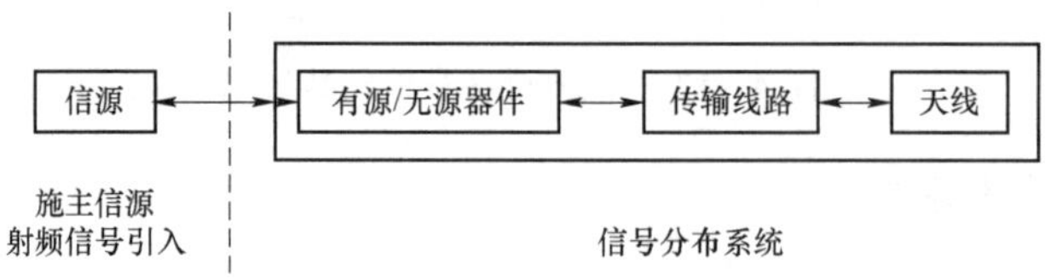


图 4－13 室内分布系统的组网示意图

室内分布系统主要由信源和信号分布系统组成，信源可以分为宏基站、微蜂窝基站、分布式基站、射频直放站、光纤直放站等。信源需结合室内分布系统覆盖区域分担的业务类别、容量等因素进行选取。信号分布系统主要包括无源分布系统、有源分布系统、泄漏电缆分布系统、光纤分布系统及混合分布系统等，信号分布系统需综合考虑覆盖面积、建筑结构等因素来选取合适的分布系统形式。

## 4.3.6 基站同步要求

TDD 系统的接收和发送工作在同一频段，需要各个基站小区保持高精度的时间同步，否则会造成严重的收发互相干扰问题。基站同步应满足以下要求：

（1）eNodeB 应装有接收全球导航卫星系统（Global Navigation Satellite System，GNSS）的同步装置作为外部基准源，宜采用北斗接收机或北斗与全球定位系统（Global Positioning System，GPS）卫星定位系统的双模接收机。

（2）应根据 eNodeB 设备支持能力及要求设置 GNSS 天馈线系统。

（3）采用 PTN 传输接入及时间同步信道通达条件下，eNodeB 可采用 IEEE 1588 同步方案。

目前，一般采用 GPS 同步方式。GPS 系统主要由 GPS 天线、避雷器（设备侧）、天线支架、馈线及接头、避雷器（天线侧，GPS 上塔安装时使用）、放大器、分路器组成。GPS 馈线及放大器使用原则见表 4－8。

**表 4－8　GPS 馈线及放大器使用原则**

| 序号 | GPS 馈线长度 $L$（m） | 厂家标配馈线 | 1/2 馈线 | 7/8 馈线 | GPS 放大器 |
|---|---|---|---|---|---|
| 1 | $L \leq 70$ | 是 | — | — | — |
| 2 | $70 < L \leq 120$ | — | 是 | — | — |
| 3 | $120 < L \leq 200$ | — | — | 是 | — |
| 4 | $L > 200$ | — | — | 是 | 是 |

具体 GPS 天线的安装要求详见天馈线系统设计。

## 4.3.7 天馈线系统设计

无线基站室外天线主要有基站天线和 GPS 天线，其设计方案如下。

### 4.3.7.1 基站天线

基站天线按照辐射方向可以分为定向天线和全向天线。目前在室外宏基站覆盖中常用的一般是定向天线，全向天线仅作为补盲时使用。基站一般安装在基站塔顶或楼顶，安装方式一般为抱杆安装。室内覆盖一般采用全向吸顶天线和定向板状天线。常见室外宏基站天线、室分系统天线如图 4－14 和图 4－15 所示。

基站天线在设计时需要满足以下原则：

（1）基站天馈线设计应根据组网频率、覆盖目标、业务分布、MIMO 设置、干扰规避要求、基站布局、天线高度、扇区数量、天面条件、隐蔽工程需要等，合理选取天线类型。

（2）与其他系统共站址建设时，应结合站址条件，优选独立设置天馈系统；条件受限的，可多系统共用天线或馈线，共用的器件应满足各系统的频段特性和多系统间的干扰隔离性能要求。

（3）天馈线挂高选择应综合考虑覆盖目标范围、地形、周围建筑物高度、站距、干扰等因素；在密集城区，应综合考虑覆盖范围、容量、阻挡和实施难度等因素，合理确定天

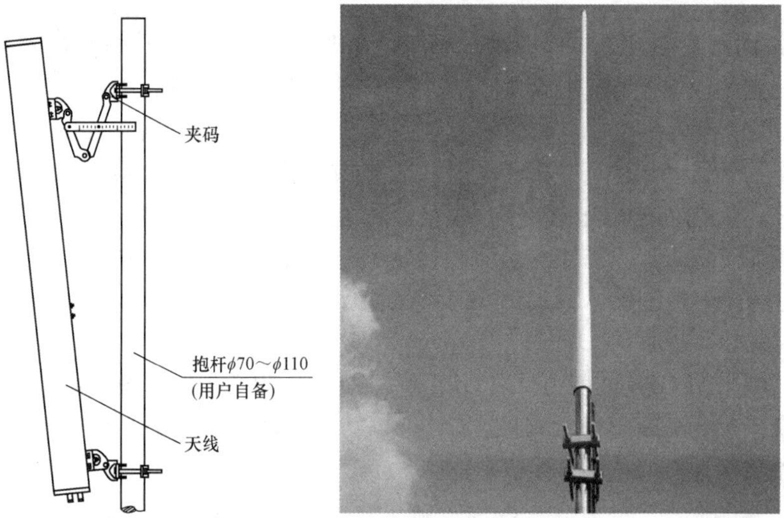


图 4－14　室外宏基站天线示意图

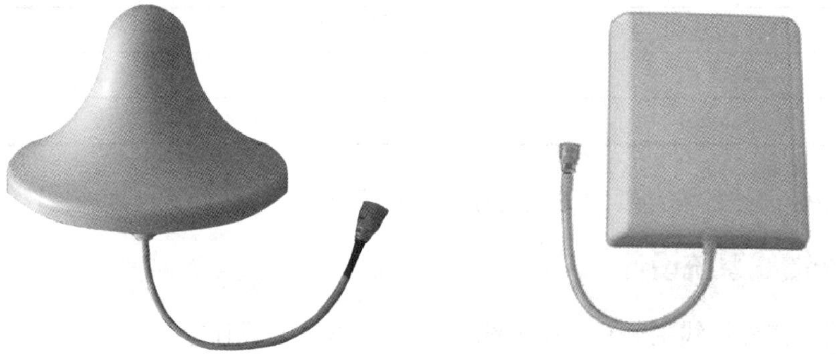

图 4－15　室分系统天线示意图

线挂高。

（4）应根据服务小区主要覆盖的目标区域以及业务分布合理设置天线方位角、下倾角，同时要考虑地形或建筑物影响，减少对其他基站的干扰，合理控制切换区域，提高网络质量。

（5）在满足网络设计要求下，宜选择体积小、重量轻、安全可靠的天线。

（6）在有需求的站点，可对基站天线采用一定的隐蔽措施，应注意控制隐蔽措施对天线性能的影响。

（7）应根据天线和设备之间的距离和损耗要求合理选择馈线类型。室外 RRU 应尽量靠近天线安装，缩短 RRU 与天线之间的跳线长度。

根据 RRU 的设备要求，基站天线应支持 4T4R 及以上通道配置。定向天线技术指标要求见表 4－9。

表 4－9　　定向天线技术指标要求

| 序号 | 项目 | 要 求 值 |
| --- | --- | --- |
| 1 | 制式 | TD－LTE |
| 2 | 工作频段 | 支持 1785～1805MHz |
| 3 | 极化形式 | ±45°，双极化 |
| 4 | 电下倾角 | 0～6°±1° |
| 5 | 机械调角范围 | －5°～10° |
| 6 | 增益 | ≥15dBi |
| 7 | 驻波比 | ≤1.5VSWR |
| 8 | 工作温度 | －20～＋55℃ |
| 9 | 防护等级 | IP65 |
| 10 | 抗风速 | 45m/s |

#### 4.3.7.2 GPS 天线

TD－LTE 无线基站 eNodeB 应有接收 GNSS 的同步装置作为外部基准时钟同步源，可以是 GPS 接收机或 GPS 与其他卫星定位系统的双模接收机。GPS 天线应选择比较空旷的位置垂直安装，具体安装要求如下：

（1）GPS 天线可安装在走线架、铁塔或楼顶上，天空可视性好，且便于安装的位置。

（2）GPS 天线在安装中必须保持竖直，GPS 授时天线安装时其信号接收面应平行于地面，以达到最佳接收效果，同时应考虑周边环境适当调整安装的角度。

（3）GPS 天线不应是区域内最高点，并一定要在避雷针 45° 防雷保护范围内。

（4）由于卫星出现在赤道的概率大于其他地点，对于北半球应尽量将 GPS 天线安装在安装地点的南边，若安装在铁塔上，GPS 天线应伸出塔身南侧至少 1m。

（5）GPS 天线应安装在较开阔的位置上，保证周围较大的遮挡物（如树木、铁塔、楼房等）对天线的遮挡不超过 30°，天线竖直向上的视角应大于 90°，在条件许可时尽量大于 120°。

（6）为避免反射波的影响，GPS 天线尽量远离周围尺寸大于 200mm 的金属物 1.5m 以上，在条件许可时尽量大于 2m。

（7）不要将 GPS 天线安装在其他发射和接收设备附近，不要安装在微波天线下方、高压线缆下方，避免其他发射天线的辐射方向对准 GPS 天线。

（8）两个或多个 GPS 天线安装时要保持 2m 以上的间距，建议将多个 GPS 天线安装在不同地点，防止同时受到干扰。

（9）在满足位置的情况下，GPS 天线馈线应尽量短，以降低线缆对信号的衰减。

（10）馈线在进入主控楼前，应做好防雷接地，馈线入室后接到 GPS 避雷器上，避雷器需可靠接地。

（11）馈线进机房应做好防水处理，在楼顶安装时，楼面应做好防水处理。

GPS 安装示意图如图 4－16 所示。

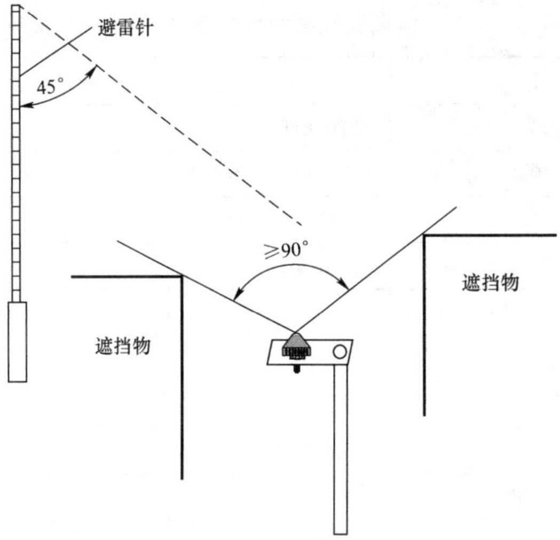


图 4-16 GPS 安装示意图

## 4.3.8 参数设计

TD-LTE 网络为一张同频网络，无线网络参数应在网络设计阶段进行合理规划和设计。

### 4.3.8.1 物理小区标识规划

LTE 的物理小区标识（PCI）用于区分不同小区的无线信号，保证在相关小区覆盖范围内没有相同的物理小区标识。

PCI 在 LTE 中必须保证复用距离，协议规定物理层 Cell ID 分为小区组 ID 和组内 ID 两个部分。LTE 的小区搜索流程确定了采用小区 ID 分组的形式，首先通过 SSS 确定小区组 ID，再通过 PSS 确定具体的小区 ID。笔者的项目实施时协议规定物理层小区组有 168 个，每个小区组由 3 个 ID 组成，因此共有 168×3=504 个独立的 Cell ID，相关的关系如下：

$$N_{\mathrm{ID}}^{\mathrm{cell}} = 3N_{\mathrm{ID}}^{(1)} + N_{\mathrm{ID}}^{(2)}$$

其中，$N_{\mathrm{ID}}^{(1)}$ 代表小区组 ID，取值范围 0～167；$N_{\mathrm{ID}}^{(2)}$ 代表组内 ID，取值范围 0～2。

PCI 设计的原则如下：

（1）避免相邻重复原则。

（2）避免间隔重复原则。

（3）模 3 不相同原则。

（4）模 6 不相同原则。

（5）应按远景网络统一规划 PCI，以避免出现未来网络扩容引起的 PCI 冲突问题，且应适当预留物理小区标识资源。

### 4.3.8.2 跟踪区规划

跟踪区是 LTE/SAE 系统为 UE 的位置管理新设立的概念，其被定义为 UE 不需要更新服务的自由移动区域。跟踪区是小区级的配置，多个小区可以配置相同的跟踪区，且一个小区只能属于一个跟踪区。跟踪区的规划要确保寻呼信道容量不受限，同时对于区域边界的位置更新开销最小，而且易于管理。一般的，跟踪区规划应满足以下原则：

（1）应满足小区寻呼信道的容量要求并适当预留，不宜跨越MME区域。

（2）应考虑终端的地理分布，减少跟踪区边缘位置更新，跟踪区边界不应设置在业务量较高的区域。

## 4.4 业务承载网方案设计

电力无线专网业务承载网的设计应当遵循全省无线专网总体建设方案的目标架构，方案应统一全网技术体制标准和网络层级，进而确保省市业务承载网的整体网络性能、安全可靠水平与网络扩展能力。方案应充分利用现有传输通道资源、现有机房电源，有效降低投资。方案应满足省市本部业务承载网统一网管要求。同时，根据核心网的布置和业务流向的不同，一二区、三四区业务承载网络应分开建设。方案设计应当至少包含以下步骤：

（1）步骤一。梳理业务需求，分类进行带宽需求预测，既要满足现有业务，又需兼顾未来业务与网络的发展。

（2）步骤二。根据需求预测的结果，结合本省/市光传输网络现状设计目标业务承载网络拓扑、组网方案、路由选择等。

### 4.4.1 带宽需求预测

电力无线专网业务承载网主要用于承载毫秒级源网荷储、秒级源网荷储、配电自动化、地县自动化采集、地市采集、音视频、配电变压器采集、用电采集、其他采集等业务，省公司及地市公司接入点业务统计见表4－10。

表4－10　　省公司及地市公司接入点业务统计

| 接入节点 | 业　务 |
|---|---|
| 省公司 | 用电信息采集业务<br>其他采集业务<br>音视频业务（专网基站视频监控） |
| 地市公司 | 毫秒级源网荷储业务<br>秒级源网荷储业务<br>配电自动化业务<br>地县自动化采集业务<br>地市采集业务<br>地市音视频业务<br>配电变压器采集 |

根据业务流向，可以将无线4G承载网的类型分为：省市业务承载网和地市业务承载网。

省市业务承载网：主要承载至省公司方向的用电信息采集、其他采集、移动作业等三四区业务。地市业务承载网：主要承载至市公司方向的毫秒级源网荷储、秒级源网荷储、配电自动化、地县自动化采集等一二区业务和地市采集、音视频等、配电变压器采集三四区业务。

由于核心网部署在地市公司，地市业务承载网为市公司核心网至各业务平台的专用网络通道，各业务按 GE 考虑带宽需求可基本满足远景需求。省市业务承载网需组织各个市公司核心网至省公司的业务传输通道，各个网省公司省—市传输网情况不一，需要紧密结合带宽需求预测预留承载网的传输通道需求。

## 4.4.2 网络方案设计

电力无线专网业务承载网划分为省市业务承载网和地市业务承载网。核心网至采集或移动应用类业务系统主站时，应采用数据通信网承载，并相应配置 VPN 通道。核心网至配电自动化等控制类业务主站时，应采用专用网络进行承载，并相应配置 VPN 通道。核心网至毫秒级源网荷储主站时，应采用 SDH/MSTP 网络专线进行承载。

### 4.4.2.1 组网方案

（1）省市业务承载网为全省网络，由省公司汇聚路由器、地市公司省级接入路由器组成，地市公司省级接入路由器星形汇聚至省公司，用于承载省公司集中布置的前置采集业务。省—市业务承载网在省公司配置两台汇聚边缘路由器（Provider Edge，PE），在地区公司配置两台省级接入 PE 设备，上联省公司两台汇聚 PE，下联地区管理信息大区核心网，承载省—市的用采业务、负控业务等。

在业务侧，省市业务承接网按照业务类型配置 CE 设备，上联省集中的各业务系统平台，下联省公司汇聚 PE 设备。

在省公司配置主备两台路由代理节点（Diameter Routing Agent，DRA）和域名系统（Domain Name System，DNS），分别与省公司主备两台路由器连接，用于全省跨市无线业务漫游互联。

（2）地市业务承载网各地市公司独立组网，由各地市接入路由器组成，用于承载非全省互联互通业务。地市业务承载网在地区公司配置一台核心交换机和两台路由器，其中核心交换机承载精控业务，一台路由器承载除精控外的其他生产控制大区业务，这两台设备与生产控制大区核心网连接；另一台路由器承载地市公司侧管理信息大区业务，与管理信息大区核心网连接。

整体网络结构示意图如图 4－17 所示。

根据地区公司业务安全等级、承载网、流量、时延等，结合现状划分 APN/VPN。

地区公司部署的生产控制类业务按“毫秒级源网荷储”“秒级源网荷储”“配电自动化”“地县自动化采集”划为分 4 类；管理信息类业务按“地市采集”（可选）“地市音视频”（可选）“配电变压器采集”划分为 3 类。省公司集中部署的管理信息类业务按“用电信息采集”“其他采集”“音视频”划分为 3 类。

其中，“地市采集”和“地市音视频”对应业务也可根据地区公司实际情况选择在省公司集中，分别归入省公司“其他采集”和“音视频”APN/VPN 通道。业务承载网的 CE 路由器配置与 APN/VPN 对应，“毫秒级源网荷储”不配置 CE 路由器。

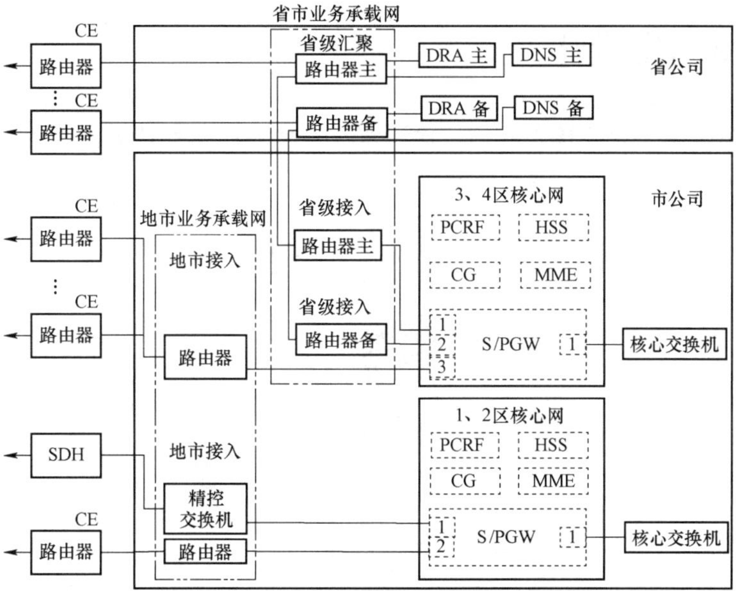


图 4－17　业务承载网整体网络结构示意图

### 4.4.2.2 路由选择规划

本小节仅考虑省市业务承载网路由协议规划。省市业务承载网内部网关协议（Interior Gateway Protocol，IGP）可采用中间系统到中间系统（Intermediate System－to－Intermediate System，IS－IS）路由协议，同时可采用边界网关协议（Border Gateway Protocol，BGP）/多协议扩展路由协议（MultiProtocol BGP，MP－BGP）支持 VPN 路由的传递，作为一层 BGP AS 架构。各设备之间的路由协议可按如下要求配置：

（1）各地市省级接入路由器与省公司汇聚路由器组成无线专网省市业务承载网，运行内部 BGP 多协议扩展协议（MultiProtocol Internal Border Gateway Protocol，MP－iBGP）。

（2）省市业务承载网的网络设备 IGP 路由采用 ISIS 协议。

（3）PE－CE 之间采用开放式最短路径优先（Open Shortest Path First，OSPF）互联。

（4）无线专网省－市业务承载网为 3 层多协议标记转换 VPN（Multi－Protocol Label Switching VPN，MPLS VPN）架构。

（5）CE 内其他业务可采用独立 OSPF 进程或 OSPF 多区域。

（6）为保证各类路由协议路由管理距离值小于人工汇总路由值（250），可设置路由优先级。

### 4.4.2.3 IP 地址

IP 地址需求主要包括：

（1）省级汇聚 PE、接入 PE 路由设备地址。

（2）核心网设备业务出口地址。

（3）业务 CE 路由设备地址。

（4）业务平台对接接口或防火墙接口地址。

# 4.5 回传网方案设计

回传网是指基站至无线核心网的传输通道，宜承载在现有骨干传输网，依据典型骨干传输网网络结构，电力无线专网回传网总体结构如图 4－18 所示。

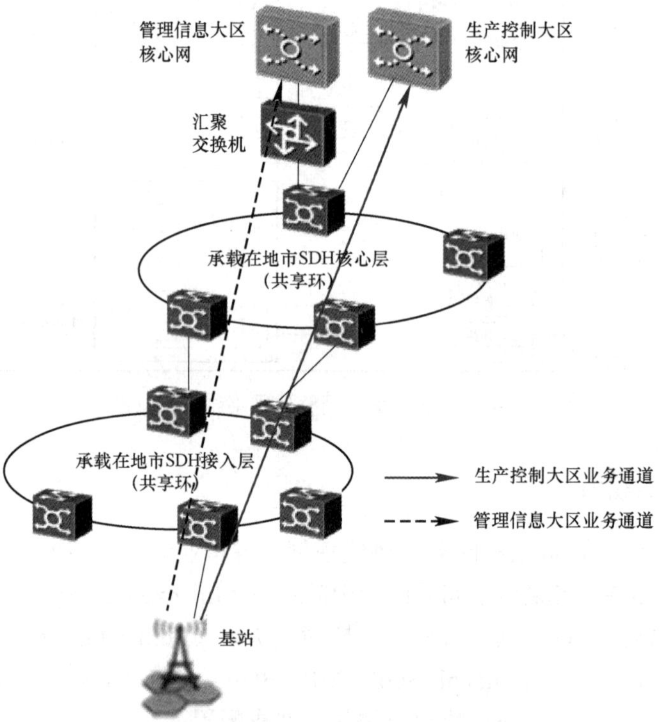


图 4－18　回传网组网方案典型图

回传网设计应遵循以下原则：

（1）根据业务安全分区，生产控制大区业务和管理信息大区业务在回传网上应通过不同的交换机、SDH 不同槽位的以太网口接入，并承载在不同的时隙上。

（2）基站回传通道应优先选用公司自有传输资源，条件不具备时可租用通道，租用通道应满足安全性、可靠性和网络可管理的要求。

（3）回传通道线路侧采用端到端 1+1 或 1:1 保护方式，所在网络需提供电信级的业务保障，在故障情况下业务端到端切换时间＜50ms。

（4）回传网应具备配合电力无线网基站和核心网完成 QoS 功能的能力。

（5）基站的传输带宽应满足 S1 接口和网管接口的传输需求。

（6）网络总体带宽配置宜根据基站平均带宽需求取定，同时保证单个基站瞬时的峰值带宽。

（7）回传网应具备可管可控，实现端到端、层次化的管理。

## 4.5.1 带宽预测

为避免回传网形成基站容量传输瓶颈，应充分预估回传网的带宽需求。基站的传输带宽应满足基站设备最大吞吐量能力；网络总体带宽配置宜根据基站平均带宽需求取定，同时保证单个基站瞬时的峰值带宽。对于现有传输网络无法满足带宽需求的环网，建议可采用分环方法，也可适当对部分传输设备板卡扩容升级。

基站到地市回传网将承载在现有地区级光传输网络，网络分为接入层环网、核心层环网，回传网将按传输网络结构分层组织，具体通道组织如下：

按以下条件计算回传网在传输网各层级占用的带宽：① 每个标准基站分配生产控制大区业务带宽 2M，管理信息大区业务带宽 20M；② 对管理信息大区业务，核心层主环、核心层支环配置成共享环；业务并发率按核心层主环 0.2、核心层支环 0.1 计算；③ 地区网 A 平面承载生产控制大区业务，B 平面承载管理信息大区业务。

（1）城大县少模式，即城区的核心层支环较多，县区的核心层支环较少，有以下典型假设条件：

1）地区有 2 个核心层主环（A、B 平面）和 6 个城区核心层支环（A、B 平面各 3 个），每个环网地区中心站都有 1 台独立 SDH 设备，共 8 台 SDH 都与核心网的核心交换机连接。

2）4 个县区核心层支环（A、B 平面各 2 个），与对应平面核心层主环连接。

3）假设每个城区核心层支环下挂 7 个接入层支环，县区核心层支环下挂 4 个接入层支环，每个接入层支环同时接入 A、B 平面（即 A、B 平面共享 1 个接入层支环），每个接入层支环下挂 10 个标准基站。

生产控制大区，城区接入层支环承载业务带宽为 $2\times10=20$M，核心层支环承载业务带宽为 $20\text{M}\times7=140$M；核心层支环在市公司 SDH 的以太网板需汇聚 70 个方向业务；若在城区汇接点进行一次等带宽汇聚，则市公司 SDH 的以太网板需汇聚 7 个方向业务。县区接入层支环承载业务带宽为 $2\times10=20$M，县区核心层支环承载业务带宽为 $20\text{M}\times4=80$M；核心层主环承载业务带宽为 $80\text{M}\times2=160$M；核心层主环市公司 SDH 的以太网板需汇聚 80 个方向业务；若在县公司进行一次等带宽汇聚，则市公司 SDH 的以太网板需汇聚 2 个方向业务。

管理信息大区，城区接入层支环承载业务带宽为 $20\times10=200$M，核心层支环共享环承载业务带宽为 $200\text{M}\times7\times0.1=140$M。县区接入层支环承载业务带宽为 $20\times10=200$M，县区核心层支环承载业务带宽为 $200\text{M}\times4\times0.1=80$M，核心层主环承载业务带宽为 $80\text{M}\times2\times0.2=32$M。

（2）城小县多模式，即城区的核心层支环较少，县区的核心层支环较多，有以下典型假设条件：

1）该地区有 2 个核心层主环（A、B 平面）和 4 个核心层支环（A、B 平面各 2 个），每个环网地区中心站都有 1 台独立 SDH 设备，即 6 台 SDH，都与核心网的核心交换机连接。

2）还有 10 个县区核心层支环（A、B 平面各 5 个），与对应平面的核心层主环连接。

3）假设每个城区核心层支环下挂 7 个接入层支环，县区核心城支环下挂 4 个接入层支环，每个接入层支环同时接入 A、B 平面（即 A、B 平面共享 1 个接入层支环），每个接入支环下挂 10 个标准基站。

生产控制大区，城区接入层支环承载业务带宽为 $2\times10=20$M，核心层支环承载业务带宽为 $20\text{M}\times7=140$M，核心层支环在市公司 SDH 的以太网板需汇聚 70 个方向业务；若在城区汇接点进行一次等带宽汇聚，则市公司 SDH 的以太网板需汇聚 7 个方向业务。县区接入层支环承载业务带宽为 $2\times10=20$M，县区核心层支环承载业务带宽为 $20\text{M}\times4=80$M，核心层主环承载业务带宽为 80M×5=400M；核心层主环在市公司 SDH 的以太网板需汇聚 200 个方向业务；若在城区汇接点进行一次等带宽汇聚，则市公司 SDH 的以太网板需汇聚 5 个方向业务。

管理信息大区，城区接入层支环承载业务带宽为 20×10=200M，核心层支环共享环承载业务带宽为 200M×7×0.1=140M；县区接入层支环承载业务带宽为 20×10=200M，县区核心层支环承载业务带宽为 200M×4×0.1=80M；核心层主环承载业务带宽为 80M×5×0.2=80M。

## 4.5.2 回传网建设方案

无线专网回传网按地市通信传输网架构分为核心层主环、核心层支环以及接入层环网。

### 4.5.2.1 承载生产控制大区业务回传网方案

减少核心网与基站间设备转接环节，提升业务可靠性。每个基站信号通过 SDH 设备 GE/FE 板卡开通专线通道，星型汇聚至市公司核心交换机；GE 板和 FE 板开通点对多点汇聚模式，单口汇聚比不超过 1:24；市公司 SDH 以太网板应考虑业务分摊。

（1）城区模式：基站信号按点对多点经接入层支环和城区核心层支环，星型汇聚至核心交换机。若市公司 SDH 以太网板受槽位限制，汇聚能力不足，且城区基站数量较多，可在城区汇接点进行一次汇聚，带宽保持不变，再传送至核心层支环。市公司、城区汇接点、接入变电站 SDH 按基站数量配置 GE 板和 FE 板。生产控制大区城区模式业务回传网方案示意图如图 4-19 所示。

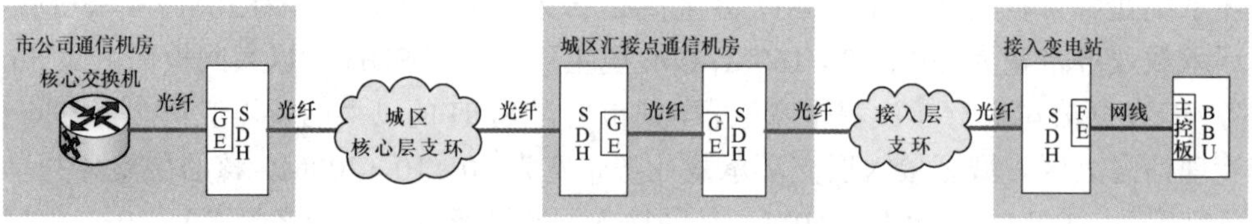


图 4-19 生产控制大区城区模式业务回传网方案示意图

（2）大县模式：基站信号按点对多点经接入层支环、县区核心层支环和核心层主环，星型汇聚至核心交换机。若市公司 SDH 以太网板受槽位限制，汇聚能力不足，且县公司基站数量较多，可在县公司进行一次汇聚后，带宽保持不变，再传送至核心层主环。市公司、县公司、接入变电站 SDH 按基站数量配置 GE 板和 FE 板。生产控制大区大县模式业务回传网方案示意图如图 4-20 所示。

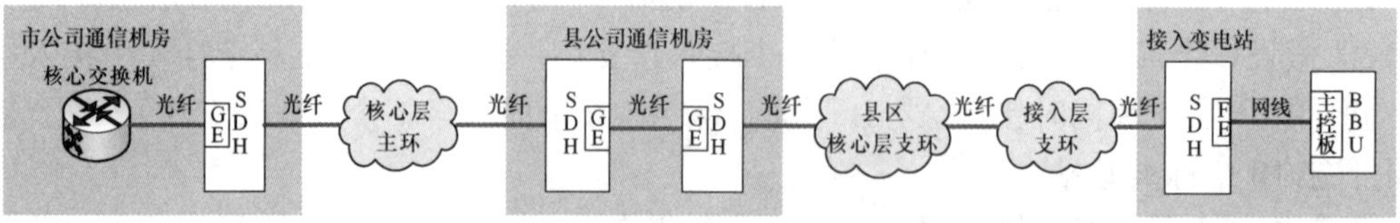


图 4-20 生产控制大区大县模式业务回传网方案示意图

（3）小县模式：基站信号按点对多点经接入层支环和核心层主环，星型汇聚至核心交换机。若市公司 SDH 以太网板受槽位限制，汇聚能力不足，且县公司基站数量较多，可在县公司进行一次汇聚，带宽保持不变，再传送至核心层主环。市公司、县公司、接入变电站 SDH 按基站数量配置 GE 板和 FE 板。生产控制大区小县模式业务回传网方案示意图如图 4－21 所示。

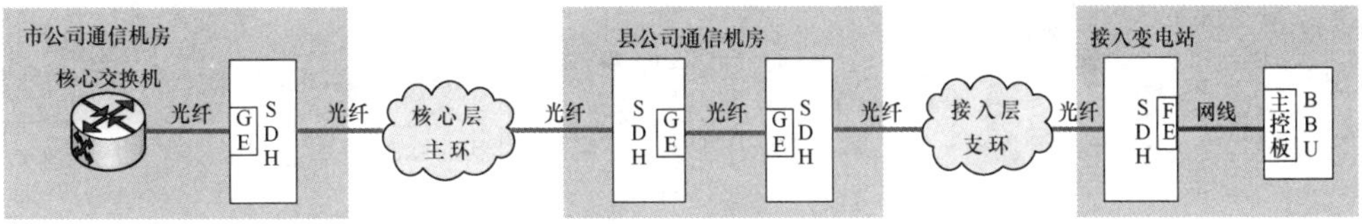


图 4－21　生产控制大区小县模式业务回传网方案示意图

## 4.5.2.2　承载管理信息大区业务回传网方案

每个基站信号通过接入层支环 SDH 设备 FE 板卡开通专线通道，星型汇聚至核心层支环或核心层主环；在核心层支环和核心层主环采用交换机利用 SDH 通道组成以太网共享环，接口采用 GE 或 FE。接入共享环的东西向以太网端口应分配在不同的以太网板上。接入层支环带宽现状不足，可暂且采用接入层以太网共享环进行过渡，尽快开展接入层支环 SDH 设备带宽扩容。

配置核心层主环、支环汇聚交换机，其中，主环汇聚交换机位于核心层主环节点，在市公司与无线核心网核心交换机互联；支环汇聚交换机位于核心层支环节点，城区核心层支环在市公司与无线核心网核心交换机互联；县公司核心层支环汇聚交换机在核心层主环节点与主环汇聚交换机共用。

（1）城区模式：基站信号在接入层支环按点对多点星型汇聚至核心层支环，在城区核心层支环采用交换机手拉手组成以太网共享环，方案示意图如图 4－22 所示。

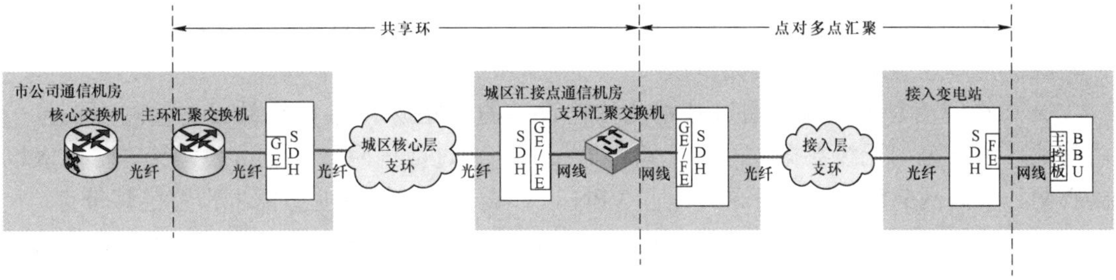


图 4－22　管理信息大区城区模式业务回传网方案示意图

（2）大县模式：基站信号在接入层支环按点对多点星型汇聚至县区核心层支环，在县公司核心层支环和核心层主环采用交换机手拉手组成以太网共享环，方案示意图如图 4－23 所示。

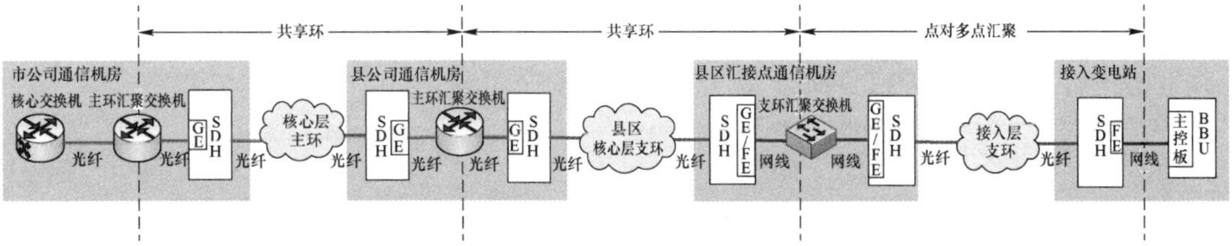


图 4－23　管理信息大区大县模式业务回传网方案示意图

（3）小县模式：基站信号在接入层支环按点对多点星型汇聚至核心层主环，核心层主环采用交换机手拉手组成以太网共享环，方案示意图如图 4－24 所示。

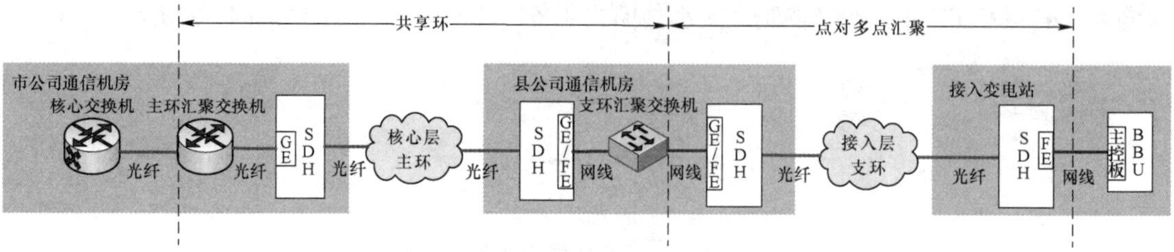


图 4－24　管理信息大区小县模式业务回传网方案示意图

（4）过渡模式：接入层支环、核心层支环、核心层主环都采用交换机手拉手组成以太网共享环，方案示意图如图 4－25 所示。

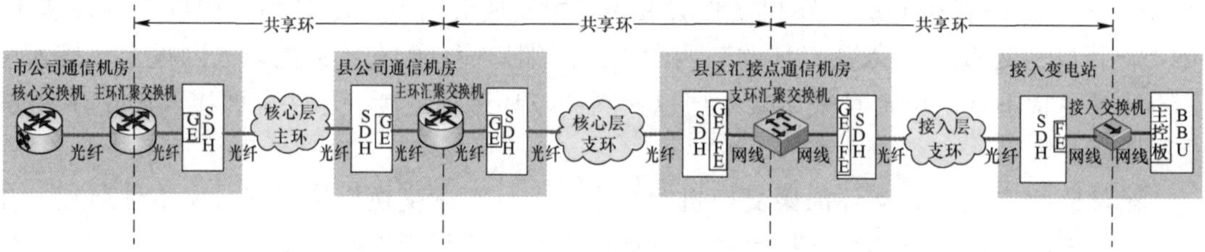


图 4－25　管理信息大区过渡模式业务回传网方案示意图

### 4.5.2.3　设备配置方案

回传网所用传输设备采用独立的以太网板卡/端口传输不同业务，在传输通道中实现生产控制大区业务和管理信息大区业务的物理隔离。数据通信网对承载业务采用不同 VPN 进行隔离。具体业务及隔离方式如下：

（1）管理信息大区业务通过基站侧传输设备的独立板卡/接口经县级传输网络在县公司落地，由县公司无线数据专网汇聚路由器接入，通过数据网转发至市公司管理信息大区核心网。数据网应对承载业务采用不同 VPN 进行隔离，并根据业务需求预留足够带宽。

（2）生产控制大区业务通过独立的基站侧传输设备板卡/接口、SDH 传输通道、核心网设备板卡/接口专线通道承载。

### 4.5.2.4　业务通道配置方案

回传网采用 SDH 传输通道宜优先采用端到端 1＋1 或 1:1 保护方式，所在网络需提供电信级的业务保障，在故障情况下业务端到端切换时间 50ms；无线数据专网宜采用双归属对承载业务进行主、备保护或负荷分担，保障数据安全可靠。

### 4.5.2.5　网络协议

无线核心网核心交换机、主环汇聚交换机、支环汇聚交换机之间建议运行三层路由协议。支环汇聚交换机与接入交换机间运行二层协议，将生成树协议（Spanning Tree Protocol，STP）的根桥永久设在支环汇聚交换机上，避免根桥选举造成网络震荡。需对基站进行 VLAN 划分，用于隔离各基站防止广播风暴。宜 13 个基站划为一个虚拟局域网（Virtual Local Area

Network，VLAN）组，使用 1 个业务 VLAN ID、1 个管理 VLAN ID。

## 4.6 延伸覆盖设计

延伸覆盖包括一体式放大器方案和分体式放大器方案。

### 4.6.1 一体式放大器方案

#### 4.6.1.1 适用场景

一体式放大器方案适用于基站信号需要延伸距离较短，室外有信号，室内放大器连接室外天线的馈线长度小于 20m 的场景。如位于多层、小高层居民小区，有多台配电变压器的地面小区配电所；高层住宅中位于楼层中间的配电室；变电站机房等室内站点。

#### 4.6.1.2 典型方案

一体式放大器由施主天线、主机和重发天线 3 部分构成。施主天线安装在室外接收无线信号，通过馈线（射频信号电缆）延伸连接到安装在室内的主机，信号放大后通过重放天线输出到室内空间。如图 4－26 所示。

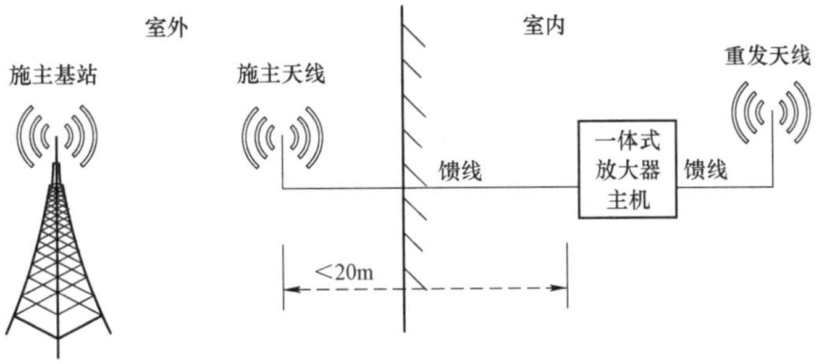


图 4－26　一体式放大器方案示意图

#### 4.6.1.3 设计要求

室外信号场强（RSRP 值）为－90～－100dBm，且信噪比（SNR 值）大于 3dB；室内信号场强小于－115dBm，站点室内面积小于 300m$^2$。

室内一体式放大器功率不宜大于 0.2W。

#### 4.6.1.4 施工要求

室外天线（施主天线）需采用支架固定，优先选择安装在屋顶，也可壁挂安装。室外天线宜做美化措施。

室外天线的馈线通过配电房墙面孔洞引出至室外，敷设时应优先利用墙面原有孔洞，如需在配电房侧墙开孔，墙孔应做防水处理。

放大器主机宜采用室内挂壁方式安装，安装位置应便于电源引入和馈线敷设。优先选用配电房二次设备电源供电。

室内天线（重放天线）安装应尽量挂高，避免遮挡。室内天线馈线长度应小于 20m。

室外天线应远离窗口，尽量选取与室内天线有墙体遮挡的位置。当室外天线采用定向天线时，应朝向基站方向。一体式放大器施工图如图 4－27 所示。

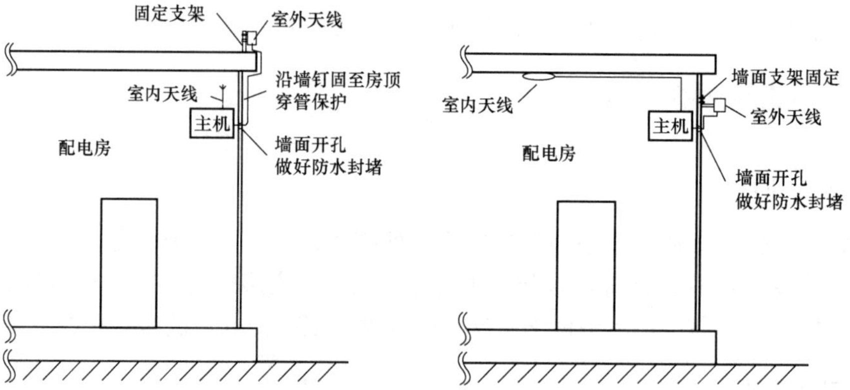


图 4－27　一体式放大器施工图

## 4.6.2　分体式放大器方案

### 4.6.2.1　适用场景

分体式放大器方案适用于基站信号需要延伸距离较远，室外有信号的位置距离室内设备位置走线长度大于 20m 的场景。如大型楼宇室内，或地下车库存在多个分散配电房站点的场景等。

### 4.6.2.2　典型方案

分体式放大器由施主天线（室外天线）、近端机、远端机及重放天线 4 部分构成。施主天线安装在室外接收无线信号，经过近端机处理后通过光纤/以太网线连接到安装在室内的远端机，并由重放天线重放信号，输出到室内空间。一台近端机可以带多台远端机，如图 4－28 所示。

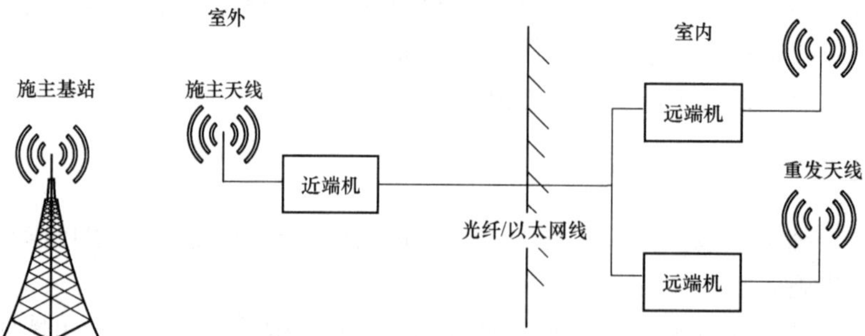


图 4－28　分体式放大器方案示意图

#### 4.6.2.3 设计要求

室外信号场强为－90～－100dBm，且信噪比大于3dB；单个室内远端机站点覆盖面积宜小于300m$^2$。

分体式放大器远端机功率不宜大于0.2W。

#### 4.6.2.4 施工要求

近端机和室外天线（施主天线）间的连接馈线长度不应超过 20m。近端机宜安装在室内，当安装在室外时应采取防水措施。近端机设备宜通过配电房取电。

其余施工安装要求与上述一体式放大器方案相同，如图4－29所示。

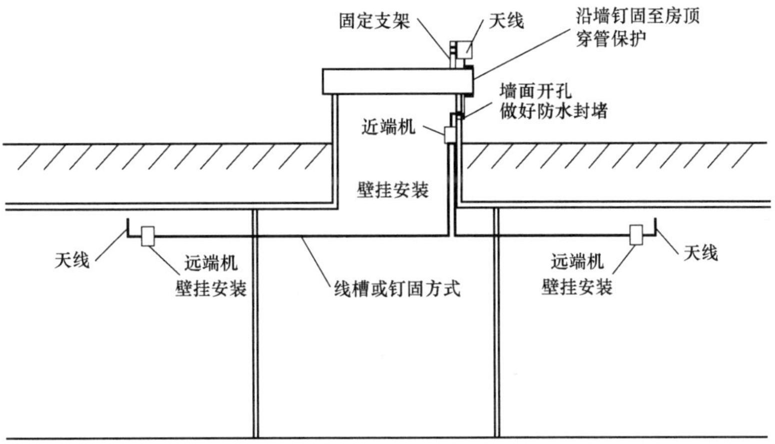


图4－29 分体式放大器施工图

## 4.7 终端天馈线设计

无线专网终端天线和馈线质量直接影响到信号接收强度，需根据业务接入点的信号强度和现场施工条件，选择合适的终端天馈线，解决工程现场典型问题，提高专网终端接入成功率。

### 4.7.1 无线专网终端天线、馈线选型

根据接入点信号场强和终端、天线安装位置，确定馈线长度，选用馈线型号和天线型号，确保终端接收信号场强在－115dBm以上，部分对可靠性或者带宽有较高要求的业务，如精控、配电自动化三遥和视频监控等业务，可根据相关要求提升接入点的信号场强；终端馈线长度应小于20m。对于1.8G专网终端及公专一体终端，建议采用1.8G专用天线；必要时，采用双天线以提高 CPE 接收灵敏度。不同场景的天馈线选型见表4－11。部分天线外观示意图见表4－12。

表 4－11　　不同场景的天馈线选型

| 接入点信号场强 | 馈线长度 | 选用馈线型号 | 选用天线型号及增益指标（1.8G 专用天线） |
|---|---|---|---|
| ≥－105dBm | ≤5m | 50－3 射频电缆 | 全向高增益吸盘天线或 30cm 长玻璃钢天线，增益 5dB |
| | 5～20m | 50－7 射频电缆 | 全向高增益吸盘天线或 60cm 长玻璃钢天线或双天线，增益 7～9dB |
| －105～－115dBm | ≤5m | 50－5 射频电缆 | 全向高增益吸盘天线或 30cm 长玻璃钢天线或双天线，增益 5dB |
| | 5～20m | 1/2 英寸射频电缆 | 60～100cm 长玻璃钢天线或高增益定向天线或双天线，增益 9～15dB |

表 4－12　　部分天线的外观示意图

| 全向高增益吸盘天线 | 全向玻璃钢天线 | 定向对数周期天线 | 定向八木天线 | 定向小型板状天线 |
|---|---|---|---|---|
|  |  | 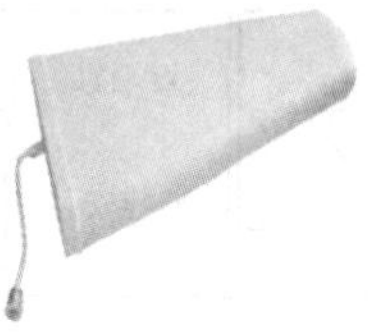 | 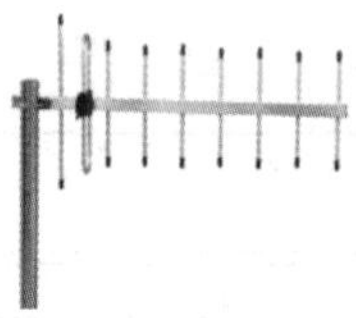 | 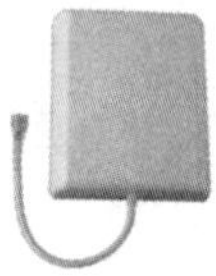 |

## 4.7.2　终端天线和馈线工程现场典型问题

1. 天馈线质量问题

**问题**：天线和馈线的质量不易从外观上直接看出，工程现场常见问题是采用廉价公网全频段天线或 WiFi 天线替代 1.8G 专用天线。

**建议**：天线和馈线可以通过专门仪表测试损耗—频率特性曲线。通常全向高增益吸盘天线和玻璃钢天线长度越大增益越高，小于 20cm 的天线增益较小。

工程中，可选择一个通过测试的标准天线和馈线作为对比基准，用同一个终端先后连接标准天线和被测天线，记录终端中的接收信号电平作对比。如果接收电平相差不大，说明被测天线合格。

2. 馈线接头损耗大

**问题**：现场手工制作或外购成品馈线接头制作工艺不好，或者接头型号和馈线电缆尺寸不匹配，都会产生较大的接头插入损耗。

**建议**：工程现场尽量选用带接头的高质量成品馈线电缆，如需要在现场制作馈线电缆接头，应选择和馈线型号匹配的接头，并请有经验的技师制作。例如使用 SYV－50－3 的线缆要选配 SMA－J5 的接头，使用 SYV－50－5－1 的线缆要选配 SMA－J27A 的接头。

3. 馈线布放工艺差

**问题**：馈线锐角折弯，或者被挤压变形，会使接收信号衰耗变大。

**建议**：馈线布放时对弯曲半径有一定要求，一般为线缆直径的 5～10 倍以上，施工中应避免缝隙穿放等以免造成馈线挤压。

4. 天线安装位置

**问题**：天线安装不牢固，或非制高点，造成接收信号劣化。

**建议**：天线应采用可靠方式牢固固定在室外或箱体外制高点，避免恶劣天气或温度变化环境下从制高点位置跌落至信号不佳位置。

# 4.8 USIM 卡鉴权设计

鉴权是无线通信最重要的安全措施之一，用于验证用户是否拥有访问系统的权限，从而保护电力无线专网的网络安全。目前鉴权普遍采用双向认证机制，即网络对用户鉴权，防止非法用户接入；同时用户也对网络鉴权，防止用户接入非法网络，被骗取关键信息。这种认证机制被称为鉴权和密钥协商（Authentication and Key Agreement，AKA）鉴权，无线网络鉴权具体的方法是通过核心网参数设置与用户全球用户识别卡（Universal Subscriber Identity Module，USIM）中的数据配置实现。

## 4.8.1 USIM 卡接入鉴权过程

在研究 USIM 卡鉴权数据规则之前，有必要先简要介绍一下 USIM 卡接入无线网络的鉴权过程，此鉴权发生在 USIM 卡与核心网之间。

USIM 卡向核心网发送国际移动用户识别码（International Mobile Subscriber Identity，IMSI）号，核心网收到 IMSI 号后，调取对应的鉴权数据运营商可变算法配置域（Operator Variant Algorithm Configuration Field，OP）值、用户鉴权密钥（Individual Subscriber Authentication Key，KI）值，并生成伪随机数，通过一系列鉴权算法后生成鉴权向量，该向量一般由 5 个参数组成，故称鉴权五元组。

核心网将鉴权向量中的部分参数发送给 USIM 卡，USIM 卡获取后，将其与存储的鉴权数据 OP 值、KI 值通过解密算法解密，判断是否为有效鉴权，若有效则进一步通过鉴权算法生成鉴权向量，与获取的核心网鉴权向量中的参数比对，若仍然一致则判断为合法网络，并向核心网反馈生成的鉴权向量。核心网获取后，将其与之前生成的鉴权向量中的其他参数比对，若一致则判断为合法用户，由此完成鉴权的双向认证。USIM 卡接入无线网络的鉴权全过程如图 4－30 所示。

从鉴权过程不难看出，USIM 卡和核心网中存储有两个关键性的鉴权数据：KI 值和 OP 值。每一个接入无线网络的用户，除了分配一个 IMSI 号，还需分配一个 KI 值和 OP 值，下面分别进行介绍。

## 4.8.2 基本鉴权数据介绍

KI 是 USIM 卡的用户鉴权密钥，为 32 位 16 进制数，每个接入无线网络的用户，必须分配一个 KI 值，且需确保数值的唯一性。KI 值可由 IMSI 号通过加密算法得到，但是会带来密钥选择和保存等问题。为实施便捷，可将 KI 值的前 17 位由 IMSI 号直接代替，后 15 位由生成的伪随机数代替。这样既可确保与 IMSI 号唯一对应，同时具有一定的保密性。

OP 值是另一个重要的鉴权数据，是鉴权计算的一个重要输入参数，同时存储在核心网鉴权中心（Authentication Center，AUC）和 USIM 卡中，用于生成鉴权过程中的计算。

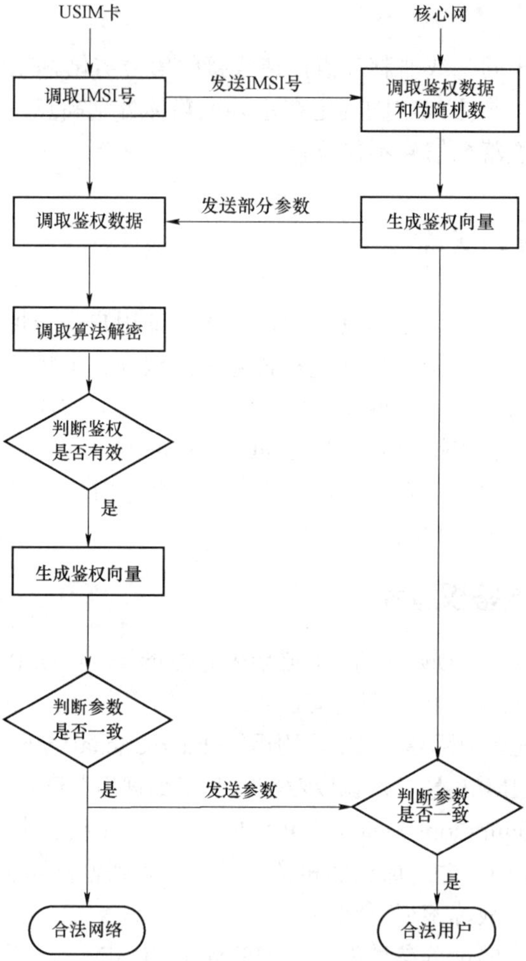


图 4－30　USIM 卡接入无线网络的鉴权过程

## 4.8.3　网络鉴权方式选择

鉴权主要有两种方式：OP 鉴权和 OPC 鉴权。

OP 鉴权的原理比较简单。一套核心网只需预置一个 OP 值，所有接入该核心网的 USIM 卡也烧制相同的 OP 值，即可顺利完成鉴权，这种鉴权方法称为 OP 鉴权。采用 OP 鉴权会带来极大的安全风险：① OP 值被频繁使用，易造成泄漏；② OP 值一旦泄漏，影响范围将不可估量，更换 OP 值将造成之前已接入业务无法鉴权而全部中断，导致已发出 USIM 卡全部作废，需重新烧制，考虑到业务终端的接入量，更换工作几乎难以完成，将给电网生产安全带来重大安全隐患。

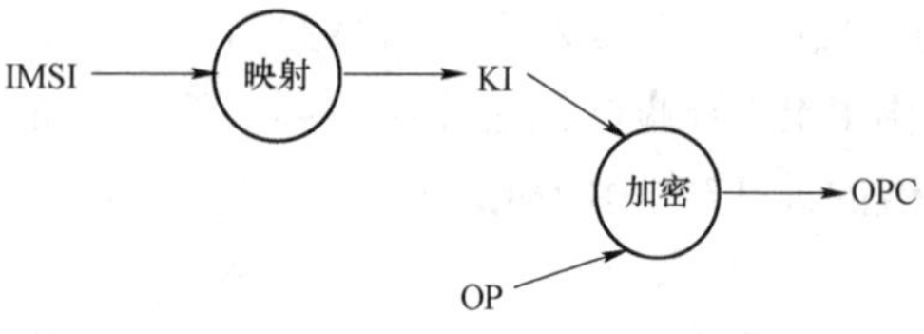


图 4－31　OPC 鉴权值的生成过程

OPC 鉴权很好地弥补了 OP 鉴权存在的不足。OPC 值是 OP 值的密文，由 OP 值和 KI 值经过加密得到，如图 4－31 所示。这种体制下，USIM 卡中烧制的是 OPC 值，而非 OP 值。KI 值每个用户独有，生成的 OPC 值也是每个用户唯一独有。此时 OP 值成为加密算法的密钥，平常只需专人妥善保管，无需公开使用，大大减少了泄露的风险。即使部分用户的 OPC 值泄露，由于加密算法不可逆性，窃取者无法通过 OPC 值反推出用户的 KI 值和 OP 值，影响范围将局限于已泄露的用户。

为完成双向鉴权，鉴权数据需在 USIM 卡中烧制，同时在核心网中注册。鉴权数据可由线下开发的软件生成，软件中的密钥和算法可以由管理员根据需要定期修改，不影响之前已接入业务。生成的数据可直接批量导入核心网，并烧制入 USIM 卡，确保数据配置的安全性和灵活性。

鉴权数据生成软件可批量输入用户的 IMSI 号，批量输出每个 IMSI 号对应的 OPC 和 KI 值。算法流程图如图 4－32 所示。

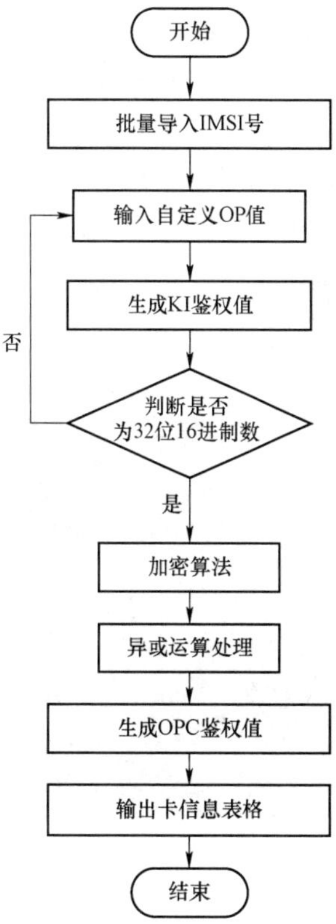


图 4－32　USIM 卡鉴权算法流程图

## 4.9　辅助设施系统设计

### 4.9.1　新建塔桅设计

新建塔桅和桅杆的选型应根据机房和塔桅特点、建站需求、现场条件等因素，依“安全、适用、经济、节能”原则综合选择合适的塔型等来架设基站天线。在满足无线覆盖要求前提下，应充分利用自有资产，节省塔杆投资。同时，根据城市美化要求，部分通信塔需进行美化或仿真处理。

#### 4.9.1.1　塔桅

塔桅设计应经过详细现场勘察，安全合理选择塔桅类型及建设方式。杆塔选择应根据天线高度、平台数、天线规格、数量、重量、方向、馈线走向、安全防护、防雷接地、航空要求等需求进行确定。

1. 塔桅设计要求

塔桅设计应当满足以下要求：

（1）支架、抱杆安装应考虑天线在抗风能力和承重方面的要求，应根据要求特别加固。

（2）桅杆应满足桅杆自重、天线、室外单元和操作人员合计的负荷要求。

（3）需要在建筑物上加建天线支撑杆时，应先确认建筑物结构能满足强度、变形和稳定性要求。

（4）加建于建筑物上的天线支撑杆应与屋面结构有可靠的连接。

（5）抱杆应保持垂直度各向偏差不超过 1°。

（6）楼顶桅杆顶端应安装避雷针，所有天线均应在避雷针 45°防雷保护范围内。避雷针长度应大于 400mm，桅杆长度超过 4m 应设有爬梯。

（7）铁塔应设置安装天线和室外单元的平台，天线在平台上应能灵活地调整方向角。

（8）铁塔设计要求应执行 GB 50009、GB 50011、YD/T 5131、GB 50135 的有关标准。

（9）铁塔、楼顶桅杆、支架、拉线塔防雷接地设计应执行 GB 50689、DL/T 548 的有关规定。

2. 常见塔桅类型

目前，工程中常见的塔桅有单管塔、拉线塔、角钢塔等，如图 4－33 和图 4－34 所示。

图 4－33 单管塔、拉线塔、角钢塔

（1）桅杆。桅杆通常安装于建筑屋面，主要结构是用于安装天线的钢管。桅杆的安装方式较多，可以直接固定在女儿墙面，可以在屋面预埋地脚螺栓安装，可以通过增加配重的方式安装在屋面上。如果抱杆较高，可以在预埋地脚螺栓的基础上增加双向斜撑。具体设计方式应根据现场情况灵活调整。桅杆具有节约钢材、加工及施工快捷、基础要求不高、易于天线美化等优点，若存在破坏屋面防水层的情况，应注意修复。

（2）增高支架。增高支架是介于桅杆和楼顶塔之间的一种塔桅形式，一般直接放置在建筑物屏面屋顶，可不做混凝土或钢结构基础，具有结构简单、重量轻、造价低、安装简便、对楼顶破坏少等优点。

图 4－34 桅杆、排气管型美化天线、方柱美化天线

（3）拉线塔。拉线塔需要较大的拉线空间，由于拉线具有一定的伸缩性，所以存在塔身位移较大的问题。因此，拉线塔对设计和施工的要求也比较高。建议在楼顶或地基状况较差，并有一定拉线位置的情况下采用拉线塔的方式建设基站。

（4）楼顶塔。楼顶塔一般采用角钢塔较多，主要分为两种情况：① 建筑物在设计时已考虑铁塔荷载并设置了预埋件，例如原有电力微波塔已拆除的楼面；② 在旧建筑物上加建铁塔。目前，第二种情况较少，如实在需要应验算原建筑物的结构受力，必要时改造建筑物结构。楼顶塔设计受限建筑物的场地和受力条件，杆塔往往不高。若存在施工破坏屋面防水层的情况，应注意恢复。

（5）单管塔。单管塔与角钢塔相比，具有占地面积小、美观、可批量生产安装、安装过程人工要求低等优点。同时，由于综合造价高、建塔场地需要满足安装条件等缺点，建议在现场交通、安装条件好、高度较低时采用。单管塔是电力无线专网最常用的一种塔型，设计时应合理把握铁塔的刚度要求和当地风压条件，以防倒塌造成安全事故。运营商常用的景观塔、仿真树等室外美观塔型也多是单管塔的变形。

（6）三管塔。三管塔采用三边形的截面形式，外形美观且具备柔性结构，具有不易倒塌、占地面积较小、综合造价也较低的优点。同时，由于塔身自振周期较大导致风载作用下位移较大，其对地基要求较高。建议在地基状况良好、风压较小、塔身高度较低的地区采用。

（7）落地角钢塔。落地角钢塔是早期电信运营商以及电力杆塔中最常用的塔型，具有构造简单，坚实稳固，加工、运输及安装方便的优点。但是，由于铁塔根开大，占地多，且铁塔钢材使用量大，基础及综合造价较高，建议在中低风压及征地情况较好的情况下采用。

3. 塔桅选型建议

新建塔桅选型建议见表 4－13。同时，为契合今后“共建共享”的新经济模式及远景需求，建议在铁塔设计之初可适当考虑多预留几个平台，并相应预敷设一定的管道资源。

**表 4－13　　塔 桅 选 型**

| 序号 | 典型场景 | 推荐塔型 |
|---|---|---|
| 1 | 城市、郊区等对景观化要求低的地区的楼房屋面；民扰小的地区的楼房屋面 | 屋面抱杆/屋面拉线塔/屋面增高架 |
| 2 | 城市市区和市郊等有一定景观需求的楼房屋面 | 屋面美化天线 |
| 3 | 城市市区和市郊、居民小区、高校、商业区、景区、工业园区、铁路沿线等有一定景观需求的区域 | 单管塔 |
| 4 | 城市广场、体育场馆、公园、景区等有景观需求区域 | 景观塔 |
| 5 | 重点市政道路两侧等有景观需求且天线挂高要求低的区域 | 路灯杆塔 |
| 6 | 工业开发区、大型工矿企业等市郊区域，县城、乡镇、农村等对景观要求较低、易于征地的区域 | 单管塔/三管塔/角钢塔 |
| 7 | 公园、景区等有景观需求区域 | 仿生树 |
| 8 | 网络优化，快速覆盖区域；局部热点，扩容补盲区域；居民阻扰，疑难站点区域；城区改造，拆迁施工区域；管线密布，不可开挖区域；应急通信，信号保障区域；市政规划，临时覆盖区域 | 便携式塔房一体化 |
| 9 | 开阔山区、农村区域 | 地面拉线塔 |

#### 4.9.1.2 基础

电力无线专网塔桅基础设计应当按照因地制宜、安全可靠、注重环保、节省投资、方便施工的基本原则，结合工程经济效益和社会效益，综合考虑沿线通道条件、地质、水文和交通情况，根据现场场地条件和地基土质情况设计塔桅基础。在站内敷设强弱电信号电缆时，部分站点需进行电缆沟井、人手孔的开挖，建设过程需严格按照各项规程规范实施，切实保障站内设施的平稳运行与安全。

目前常见的塔桅基础主要有人工挖孔桩、机械钻孔灌注桩、独立基础、预制基础。基础应根据应用场景、塔型和施工条件进行选择。地面基础应在实施之后对原有地貌进行恢复，楼面基础应注意楼面防水的恢复和建筑垃圾的清除。

### 4.9.2 防雷接地系统设计

电力无线专网防雷接地系统设计需在满足原有变电站防雷接地规程的同时，综合考虑基站位置、地址气候条件、周边环境等因素，因地制宜部署防雷地网系统。方案设计同时也应考虑现场施工方便，并对后期植被、路面、楼面防水做好恢复设计。

#### 4.9.2.1 感应雷保护系统

电力无线专网的通信设备通常设置在变电站主控楼内，考虑到通信及电力设备的安全运行，避免感应雷危害通信及电力设备，通常要求主控楼内电缆外皮、设备金属外壳、进风道、水管等金属部分，以及建筑物金属结构等需互联，并与主接地网电气连接。各类设备保护地线宜用铜导体，其截面应根据最大故障电流确定。接地线的连接应确保电气接触良好，连接点应进行防腐处理。为减小感应雷对室内设备的影响，入室的金属管道在引入室内前应水平直埋 10m 以上，埋深应大于 0.6m，并在入室前接入接地网。

通信塔上同轴电缆金属外皮的上端及下端应与铁塔相连接，在主控楼入口处应再次接地；馈线较长时宜在塔身中间再增加接地点。为防止雷电流在开路导线末端产生反击，引入机房的电缆应在配线架上接地。电缆沟道、竖井内的金属支架至少应两点接地，接地点间距离不应大于 30m。

主控楼的钢筋、金属地板等建筑金属部分等均应良好焊接，形成等电位法拉第笼。当通信设备对雷电电磁干扰更敏感时，通信设备所在机房宜 6 面屏蔽设计，即机房前后左右上下 6 面应敷设金属屏蔽网，屏蔽网与机房内环形接地母线均匀多点相连。室外通信电缆采用屏蔽电缆，并且屏蔽层两端接地；对于铠装电缆，在室内端应将铠装层和屏蔽层同时接地，而在另一端只将屏蔽层接地。电缆进入室内前应水平直埋 10m 以上，埋地深度应大于 0.6m。

#### 4.9.2.2 专网基站接地网设计

1. 接地本体设计

无线专网基站的通信塔多位于变电站内，土地资源宝贵。为节约土地，减少对站内其他设施的影响，无线专网基站的通信塔通常采用钢管杆的型式，在地质条件允许的情况下，优先采用灌注桩基础。

无线专网基站通信塔的接地网应围绕塔基形成闭合环形接地。通信塔接地网与通信设备所在的主控楼接地网间至少应用 2 根规格不小于 40mm×4mm 的镀锌扁钢连接。

为减小开挖面积，避免对于站内既有设施的影响，接地装置推荐采用垂直接地极型式，材料可考虑采用镀铜圆钢，以减小入地时的磨损，延长接地体寿命。镀铜圆钢的镀铜厚度不小于 0.25mm，应符合 IEC 62305 相关雷电保护标准。水平接地环与基础边缘之间应大于 0.5m，当敷设受限时，可将水平接地环敷设成圆形、椭圆形，必要时可通过一段镀铜圆钢适当外延后再安装垂直接地极。

施工中尽量不破坏变电站主接地网。若通信塔位于变电站主接地网上，施工时应尽量减小对于接地网的破坏。施工后，应采用原接地网相同材料将破坏处的接地网连接起来并与本接地可靠连接。

无线专网通信塔的接地电阻要求小于 5Ω，当接地电阻不能满足要求时，通过增加镀铜圆钢长度和数量来解决。通信塔的接地与 35kV 及以下设备的电气距离应大于 15m。对于接近主控楼的塔位，通过增长接至主接地网的引线长度来满足 15m 的要求。

通信塔的接地体埋设深度与变电站主接地网相同。施工后，恢复现场应先敷设沥青隔离层，再敷设砾石层与混凝土层。砾石层和混凝土厚度均应大于 25cm，形成高电阻率路面。高电阻率路面的敷设范围，以接地体外缘向外扩展 3m 为宜。

通信塔接地装置与入户金属管道之间的间距不宜小于 3m。施工时请注意避让。如发现地埋金属入户管道，请将垂直接地极接于远离金属管道侧。接地体周边若有建筑，则与建筑物的距离控制在 1.5m 以上。

2. 均压网设计

由于通信塔高度较高，在建成后即为变电站内主要落雷点之一，跨步电压成为防雷设计必须考虑的问题。

参考已有变电站避雷针运行经验，无线专网项目中，当施工不便时，通信塔可以不敷设均压带；仅在通信塔距离围墙距离小于 3m 且围墙外为有人通行的土路时才考虑在围墙外敷设均压带。但为满足防雷要求，接地体周边 3m 范围内需敷设混凝土地坪，并应有通道与变电站巡视检修通道相连。铁塔周边 3m 范围内混凝土地坪的敷设标准与变电站现有混凝土路面相同。此外，当施工条件许可时，在上述措施基础上，可以在铁塔周边另敷设均压网，埋设深度为 0.25m，以进一步降低跨步电压，提高安全性。

在上述均压措施之外，为便于通信设备检修，通信塔周边所敷设的混凝土路面应与站内检修道路相连。

### 4.9.3 机房及电源设计

机房及电源需满足无线专网各设备的安装和供电需求，具体的要求如下：

1. 机房设计

核心网机房、基站站址优先选择自有变电站、供电所、营业厅等设施的通信机房，充分利用现有基础设施。条件不具备时可考虑新建一体化机柜或租用铁塔公司机房资源。租赁铁塔公司机房资源时，相关配套资源满足专网需求情况下，具体安装位置及安装方式由铁塔公司确定。具体机房选择和新建一体化机柜要求如下：

（1）站址选择时应根据设备重量、尺寸及设备排列方式等对楼面载荷进行核算，必要时采取加固措施。

（2）新建一体化机柜满足 YD/T 1537 有关要求，应具备 IP65 防护等级。

（3）机柜防雷接地设计应执行 GB 50689、DL/T 548 有关标准。

（4）机柜供电系统设计应按 GB 51194 执行。

（5）基站设备安装的抗震设计应执行 YD/T 5059 有关标准。

（6）一体化机柜设计应当考虑设备允许温湿度，设计合理的通风、空调等温控设施。

2. 电源设计

电源设计需遵循如下原则：

（1）核心网设备及基站设备均采用双路电源供电，原则上基站侧设备采用直流电源供电。

（2）原则上利用现有电源系统，现状不满足条件的电源系统需进行改造。

（3）现有通信直流电源容量不足的 220kV 变电站，可分别从 2 套站用直流和交流电源各引 1 路供无线设备使用，相应增加或改造电源转换装置。

（4）现有通信直流电源容量不足的 110kV 变电站、35kV 变电站，分别从站用直流电源及站用交流电源各引 1 路供无线设备使用，相应增加或改造电源转换装置。

（5）变电站侧新增的 DC－DC 和 AC－DC 电源装置应按主备冗余考虑配置，容量应满足无线设备接入需求。

（6）对电源系统改造应不影响在用设备安全稳定运行。

（7）对于外租站点，RRU 电源由铁塔公司负责建设和改造，相关技术要求需满足设备最大功耗要求，同时保证至少 4h 的后备时间。

## 4.9.4 网管系统设计

电力无线专网网管系统，实现对无线核心网、基站、终端、数通等设备的配置、维护、性能、安全管理，应包括网元级管理和网络级管理，管理功能应包括配置管理、告警及故障管理、性能管理、拓扑管理、安全管理、测试跟踪、巡检管理、统计分析功能等。网络级管理由 OMC 通过北向接口接入终端通信接入网管理系统实现。

### 4.9.4.1 性能要求

网元管理系统按性能要求分为Ⅰ、Ⅱ、Ⅲ、Ⅳ 4 类，见表 4－14。

**表 4－14　设备网管系统容量指标**

| 分类 | 可管理核心网数量 A（个） | 可管理基站数量 B（个） | 可管理用户数量 C（个） |
|---|---|---|---|
| Ⅰ | A≥10 | B≥20 000 | C≥200 万 |
| Ⅱ | 5≤A＜10 | 10 000≤B＜20 000 | 100 万≤C＜200 万 |
| Ⅲ | 1≤A＜5 | 2000≤B＜10 000 | 20 万≤C＜100 万 |
| Ⅳ | 1 | 1≤B＜2000 | 1≤C＜20 万 |

### 4.9.4.2 网管功能

根据电力无线专网设备分类，网管系统分为终端设备网管、基站设备网管、核心网设备网管和数通设备网管，各类网管功能如下。

1. 终端设备网管

终端设备网管管理网络中的终端设备，用于 CPE 设备的开通调测、运维监控、日常维护和设备升级，主要功能见表 4－15。

表 4－15 终端设备网管

| | | | |
|---|---|---|---|
| 性能管理和状态监控 | 信号强度：RSRQ、RSRP、RSSI；信噪比（dB）；上下行速率 | 在网状态、小区 ID、下位机连接数、报文数统计、温度 | |
| 配置管理 | WAN 连接配置（APN 名称、接入点、注册协议、用户名、密码） | 接入控制（IP 黑白名单、端口号） | |
| 告警管理 | 温度告警 | 下位机断链告警 | 弱信号告警 |
| 软件管理 | 设备软件版本管理 | 软件升级、打补丁 | 网元 license 管理 |

2. 基站设备网管

基站设备网管管理网络中的基站设备，用于基站设备的开通调测、运维监控、日常维护、升级，主要功能见表 4－16。

表 4－16 基站设备网管主要功能

| | | | | |
|---|---|---|---|---|
| 告警管理 | | 供电告警（直流、交流、电池、过载）；环境告警（各监测点的温度、湿度、防盗） | 传输告警（SCTP 链路、IP、光口）；小区告警（不可用、服务能力下降）；接口故障（S1、X2） | 射频单元告警（光模块、功放、过载）；基带单元告警（单板硬件故障、过载、光模块）；运行软件异常告警（业务、版本、文件）；时钟告警（星卡失效、锁星不足） |
| 配置管理 | 传输参数 | IPSec 配置 | SCTP 链路配置 | 用户面传输配置 |
| | 设备参数 | BBU 设备管理配置（单板、时钟） | RRU 设备管理配置（天线、电调、扇区、发射通道个数） | |
| | LTE 制式参数 | LTE 小区配置（临区、功率、频点、带宽、用户接入） | 信道参数配置（RACH、PDSCH、PUSCH、PHICH 算法、功率控制） | QoS 策略参数（QCI、用户优先级）；S1 接口配置（安全、冗余） |
| 性能管理 | 设备参数 | 单板负载测量（CPU 占用率） | | |
| | 传输参数 | 以太端口（流量、总带宽、速率） | 基于 IPSec 的性能测量 | 基于 SCTP 的性能测量（拥塞时长等） |
| | LTE 制式参数 | 小区测量（小区用户数、呼叫建立、切换、吞吐量） | S1 测量（建立次数、不可用时长） | X2 测量（建立次数、不可用时长） |
| 软件管理 | | 设备软件版本管理 | 软件升级、打补丁 | 网元 license 管理 |

3. 核心网设备网管

核心网设备网管管理网络中的核心网网元，用于核心网设备的开通调测、运维监控、日常维护、升级，主要功能见表4－17。

表4－17　核心网设备网管主要功能

| 网元类型 | 告警 | 配置 | 性能 | 软件管理 |
| --- | --- | --- | --- | --- |
| MME | 链路故障 | 移动性管理 | 附着成功率指标 | 设备软件版本管理 |
| | 路径探测故障 | 会话管理 | 激活成功率指标 | 软件升级、打补丁 |
| | 接口故障 | 链路和接口管理 | 附着用户数统计 | 网元 license 管理 |
| S/P－GW | 路径探测故障 | 会话管理 | 激活成功率指标 | 设备软件版本管理 |
| | 接口故障 | 路径管理 | 承载数统计 | 软件升级、打补丁 |
| | 设备拥塞 | 分组和路由转发 | 吞吐量统计 | 网元 license 管理 |
| HSS | 链路故障 | 链路和接口管理 | 用户数统计 | 设备软件版本管理 |
| | 接口故障 | 签约数据管理 | 信令流量统计 | 软件升级、打补丁 |
| PCRF | 链路故障 | 链路和接口管理 | 用户数统计 | 设备软件版本管理 |
| | 接口故障 | 套餐和策略管理 | 信令流量统计 | 软件升级、打补丁 |

4. 数通设备网管

数通设备网管实现对承载网、回传网等数通设备的开通调测、运维监控、日常维护和设备升级。数通设备网管需支持华三、华为、思科、中兴等主流厂商网络设备的接入，支持 SNMP v2、v3 等协议，具备全网拓扑监控、快照和回放、IP 地址管理，支持设备分类、分权限管理，支持 MPLS VPN 网络端口资源、性能数据、告警信息收集与管理，支持路由合规检查、端口流量分析、灵活报表定制，支持集中监控。

### 4.9.4.3　北向接口

设备网管北向接口为被管系统向网管系统（SG－AMS）提供数据信息的接口，接口位置处于 EMS 或 NMS 与综合网管之间。

LTE 设备网管北向接口功能涵盖告警、配置、性能和测试接口功能，给综合网管系统提供相关数据。

### 4.9.4.4　网管安全要求

网元管理系统的安全性要求如下：

（1）登录系统的口令加密。

（2）数据定期归档和备份，支持手工和自动方式。

（3）保证所有数据库操作的事务完整性。

（4）系统应按照等级保护三级系统要求进行安全防护。

本章主要介绍了无线专网设计的相关内容。首先介绍了无线专网的总体框架、设计总则和设备选型的相关原则。其次介绍了电力无线专网系统核心网、回传网、业务承载网、无线网、塔桅、铁塔基础、机房、电源和网管系统等相关的设计原则、设计要求和设计内容。最后介绍了电力无线专网覆盖增强技术设计、终端天馈线设计、USIM 卡鉴权设计及对业务终端的接入设计相关内容。

5

# 电力无线专网工程施工

电力无线专网工程施工主要流程包括准备、安装和调测 3 个阶段，其施工工艺既要满足传统通信传输设备工程和运营商无线网络建设标准化工艺规范，又要满足电力行业特殊的工艺要求，编制形成电力无线专网施工标准化的相关流程、实施要点和工艺要求，供建设施工标准化管控参考。

## 5.1 施工流程

### 5.1.1 基本流程

电力无线专网工程施工一般分为 3 个阶段，即准备阶段、安装阶段和调测阶段。

### 5.1.2 准备阶段

（1）建设单位组织设计单位、设备供货商、施工单位、监理单位和运行单位等召开施工图设计交底会和安全交底会。设计单位介绍施工图内容、安全质量要求。如遇设计更改，应及时履行设计变更手续。

（2）建设单位、设备供货商、施工单位和监理单位代表对安装的主要设备、主要材料、配件及辅材进行点验，确认数量、规格型号符合工程设计文件要求，无受潮和损伤现象，并作好点验记录，不符合要求的应由供货商限时解决。

（3）建设单位组织进行项目建设报批手续和环境影响评价，并在项目开工前完成。

（4）施工单位按监理大纲内容要求向监理单位报送相关文件。

（5）施工单位和监理单位对通信站配套设施情况进行检查。

（6）建设单位组织设计、施工、监理单位对通信站基础设施进行检查，确认是否满足 Q/GDW 10759—2018《电力系统通信站安装工艺规范》相关要求：

1）机房具备稳定工作电源，照明系统等可正常使用，照明强度符合工程设计文件要求。

2）机房通风取暖、空调、应急照明、消防等设施已安装完毕并能正常使用，室内温度、湿度应符合设备要求。

3）机房地面、墙壁、顶棚等处的预留孔洞、预埋件的规格、尺寸、位置、数量及线缆走线架（槽道）路由、规格应符合工程设计文件要求。楼板预留孔洞应配置阻燃材料的安全盖板，电缆走线孔洞应采用阻燃材料封堵。

4）机房所在建筑物防雷接地和保护接地、工作接地体及引线已经完工并验收合格，接地电阻值应满足 DL/T 548—2012《电力系统通信站过电压防护规程》和施工图的相关要求。

### 5.1.3 安装阶段

安装阶段包含塔基塔桅施工安装、线缆走线架（槽道）安装、室内设备安装（含基站室内设备、核心网设备及配套设备）、室外设备及天馈线系统安装及设备间线缆布放。

### 5.1.4 调测阶段

调测阶段包含设备通电前检查、核心网和网管系统测试、基站单站验证、簇优化测试。

## 5.2 施工工艺

### 5.2.1 一般要求

电力无线专网施工工艺一般要求如下：

（1）工程中采用的设备、材料、构件、加工安装工器具均应符合工程设计文件要求，并满足现行国家和行业标准要求。

（2）塔基塔身施工安装、设备安装位置、天线安装参数、线缆布放、设备抗震加固、防雷接地、防水密封、防静电措施等均应符合工程设计文件要求，并满足现行国家和行业标准要求。

### 5.2.2 塔桅基础施工流程及工艺要点

#### 5.2.2.1 人工挖孔桩

1. 施工流程

人工挖孔桩流程图如图 5－1 所示。

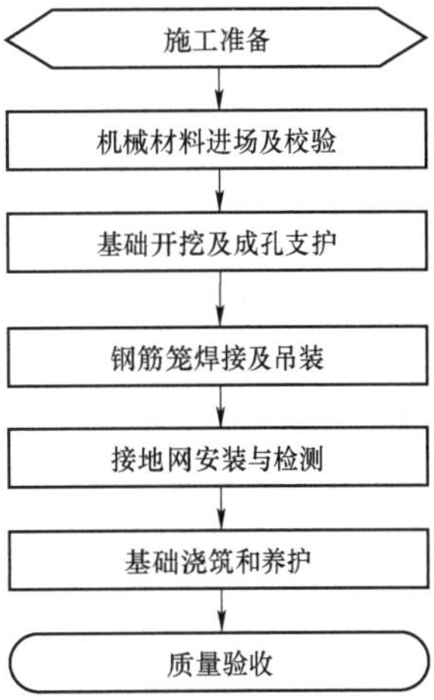

图 5－1 人工挖孔桩流程图

2. 施工准备

（1）站址确认：根据设计图纸以及物勘报告中的地址和经纬度信息确认拟建杆塔位置。

（2）现场信息核实：与设计图纸对照，核实现场信息，如高压电线、变压器、避雷针、窨井、管道、建筑、围墙、植被等的相对位置和距离。

（3）三措一案准备：根据项目实际情况，严格按照《国家电网公司电力安全工作规程》要求编写组织措施、技术措施、安全措施和施工方案。施工前，对作业人员进行现场安全技术规程学习培训，经考试合格才能挂牌上岗；严格按照施工组织设计及有关技术规范标准要求进行施工。

（4）技术交底：施工前做好技术交底，设计人员在现场对施工单位技术交底内容要充实，具有针对性和指导性，对重要控制节点进行详细交底，如设计正负零标高位置、桩基深度、主钢筋型号根数等。现场交底结束后签署交底记录资料并存档，重大工程或者关键节点需要录音或视频记录。

（5）变电站内基础施工开具工作票、动火票：施工前按照安规要求，根据施工日期申请开具相应的工作票，涉及焊接作业、防水卷材铺贴作业还需开具动火票。

（6）材料、机械进场及检验。

1）进场材料检测：水泥、钢筋、预埋件等依照场地平面布置图标示位置整齐放置，现场检查产品合格证原件、出厂检验报告以及各自现场的检查项目。

2）进场机械检测：进场的机械设备依照场地平面布置图标示位置整齐停放，现场检查设备技术性能符合性、技术状况、维修记录、出厂合格证件及机械操作手持证上岗等。

3. 基础开挖及成孔支护

（1）基础开挖。

1）在已画线开挖位置周边设定好正负零标高，桩顶旁边安装提升设备，应使吊篮的粗绳中心与桩孔中心线一致，以作挖土时粗略控制中心线用。

2）用红砖砌筑护筒高于自然地面 0.5m，便于挡水和定位，挖土时应分层进行，每层应先挖中间部分，再挖周边部分，并与护壁施工紧密配合，一般挖深 0.8～1.0m 为一个开挖节段。

3）挖进时，吊大线锤作中心控制用，用尺杆找圆心，以地面上基准点测量孔深，以保证桩位、垂直度和截面尺寸正确。

4）当桩距小于 2 倍桩径或桩距小于 2.5m 时，应间隔开挖。

5）遇微风化岩时，采用凿岩机破碎；遇有建筑垃圾和生活垃圾等物时，因为该土层存在异味和大量塑料制品，应先进行换气，从中间向下开挖 200～300mm 深，再向四周开挖。

6）遇有大块障碍物架空等，先将大块障碍物凿成小块运出，其周围架空地方用小状物块填补并用低强度混凝土固结，然后支模浇灌混凝土，待有一定强度时再往下挖。

7）人工挖孔过程如遇粉土，为保证施工顺利，可减少每节的护壁高度，一般为 30～50cm，采用混凝土小沉井或下沉钢护筒以防止砂粒流动，穿过流砂层后仍按常规施工，采用直径$\phi$25 长度 1.5m 的钢筋，按间距 15cm 沿护壁周边将其打入土中，挖去孔内 20～30cm 砂土后，用直径$\phi$25 水平环向筋将竖向筋固定，在钢筋外侧塞麻袋或纤维板条以阻挡砂粒流入桩孔，但仍允许水流动。边开挖边挡砂，待桩孔挖至 40cm 深时立即支砌护壁。

8）扩底时，先挖桩身圆柱体，再按扩底尺寸采用湿式作业法凿岩，废碴装入吊土箕内运出。

9）当挖到地下水位以下时要做好桩内排水，以防因地下压力变化引起桩孔坍塌。

（2）成孔支护。

1）桩孔护壁一般采用现浇混凝土护壁，护壁厚度按照设计图纸要求，混凝土强度等级不低于 C15，混凝土的拆模强度不低于 1～3MPa，每挖一节段施工一节，做到边开挖边支护。

2）首节护壁应按施工放线定位构筑沿口圈，沿口圈还应该高出地面100mm，厚度不应小于300mm，并留有堤土器支腿孔，使上下两节护壁之间紧密连接。

3）如果孔径大于1.2m，护壁中应增设附加钢筋，一般是在主筋内侧，每隔2.5m加设一道直径为25～30mm的加强箍，每隔一箍在箍内设一井字加强支撑，与主筋焊接牢固，组成骨架。

4）孔底末端护壁应做可靠的固化措施，一般做法是将末端护壁钢筋伸出一定的长度。

5）护壁混凝土应振捣密实，厚薄均匀（最薄处不得小于设计厚度的80%）。

6）成孔以后必须对桩身直径、扩头尺寸、孔底标高、桩位中线、井壁垂直、虚土厚度进行全面测定。做好施工记录，办理隐蔽验收手续。

7）已挖好的桩孔应及时放好钢筋笼，及时浇筑混凝土，间隔时间不得超过4h，以防塌方。

8）有地下水的桩孔应随挖、随检、随放钢筋笼、随时将混凝土灌好。

4. 接地网安装及检测

（1）接地网安装。

1）在铁塔周边做接地装置，采用闭合水平接地环和垂直接地极组成。铁塔与接地环之间使用不少于2根接地引下线相连。水平接地环与基础边缘之间应大于0.5m，接地引下线与接地环应尽量按铁塔基础对称分布。当敷设受限时，可将水平接地环敷设成圆形、椭圆形，必要时可通过一段镀铜圆钢适当外延后再安装垂直接地极。若基础为承台灌装或尺寸过大时，接地环尺寸可根据实际情况作相应的调整，杆塔接地环尺寸可根据实际情况做相应的调整。

2）水平接地体和垂直接地极的数量、材质、长度和埋深应符合GB/T 50065—2011《交流电气装置的接地设计规范》相关规定和设计要求。

3）垂直接地极与水平接地环采用放热焊接。

4）通信铁塔的水平接地环需有两处与变电站接地网连接，连接线之间的水平间距大于5m，接地环至变电站地网间的连接线长度应大于15m。两根连接线采用规格不小于40mm×4mm的镀锌扁钢。

5）施工中尽量不破坏变电站主接地网。若通信塔位于变电站主接地网上，施工后应采用原接地网相同材料将破坏处的接地网连接起来，并与通信铁塔接地可靠连接。

6）接地体的连接部位应采取防腐措施，防腐范围不应少于连接部位两端各100mm。

7）通信塔和垂直接地极周边需要敷设均压带，楼梯口等人员活动密集的区域也要敷设均压带。均压带与通信塔接地装置用两根以上的接地线连接。

（2）均压带制作。

接地体向外3m范围内有人员经过的道路或区域，需做均压网或高阻路面。均压网水平扁铁做成1m×1m的方格网，水平接地的扁铁和垂直接地的角钢必须可靠焊接，垂直接地的角钢按照间距布置，埋深至少达到地面以下2.5m。最后与塔身基础的防雷接地可靠焊接连接，接头处做好防锈处理。原站内有均压网且满足需求的可利旧。采用高阻路面时，需铺设25cm以上厚度的混凝土或沥青路面。

（3）接地网检测。

所有接地扁铁完成闭合焊接后，用地阻仪抽样测试接地网的电阻值宜小于5Ω，高土壤电阻率地区因地理环境难以满足可放宽至10Ω。检测合格后按照设计标高浇筑混凝土。

5. 基础浇筑和养护

（1）桩基础混凝土浇筑和振捣。

1）孔挖好后浇灌混凝土前，孔底浮土需清除干净，抽干积水后方可浇筑混凝土，否则要用水工法施工。桩身混凝土可使用粒径不大于50mm的石子，坍落度为140～180mm之间，混凝土采用集中拌合或商用成品混凝土，罐车运输，泵送混凝土施工，插入式振捣器振捣。

2）混凝土的浇筑入模温度不低于+5℃，也不高于+30℃，否则采用经监理工程师批准的相应措施。

3）从高处直接倾卸时，其自由倾落高度一般不宜超过2m，以不发生离析为准。当倾落高度超过2m时，应通过串筒、溜管或震动溜管等设施下落；倾落高度超过10m时，必须设置减速装置。

4）浇筑混凝土时应连续进行，分层振捣密实。一般第一步宜浇筑到扩底部位的顶面，然后浇筑上部混凝土。分层高度因捣固的工具而定，但不宜大于1.5m。

5）混凝土浇筑到桩顶时，应适当超过桩顶设计标高，以保证在剔除浮浆后，桩顶标高符合设计要求。

6）桩顶上的钢筋插入要保持设计尺寸，垂直插入，并有足够的保护层厚度，雨天不能进行人工挖孔桩施工作业。

7）现场必须有排水措施，严防地面雨水流入桩孔内致桩孔塌方。

8）混凝土分层浇筑，分层厚度控制在30～45cm。振捣采用插入式振动器，振动器的振动深度一般不超过棒长2/3～3/4倍，振动时要快插慢拔，不断上下移动振动棒，以便捣实均匀，减少混凝土表面气泡。

9）对于1m直径挖深桩，如果桩身较长，混凝土振捣操作有困难时，可采用水下混凝土方法灌注，保证埋管深度不小于2.0m。

10）桩周1.5m范围内须做C15混凝土保护面层，厚度100mm，内配双层双向$\phi$10@200钢筋网片，须与桩内钢筋焊接。

11）桩头部位按照设计要求，将预埋件完成定位与主钢筋焊接固定连接后，再进行桩基柱头浇筑。

（2）桩基础混凝土养护。

1）自然养护法：混凝土带模养护期间，应采取带模包裹、浇水、喷淋洒水等措施进行保湿、潮湿养护，保证模板接缝处不致失水干燥。为保证顺利拆模，可在混凝土浇筑24～48h后略微松开模板，并继续浇水养护至拆模后再继续保湿至规定龄期。混凝土去除表面覆盖物或拆模后，应对混凝土采用蓄水、浇水或覆盖洒水等措施进行潮湿养护，也可在混凝土表面处于潮湿状态时，迅速采用麻布、草帘等材料将暴露面混凝土覆盖或包裹，再用塑料布或帆布等将麻布、草帘等保湿材料包覆。包覆期间，包覆物应完好无损，彼此搭接完整，内表面应有凝结水珠。有条件地段应尽量延长混凝土的包覆保湿养护时间。

2）养护膜养护法：养护膜养护法是以混凝土节水保湿养护膜为覆盖材料，该膜是以新型可控高分子材料为核心，以塑料薄膜为载体，粘附复合而成。高分子材料可吸收自身重量200倍的水分，吸水膨胀后变成透明晶状体，把液体水变为固态水，通过毛细管作用，源源不断地向养护面渗透，同时又不断吸收养护体在混凝土水化热过程中的蒸发水。因此在一个养生期内养护膜能保证养护体面保持湿润，相对湿度大于或等于 90%，有效抑制微裂缝，保证工程质量。

6. 桩基检测

桩基检测主要从两方面进行：① 检测桩基础的承载力是否满足设计要求；② 检查桩基础的尺寸和基础的完整性。常用的桩基础承载力检测法主要有超声波脉冲法、低应变动测法；桩基础的尺寸和完整性检测有表观测量法、回弹仪测试混凝土强度等。

（1）超声波脉冲法。

超声波脉冲法属于无损检测法，在灌注混凝土之前埋设声测管固定于钢筋笼上，利用声波在混凝土介质中传播，从接受波到发射波相位得出波幅和频率方面的变化，来判断混凝土质量缺陷情况。

（2）低应变动测法。

低应变动测法是使用小锤敲击桩顶，通过粘接在桩顶的传感器接收来自桩中的应力波信号，测试中应注意：

1）测试点的选择。测试点数依桩径不同、测试信号情况不同而有所不同，一般要求桩径在 120cm 以上，测试 3～4 点。

2）锤击点的选择。锤击点宜选择距传感器 20～30cm 处，不必考虑桩径大小。

3）传感器安装。传感器根据所选测试点位置安装，注意选择好粘贴方式，一般有石蜡、黄油、橡皮泥，要保证桩头干燥无积水。

4）尽量多采集信号。一根桩不少于 10 锤，在不同点、不同激振情况下，观测波形的一致性，以保证波形真实且不漏测。

（3）表观测量法。

表观测量法主要是用钢尺测量桩基直径，桩头露出地面的高度是否满足设计要求等。

（4）回弹仪测试法。

回弹仪测试法是运用回弹仪对桩顶部位进行抽样检测，看龄期混凝土是否达到设计强度。

### 5.2.2.2 机械钻孔灌注桩

1. 施工流程

机械钻孔灌注桩流程图如图 5－2 所示。

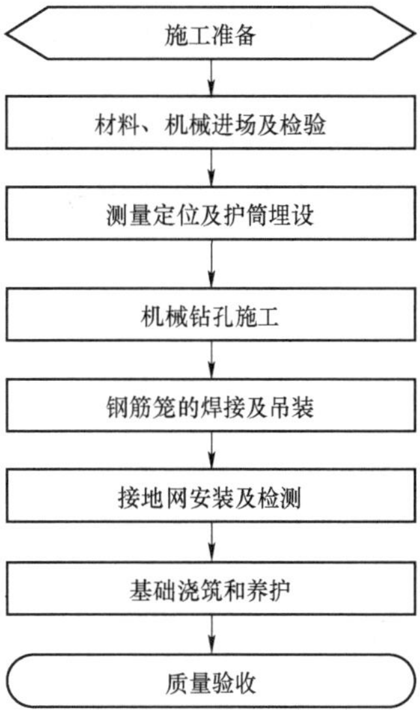


图 5－2 机械钻孔灌注桩流程图

2. 施工准备

（1）站址确认。

根据设计图纸以及物勘报告中的地址和经纬度信息确认拟建杆塔位置。

（2）现场信息核实。

与设计图纸对照，核实现场信息，如高压电线、变压器、避雷针、窨井、管道、建筑、围墙、植被等的相对位置和距离。

（3）三措一案准备。

根据项目实际情况，严格按照《国家电网公司电力安全工作规程》的要求编写组织措施、技术措施、安全措施和施工方案。施工前，对作业人员进行现场安全技术规程学习培训，经考试合格才能挂牌上岗；严格按照施工组织设计及有关的技术规范标准要求进行施工。

（4）技术交底。

施工前做好技术交底工作，设计人员在现场对施工单位技术交底内容要充实，具有针对性和指导性，对重要控制节点进行详细交底，如设计正负零标高位置、桩基深度、主钢筋型号根数等。现场交底结束后签署交底记录资料并存档，重大工程或者关键节点需要录音或视频记录。

（5）开具工作票、动火票。

施工前按照《国家电网公司电力安全工作规程》要求，根据施工日期申请开具相应的工作票，涉及焊接作业、防水卷材铺贴作业需要开具动火票。

（6）材料、机械进场及检验。

1）进场材料检测：水泥、钢筋、预埋件等依照场地平面布置图标示位置整齐放置，现场检查产品合格证原件、出厂检验报告以及各自现场的检查项目。

2）进场机械检测：进场的机械设备依照场地平面布置图标示位置整齐停放，现场检查检验设备技术性能符合性、技术状况、维修记录、出厂合格证件及机械操作手持证上岗等。

3. 测量定位及护筒埋设

（1）在施工区域内进行复测。

按照设计图纸内容进行定位放线，放出桩位中心线并进行复核，以桩孔中心为圆心，以桩的设计半径加护壁厚度为半径，画出桩的开挖轮廓线并撒白灰标示。根据桩长桩径并结合现场情况计算泥浆量，砌筑泥浆循环池或安排泥浆循环车。

（2）护筒埋设。

护筒采用钢护筒，根据不同的钻孔径用 4mm 钢板制成内径比钻孔直径大 0.1～0.2m 的钢护筒，护筒埋设一般要高出地下水位 1.0～2.0m，并高出施工地面 0.5m，护筒在黏土层中不宜小于 1.0m，砂土中不宜小于 1.5m，其高度应满足孔内泥浆面高度的要求。如果采用旋挖钻机开挖，护筒埋设深度应不小于 2.5m，并要求坚固、不漏水。钢护筒顶端留有宽 0.4m、高 0.2m 的出浆口，桩位经测设确定后，先挖探坑，确认没有管线后进行护筒埋设，护筒外围用黏土填筑夯实。护筒采用外力压入，位置应准确，其中心线与桩中心线对齐，允许偏差不大于 20mm，保证护筒的垂直度，倾斜率不大于 $L\%$（$L$ 为护筒的全长）。

4. 机械钻孔施工

（1）开挖前先进行泥浆制备，钻孔泥浆由水、黏土（膨润土）和添加剂组成。泥浆具有浮悬钻渣、冷却钻头、润滑钻具、增大静水压力的作用，并在孔壁形成泥皮，隔断孔内外渗流，防止坍孔。调制的钻孔泥浆及经过循环净化的泥浆，应根据钻孔方法和地层情况来确定泥浆稠度，泥浆稠度应视地层变化或操作要求机动掌握，泥浆太稀，排渣能力小、护壁效果差；泥浆太稠，会削弱钻头冲击功能，降低钻进速度。

（2）钻孔是一道关键工序，在施工中必须严格按照操作要求进行，才能保证成孔质量。必须对好中线及垂直度，并压好护筒。

（3）在施工中要注意不断添加泥浆和抽渣（冲击式用），随时检查成孔是否有偏斜现象。泥浆经沉淀池沉淀后回收循环利用。钻进要随时监测泥浆比重及泥浆中含砂情况，记录钻进中的有关参数及地质情况，以核对地质资料。

（4）钻进达到要求孔深停钻时，仍要维持泥浆正常循环，直到钻渣含量小于4%为止。

（5）起钻时应注意操作轻稳，防止拖刮孔壁，并向孔内补充适量的泥浆，稳定孔内水头高度。

（6）为保证孔深要求，避免超欠挖，当钻机在钻孔过程中仪器显示已达到设计标高时，需要用测绳复测。

（7）钻进过程还应随时注意控制仪表，以控制钻杆垂直度。钻进过程中，每进尺 2～3m，应检查钻孔直径和竖直度，检查工具可用圆钢筋笼（外径 $D$ 等于设计桩径，高度 3～5m）吊入孔内，使钢筋笼中心与钻孔中心重合。如上下各处均无挂阻，则说明钻孔直径和竖直度符合要求。

（8）钻进时如孔内出现塌孔、涌砂等异常情况应立即将钻具提离孔底，保持泥浆高度，吸除坍落物和涌砂，同时向孔内输送性能符合要求的泥浆，保持水头压力以抑制继续涌砂和坍孔。

（9）清孔应分二次进行。第一次清孔在成孔完毕后立即进行，采用钻机的掏渣筒清孔；第二次在下放钢筋笼和灌注混凝土导管安装完毕后进行，采用泥浆循环置换法清孔。

（10）清孔过程中观测孔底沉渣厚度，孔底沉渣厚度不大于 100mm 时即可停止清孔，并保持孔内水头高度，防止塌孔事故。

（11）第一次清孔，由于旋挖钻机采用筒式掏渣，应严格控制其钻进深度，严禁超深清孔。采用抽浆清孔法，即在终孔后停止进尺，利用泥浆泵持续泵压 5～15min，使孔底沉渣随泥浆基本排除，达到清孔要求为止，并同时掺入相对比重较小的泥浆（含沙量小于 4%），以保持稳定的水位。

（12）第二次清孔在安放钢筋笼及导管后，准备灌注水下混凝土前。由于这段时间间隙较长，孔底又会产生一部分沉渣，待安放钢筋笼及导管就绪后，应利用泥浆循环将孔内沉渣带出孔外。

5. 接地网安装及检测

参照本章 5.2.1 中接地网安装及检测。

6. 基础浇筑和养护

（1）灌注前应先测量混凝土的坍落度和泥浆比重，要求的坍落度为 160～220mm，泥浆比重为 1.1～1.2，还应取混凝土做成试块，养护后按照国家标准进行强度测定。

（2）水下灌注混凝土法，首灌在水下灌注混凝土中是最重要的一步，直接关系到整根桩的质量。混凝土运到现场以后，按照事先计算结果，得出首灌混凝土量，将足够量的混凝土盛放到漏斗中（一般在套筒内事先放置一个直径略小于套筒的皮球，目的是保证首灌混凝土能够顺利封底）。

（3）开始灌注时，漏斗阀门迅速全开，让混凝土以很大的冲力落下，以保证压力足以把套筒内的水完全压出并中和水的压力，使混凝土顺利封底，达到埋管 1m 以上的要求。

（4）首灌混凝土顺利灌注以后，接下来的灌注可根据施工设备、施工环境进行适当调节，但是灌注过程不允许有长时间停滞，必须保证在混凝土的初凝时间之内灌注。

（5）在灌注过程中要保证埋管的深度在 2～6m 的范围之内，以保证混凝土不接触水致使混凝土离析影响桩的质量，同时也保证混凝土在灌注过程中能够顺畅流下。

7. 桩基检测

参照本章 5.2.1 中桩基检测方法。

### 5.2.2.3 独立基础

1. 施工流程

独立基础施工流程图如图 5-3 所示。

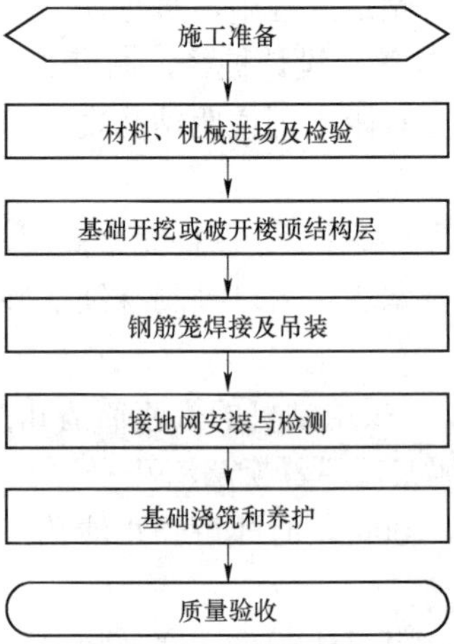


图 5-3　独立基础施工流程图

2. 施工准备

（1）站址确认：根据设计图纸以及物勘报告中的地址和经纬度信息确认拟建杆塔位置。

（2）现场信息核实：与设计图纸对照，核实现场信息，如高压电线、变压器、避雷针、窨井、管道、建筑、围墙、植被等的相对位置和距离，楼顶基站需要核实楼层，建筑结构，屋面防水层，女儿墙高度、厚度等信息。

（3）三措一案准备：根据项目实际情况，严格按照《国家电网公司电力安全工作规程》要求编写组织措施、技术措施、安全措施和施工方案。施工前，对作业人员进行现场安全技术规程学习培训，经考试合格才能挂牌上岗；严格按照施工组织设计及有关的技术规范标准要求进行施工。

（4）技术交底：施工前做好技术交底工作，设计人员在现场对施工单位技术交底内容要充实，具有针对性和指导性，对重要控制节点进行详细交底，如设计正负零标高位置、桩基深度、主钢筋型号根数等。现场交底结束后签署交底记录资料并存档，重大工程或者关键节点需要录音或视频记录。

（5）开具工作票、动火票：施工前按照《国家电网公司电力安全工作规程》要求，根据施工日期申请开具相应的工作票，涉及焊接作业、防水卷材铺贴作业需要开具动火票。

（6）材料、机械进场及检验。

1）进场材料检测：水泥、钢筋、预埋件等依照场地平面布置图标示位置整齐放置，现场检查产品合格证原件、出厂检验报告以及各自现场的检查项目。

2）进场机械检测：进场的机械设备依照场地平面布置图标示位置整齐停放，现场检查设备技术性能符合性、技术状况、维修记录、出厂合格证件及机械操作手持证上岗等。

3. 地面基础开挖

（1）基础开挖前应先清除施工区域内地上和地下障碍物，进行地面排水作业，在基坑范围四周设置排水沟和沉淀池，基坑中排出的水需经过三级沉淀后再排入就近的市政管道。

（2）土方开挖前先根据设计图纸进行地面放样，预留至少 600mm 宽作为施工操作工作面。按照基坑设计深度和土质情况计算放坡角度和大小，一般边坡按 1:0.5 进行放坡，分层进行开挖。

（3）基础大多采用机械开挖，一般以反铲挖掘机配合渣土运输车进行施工，机械挖土时为防止挖掘过程中扰动老土，坑底预留 300mm 左右用人工挖土清至设计标高。

（4）土方开挖应分层进行，每层高度不宜超过 2.5m，以免基坑支护系统受力过于集中，严禁一次开挖到底。

（5）人工挖掘坑底 300mm 土之前，每隔 1.0m 打一个小木橛，在挖至接近坑底标高时，用塔尺及水准仪随时检查坑底标高和坑边尺寸，确定坑宽标准，据此修整槽帮，最后清除坑底浮土，修底铲平。

（6）开挖过程中，随时注意不超挖、深挖。若遇土质与地质勘察报告不符的，及时通知地质勘查单位。

（7）土方开挖一般不宜在雨季进行，否则工作面不宜过大，应逐段、逐片分期完成。

（8）雨期施工在开挖土方时，应注意边坡稳定。必要时可适当放缓边坡坡度，或设置支撑。同时应在坑外侧围以土堤或开挖水沟，防止地面水流入。经常对边坡、支撑、土堤进行检查，发现问题及时处理。

（9）雨天应在开挖边坡顶设置截水沟，开挖区内设置排水沟和集水井，及时做好排水工作，以防基坑积水。

（10）土方开挖不宜在冬期施工。如必须在冬期施工，其施工方法应按冬施方案进行。

（11）开挖过程中，应始终保持设计边坡线逐层开挖，避免开挖工程因临时边坡过陡造成塌方，同时加强边坡稳定性观察。

（12）开挖边坡顶严禁堆置重物，避免塌方。

（13）基坑底部开挖后要清理干净，如有积水则必须把积水抽干或者排干再进行浇筑施工。

4. 楼顶破开结构层

（1）先按照设计图纸，在楼顶确定需要破拆的区域，做好标记。标记时一定要注意楼顶集水口、排气口、水箱、太阳能、空调外机等，不能影响业主设备的正常使用。

（2）按照设计图纸要求深度进行破拆，先在局部试拆，一般要拆除到原屋面防水保温层处，露出屋顶板钢筋时停止。拆除时一定要做到安全文明施工，严禁野蛮暴力拆除。

（3）需要拆除女儿墙结构的，一定要在楼下隔离出安全区域，防止拆除时有物体掉落造成伤害。转角防水处整齐切割，拆除平面与屋顶面平齐。

（4）现场一定要注意用电安全，在打膨胀螺栓时，不得打到原来水管、电管等可能危及安全的管道。

（5）拆除好的坑内一定要及时清理干净，建筑垃圾不得堆积屋面。

（6）如果发现现场情况与实际不符，应该及时联系设计人员，严禁私自破拆。

5. 接地网安装与检测

（1）接地网安装。

1）地面独立基础参照本章 5.2.1 中接地网安装及检测。

2）楼顶独立基础接地施工前先查接地扁铁的规格型号以及镀锌层厚度和表面完整性。将扁铁与钢筋笼或钢筋网片可靠焊接，外露在基础外部和设备焊接的部分不得小于 200mm，接头处做好防锈处理。楼顶接地点接地电阻不满足要求时，需将接地体引至地面空旷部位安装。

（2）接地网检测。所有接地扁铁完成闭合焊接后，用地阻仪抽样测试接地网的电阻值宜小于 5Ω，高土壤电阻率地区因地理环境难以满足可放宽至 10Ω。检测合格后按照设计标高浇筑混凝土。

6. 基础浇筑和养护

（1）地面独立基础。

1）一般先清理好基地的杂物和积水，独立基础底板以上部分用压缩性小的土体回填至室外地坪标高，须分层夯实，分层厚度不大于 300mm，压实系数不小于 0.94。填土表面须做 C15 混凝土保护面层厚度 100mm，内配双层双向 10@200 钢筋网片。回填土应压实，密度大于 18kN/m。

2）可按台阶分层一次浇筑完毕，不允许留设施工缝。每层混凝土要一次灌足，顺序是先边角后中间，务使混凝土及砂浆充满模板。振捣器深入混凝土内部振捣充分，特别是边角部分和变截面部分。

3）在绑扎模板时一定要固定结实，绑扎牢靠，以防在变截面处浇筑振捣时漏浆爆模。

4）建筑完成后要及时进行养护。

5）基础养护完成后要及时进行土方回填，并夯实。

（2）楼顶独立基础。

1）塔基应位于框架柱柱顶或梁顶。

2）浇筑时先在周围支好模板，一次性浇筑完成，振捣时应将振捣器插入底部充分振捣。

3）待混凝土初凝前对表面进行收光处理，然后进行养护。

4）混凝土养护结束后拆除保养覆膜，将基础表面清理干净，按照设计图纸要求恢复原有防水层。

5）施工过程中做好防水处理，原结构开凿时，应做好必要的施工支撑。

7. 桩基检测

参照本章 5.2.1 中桩基检测方法。

### 5.2.2.4 预制基础

1. 施工流程

预制基础施工流程图如图 5－4 所示。

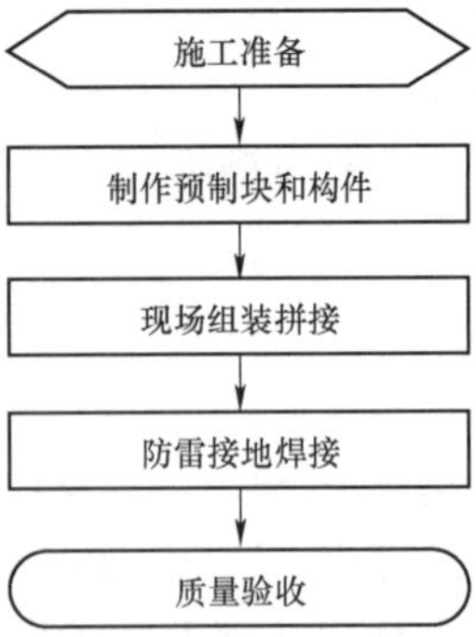

图 5－4　预制基础施工流程图

2. 施工准备

（1）站址确认：根据设计图纸以及物勘报告中的地址和经纬度信息确认拟建杆塔位置。

（2）现场信息核实：与设计图纸对照，核实现场信息，楼顶基站需要核实楼层、建筑结构、屋面防水层、女儿墙高度厚度等信息。

（3）三措一案准备：根据项目实际情况，严格按照《国家电网公司电力安全工作规程》的要求编写组织措施、技术措施、安全措施和施工方案。施工前，对作业人员进行现场安全技术规程学习培训，经考试合格才能挂牌上岗；严格按照施工组织设计及有关的技术规范标准要求进行施工。

（4）技术交底：施工前做好技术交底工作，设计人员在现场对施工单位技术交底内容要充实，具有针对性和指导性，对重要控制节点进行详细交底，如临时用电使用、主钢筋型号根数、防水恢复等。现场交底结束后签署交底记录资料并存档，重大工程或者关键节点需要录音或视频记录。

（5）开具工作票、动火票：施工前按照《国家电网公司电力安全工作规程》要求，根据施工日期申请开具相应的工作票，涉及焊接作业、防水卷材铺贴作业需要开具动火票。

3. 制作预制块和构件

（1）按照设计图纸，施工方在工厂制作相应的预制块和构件。钢筋型号、混凝土等级、角钢规格型号等严格按照设计图纸要求。

（2）对制作好的混凝土预制块进行养护、角钢等连接件进行镀锌等防锈处理。

（3）将养护好的预制块和构件按照图纸进行拼装，拼装无误后进行编号整理。

（4）将编号的预制块和构件带到施工现场，按照图纸位置进行摆放拼装，预制基础下方放置一块橡胶垫，拉线必须两端紧固。

（5）预制基础安装时连接的螺栓一定要拧紧，连接处最后进行防腐处理。

4. 防雷接地焊接

检查接地扁铁的规格型号以及镀锌层厚度和表面完整性，将扁铁和预制构件预留的连接处焊接或者螺栓连接，一定要保证可靠连接，接头处做好防锈处理。

5. 桩基检测

（1）对照图纸检查预制块的个数和尺寸是否一致。

（2）检查预制连接构件规格型号是否一致、接头处是否做防锈处理、基础下方是否放置橡胶垫，用回弹仪测试预制混凝土块强度是否达到设计要求。

## 5.2.3 塔桅安装流程及工艺要点

### 5.2.3.1 单管塔

1. 施工流程

单管塔安装施工流程图如图 5－5 所示。

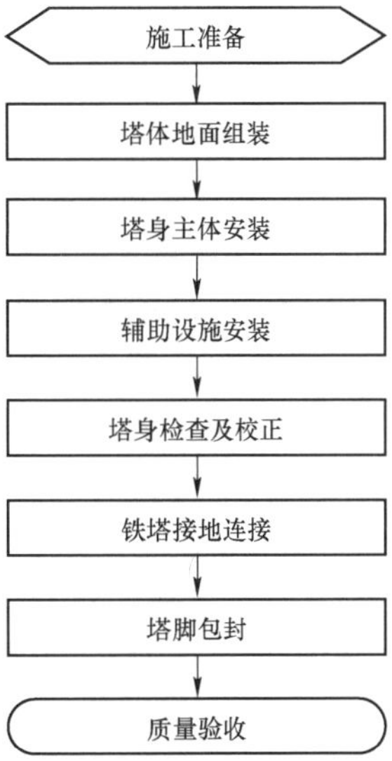


图 5－5 单管塔安装施工流程图

2. 施工准备

（1）技术准备：熟悉施工图纸、作业指导书，进行安全技术交底。

（2）人员组织：根据施工组织设计或施工安全技术措施，施工负责人、技术负责人、安全人员、安装作业人员等各级人员按要求组织到位。

（3）机具准备：准备吊车、扒杆、经纬仪、电阻测试仪、电焊机、涂层测厚仪、混凝土回弹仪、扭力扳手等施工机具。

（4）基础验收交接：铁塔安装前，必须进行基础交接，对铁塔基础的坐标、标高、预埋件位置、基础混凝土强度（基础混凝土的抗压强度不允许低于设计强度的 70%）、接地装置等进行复核，复核结果与设计要求一致才能进行后续工作，杆塔塔脚地脚螺栓位置、法兰支撑面的偏差、基础接地电阻等必须符合规范及设计要求。

（5）塔材到货检查：检查出厂检验报告内容是否齐全、数据是否符合标准要求。零件、构件制作运抵施工场地后，检查零件与构件的外形、几何尺寸、线缆接地点是否满足设计要求，塔材焊接处是否满足规范要求。检查塔体镀锌层是否均匀、无起泡、无翘皮、无返锈，当镀件厚度小于5mm时，锌层厚度应不低于65μm，当镀件厚度大于或等于5mm时，镀锌层厚度应不低于86μm。在运输、堆放和吊装等过程中造成的钢构件变形及涂层脱落，应进行矫正和修补。施工前，清除施工障碍，布置场地，对影响吊车吊装施工范围内的障碍物应事先采取措施进行清理或避让，设立安全警示标志。

（6）施工前，应对吊车或扒杆进行检验，确保合格、司机持吊车上岗操作证，起吊前应再次对吊车或扒杆进行全面检查。卷扬机、开关箱必须设置漏电保护器，受力缆绳的主地锚必须有加固装置，可采用厂家生产或自制的螺旋地锚（5t）。

（7）上塔作业前，应检查安全安装置，并保证劳动防护用品安全。在地面起吊物体时，必须在物体稍离地面时对钢丝绳、吊钩、吊装固定方式等再做一次详细的安全检查，同时确保安装现场有可靠对讲通信措施，统一人员指挥。

（8）组立前要对运输道路进行踏勘，吊车司机必须参加。特别是使用较大型的吊车，必须事先对道路、桥梁及涵洞的承载能力进行调查。满足要求后方可进行吊装方案设计。

3. 塔体地面组装

（1）地面组装位置以适合吊车或扒杆起吊为原则，杆塔的单件质量应小于吊车额定起重量，同时注意起重量大小与伸臂长度的关系，组装好的构件必须在吊车允许起吊半径范围内。

（2）地面组装时应考虑好组装形成的吊件重心位置及吊点绳的绑扎位置，根据施工现场的情况、构件有无方向限制等确定构件布置位置，留出操作空间方便吊绳、控制绳的绑扎及方向控制。

（3）用螺栓连接构件时，螺杆应与构件面垂直，螺栓头平面与构件不应有空隙，螺母拧紧后，螺杆露出螺母的长度，对单螺母者应不小于两个螺距，对双螺母可与丝扣平齐。

4. 塔架主体安装

（1）吊车安装方式。

1）吊车就位。

合理确定吊车的摆放位置，避免在起吊过程中移动吊车，以提高工作效率。

吊车工作位置的地基必须稳固，附近的障碍物应清除，吊车的支撑点应选择在坚硬的土层上。

组装段的位置应与吊车回转范围相适应。

平面布置中要注意组装段位置与起吊顺序相适应。

2）吊车吊装。

根据现场情况及要求确定进入塔内门或操作孔的方位。

用两根长2m、7分（$\phi$21）钢丝绳一头扣入吊钩中，另一头分别用相扣固定在两个相对称的塔体预留起吊孔上，并在底板孔中和相扣位置加拉棕绳作起吊时人力平衡和稳定用。检查无误后缓慢吊升。

法兰式单管塔吊装流程是：起吊→就位→法兰螺丝紧固→卸钩。

插接式单管塔吊装流程是：起吊→就位→套接→卸钩。

对于设有平台或避雷针的塔段，需要预先在地面组装好平台或避雷针。

起吊顺序是从塔段第一段（地法兰段）到最后一段（带避雷针塔段）。起吊时，两根钢丝绳夹角小于 60°，单根钢丝绳最短不得短于 1.5m；指挥员除严格按技术规范指挥装吊，同时要实时观察安全监管的提示，严格将吊臂控制在规定的旋转范围内。

（2）扒杆吊装方式。

1）扒杆吊装现场平面布置示意图如图 5-6 所示。

2）扒杆高度应满足组装段就位的要求。

3）扒杆缆风绳采用外拉线布置方式，拉线采用钢绳与地锚连接，根据地质条件和吊重受力选择拉线和地锚规格。缆风绳之间按照水平 60° 角平均布置 6 根，所有地锚位置距离塔基应大于塔高的 1.2 倍，控制吊件的控制绳对地夹角不应大于 30°。

4）扒杆起立。扒杆首次组立高度应满足吊装底段钢管的需要，一般为 10～15m；采用小人字扒杆整体起立扒杆；扒杆起立前应对扒杆坐地位置进行平整并采取防扒杆脚下沉的措施。

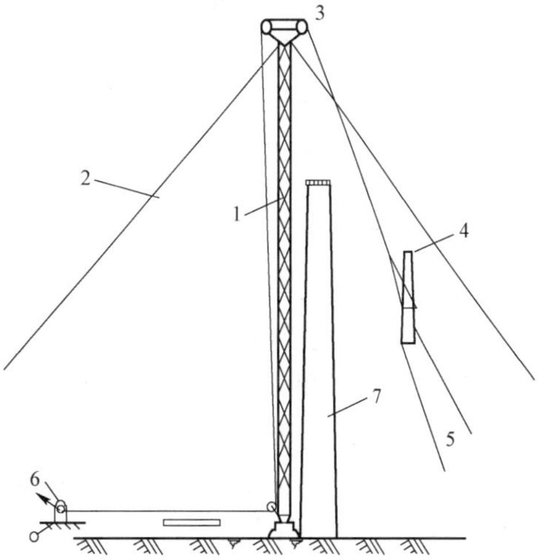

图 5-6 扒杆吊装现场平面布置示意图

1—扒杆；2—缆风绳；3—抱杆头部；4—被吊构件；5—控制绳；6—卷扬机；7—单管塔塔体

5）构件吊装。① 正式吊装前，必须进行试吊，根据杆的高度、重量及地形条件确定吊装方案；② 仔细核对扒杆允许荷载及相应允许起吊高度，所有各段重量及相应起吊高度均处于该扒杆荷载范围及相应允许起吊高度以内，严禁超载起吊；③ 吊装单管塔身，吊点一般选择在构件的上端，便于塔体就位；④ 组立单管塔应按段将单管塔依次排列，根据扒杆允许工况吊立单管塔下段并与地脚螺栓连接紧固。

6）提升扒杆。在起吊第一段塔体时，先用 10mm×200mm 钢板抱箍固定第一塔体上口下端，一般离塔段顶口 2.8～3m 处；吊好后复位安装，用螺栓紧固，并进行坡度确认和矫正。

起吊第二塔体时，先用上卷扬机起吊扒杆，起吊点设立在第一塔体上部内法兰螺孔内，用钢丝绳及 S 钩双保险连接，严禁单用 S 钩起吊。当扒杆起升到第一段塔体上部，在与抱箍相互固定时，上人的起吊葫芦点必须与起吊扒杆点分离，采用双线，禁止使用一个起吊点。

起吊塔体与起吊扒杆分开，由双线进行，有条件时由两部卷扬机操作。如由一部卷扬机操作，每次提升扒杆及起吊塔体必须把卷扬机上钢丝绳撤离后重绕，分别进行工作。无论是起吊扒杆，还是起吊塔体，禁止使用单门动滑轮，必须使用二门或三门滑轮组进行提升和起吊塔体。

重复以上工作直至整塔吊装完毕。

7）拆除扒杆。利用已经组立的单管塔拆除扒杆，在杆塔顶挂 3T 滑车，在扒杆重心以上位置设置固定点，卷扬机提起扒杆，拆除钢板抱箍后缓降扒杆至地面。拆除过程中另用控制绳控制扒杆，以防扒杆碰到塔身。

（3）吊装安全措施。

1）起吊绑扎绳应足够安全可靠。开始状态时起吊绳受力较小但可能受力不均，最终状态时受力最大。选择吊点绳时应对开始状态和最终状态两种情况分别进行验算，以保证起吊绳及相应连接件的安全。

2）起吊速度应均匀，缓提缓放，并随时注意吊装情况；就位时，操作人员应事先选择好站立位置，正确系好安全绳，然后进行作业。

3）分段吊装时，上下段连接后，严禁用旋转起重臂的方法进行移位找正。

4）在电力线附近组塔时，吊车必须接地良好。与带电体的最小安全距离应符合安全规程。塔件离地约 0.1m 时应暂停起吊并进行检查，确认正常后方可正式起吊。

5）吊车在作业中出现异常，应采取措施放下塔件，待停止运转后再进行检修。严禁在运转中进行调整或检修。

6）指挥人员看不清工作地点、操作人员看不清指挥信号时，不得进行起吊。

（4）采用法兰连接的节点，法兰接触面的贴合率不应少于 75%，且边缘最大间隙不应大于 2mm。法兰间隙超过 0.8mm 时应用垫片垫实，垫片应镀锌，并做防腐处理。

检查数量：按节点数全数检查。

检验方法：用钢尺及 0.3mm 和 0.8mm 厚的塞尺现场检查，0.3mm 塞尺插入深度的面积之和不应大于总面积的 25%。

（5）插接连接的单管塔塔体套接长度正误差不得超过设计套接长度的 5%，且不允许有负误差；套接部位接触面贴合率应确保达到 75%；相邻两段塔体套接长度，应有明显的定位标记，应采用施加竖向预加力的方法，确保套接结合长度，预加力应不小于 1.3 倍上部塔体自重。

（6）每安装完一段塔段后，必须按规定进行校正，继续安装上一塔段时，应考虑下一塔段的偏差值。

检查数量：垂直度双向、全部塔柱柱顶标高、全部对角线。

检验方法：用钢尺、水准仪、经纬仪检查。

整体及单层安装允许偏差表见表 5－1。

表 5－1　塔架整体及单层安装允许偏差表

| 项　目 | | 允许偏差 |
|---|---|---|
| 塔体垂直度 | 整体垂直度 | ≤$H$/1500 |
| | 相邻两层垂直偏差 | ≤$H$/750 |
| 塔柱顶面水平度 | | ≤±2.00mm |
| 法兰顶面相应点水平高度差联结板孔距水平高差（每层断面相邻塔柱之间的水平高差） | | ≤±1.5mm |
| 塔楼平台水平度 | | ≤1/1000 |
| 塔楼梁高差 | | ≤10mm |
| 楼面板高差 | | ≤4mm |
| 工作平台高差 | | ≤1/750 |
| 塔体截面几何形状公差 | 对角线误差 | $D$≤4m 时≤±2.00mm<br>$D$>4m 时±3.00mm |
| | 相邻间距误差 | $b$≤4m 时≤±1.5mm<br>$b$>4m 时≤±2.5mm |
| 球形网架各层横杆断面不同度 | | ≤±5.00mm |
| 扭转角 | 上下段相对扭转角 | 不得大于±1° |
| | 绝对扭转角 | 不得大于 2° |

（7）起吊过程应统一指挥，协调操作，安装过程中当天收工前必须构成一个完整受力体，安装螺栓应穿向一致，不得垫两个以上垫圈或者以螺母代替垫圈。

（8）塔体构件安装中不得现场扩孔，如开孔大小与螺栓规格不符，应返厂修整或更换。安装时，受剪螺栓的螺纹不得进入剪切面，如果螺栓的无扣长度不够长，应该用长一级的螺栓；螺栓拧紧后外露丝扣长度不少于 3 扣。

（9）塔结构构件采用螺栓连接时，用于连接受力杆件的螺栓，其直径不宜小于 12mm，主材接头螺栓每端不少于 6 个，腹杆每端不少于 2 个，辅助杆可用一个螺栓，接头应靠近节点。当受剪螺栓直径小于等于 16mm 时，螺栓孔径大于螺栓直径 1mm；当螺栓直径大于 16mm 时，螺栓孔径大于螺栓直径 1.5mm。铁塔结构的主材、斜杆、横杆等主要受力构件之间的连接螺栓应使用双螺母，或采取其他能防止螺母松动的有效措施。地脚锚栓应采用双螺母防松动。

（10）法兰的高强度等级普通螺栓连接应确保均匀、对称；在全部构件就位后应按高强螺栓终拧扭矩的 30%拧紧，再用双螺母防松动。

（11）拧紧法兰螺栓，应按圆周分布角度对称拧紧；拧紧节点螺栓，应按从中心到边缘的顺序对称拧紧。

（12）插接连接的单管塔塔管套接部位和向上加长 200mm 范围的纵向焊缝应采用一级焊缝，端部应加引弧板。

（13）高空作业时，其作业工具必须用麻绳扣紧或背有工具袋，安全带必须在任何一个部位都与塔体有关部位用夹扣和钢丝千斤扣牢，以免发生高空坠落。不准高空抛物，不准在 5 级大风及有雷雨时施工。

5. 辅助设施安装

（1）避雷针安装。

避雷针安装位置及高度应符合工程设计要求，避雷针应安装牢固、端正，允许垂直偏差不大于避雷针高度的 5‰。

（2）平台、抱杆安装。

1）平台围栏、爬梯及护栏的安装应符合设计要求，安装牢固、可靠。

钢平台梁、平台板、栏杆的安装允许偏差表见表 5－2。

**表 5－2　　钢平台梁、平台板、栏杆的安装允许偏差表**

| 项目 | 允许偏差 | 项目 | 允许偏差 |
|---|---|---|---|
| 平台高度 | ±15mm | 板面高差 | ≤4mm |
| 平台水平度 | ≤1/1000 | 栏杆高度 | ±15mm |
| 梁高差 | ≤10mm | 栏杆立柱间距 | ±15mm |

2）按照设计要求的方位安装支架，以保证天线之间的有效距离和美观。

3）天线抱杆安装必须垂直于地面，抱杆水平高度偏差不超过 5cm。

（3）警示牌安装。

铁塔警示标识牌可采用加厚软质 PVC、铝制材料制作，或喷涂至塔体，要求样式一致、安装牢固，安装于塔身醒目或特殊指定位置，下沿离地≥1.8m。

（4）铁塔标识牌安装。

1）位置：安装于铁塔底部。

2）形式：标牌、安装型。

3）内容：国家电网有限公司 logo，设备名称、设备型号、投运时间、运维单位、联系方式。

4）字体：汉字为宋体，字母及数字为 Times New Roman，字体颜色为黑色。

5）规格：推荐 300mm×200mm（根据厂家的标准尺寸设计），长方形，左上角有国家电网有限公司 logo 及本单位信息。

6）材质：基材为铝，室外使用 10～15 年。

6. 塔体检查及校正

（1）塔体缺件检查与螺栓紧固：符合各型号螺栓扭力值标准。

（2）垂直度测定应在小于 2 级风、阴天或阳光未照射到结构上时进行。在塔体垂直度测定后，如垂直偏差不满足要求，应进行塔架校正，采用经纬仪测量塔架整体垂直度偏差，当塔高度不大于 75m 时，桁架式塔类不得大于 $H/1500$；单管塔不得大于 $H/750$。正交双向均应进行检查。

7. 铁塔接地连接

（1）铁塔通过接地扁铁与接地网可靠连接。用地阻仪抽样测试接地网的电阻值宜＜5Ω，高土壤电阻率地区因地理环境难以满足可放宽至 10Ω。

（2）接地体的连接部位应采取防腐措施，防腐范围不应少于连接部位两端各 100mm。

8. 塔脚包封

（1）在铁塔安装完成后，应采取有效防护措施防止地脚螺栓松动，避免安全隐患。

（2）在塔体安装完成后一年，重新校正后，进行塔脚包封。

（3）塔脚统一采用比基础大一等级的微膨胀混凝土进行包封。

（4）管塔的地脚包封应设置排水口，以免积水影响包封质量，如图 5－7 和图 5－8 所示。

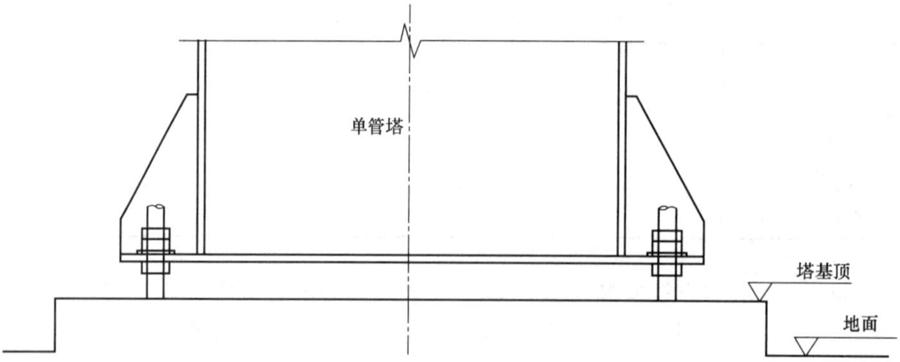


图 5－7　塔脚包封前剖面图

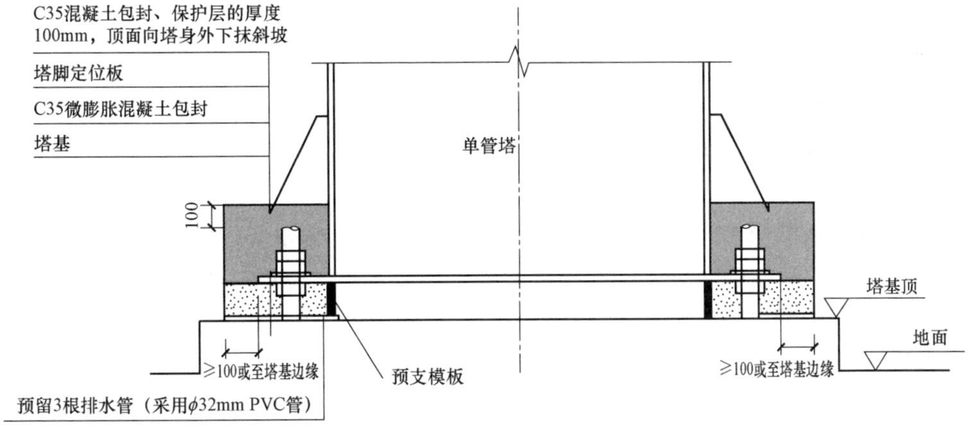


图 5－8　塔脚包封后剖面图

### 5.2.3.2　拉线塔

1. 施工流程

拉线塔施工流程图如图 5－9 所示。

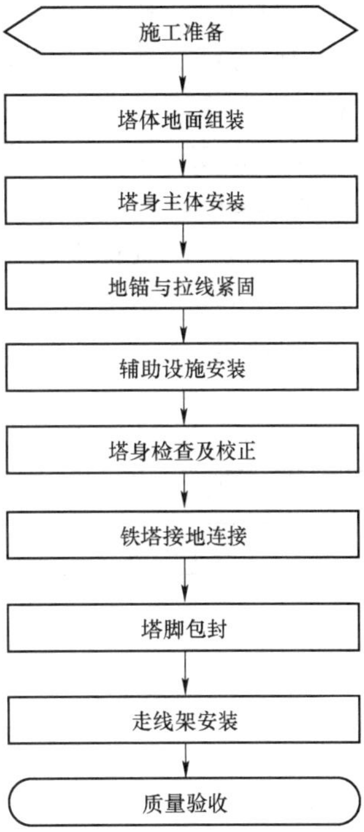


图 5－9　拉线塔施工流程图

2. 施工准备

（1）技术准备：熟悉施工图纸、作业指导书，进行安全技术交底。

（2）人员组织：根据施工组织设计或施工安全技术措施，施工负责人、技术负责人、安全人员、安装作业人员等各级人员按要求组织到位。

（3）机具准备：吊车、经纬仪、电阻测试仪、电焊机、涂层测厚仪、测厚仪、混凝土回弹仪、扭力扳手等施工机具。

（4）基础验收交接：铁塔安装前，必须进行基础交接，对铁塔基础的坐标、标高、预埋件位置、基础混凝土强度等进行复核，复核结果与设计要求一致才能进行后续工作，杆塔塔脚地脚螺栓位置、法兰支撑面的偏差、基础接地电阻等必须符合规范及设计要求。

（5）塔材到货检查：检查出厂检验报告内容是否齐全、数据是否符合标准要求。零件、构件制作运抵施工场地后，检查零件、构件的外形、几何尺寸、线缆接地点是否满足设计要求，塔材焊接处是否满足规范要求。检查塔体镀锌层是否均匀、无起泡、无翘皮、无返锈，当镀件厚度小于 5mm 时，锌层厚度应不低于 65μm，当镀件厚度大于或等于 5mm 时，镀锌层厚度应不低于 86μm。在运输、堆放和吊装等过程中造成的钢构件变形及涂层脱落，应进行矫正和修补。

（6）施工前，清除施工障碍，布置场地，设立安全警示标志。

（7）上塔作业前，应检查安全安装置，并保证劳动防护用品安全。在地面起吊物体时，必须在物体稍离地面时对钢丝绳、吊钩、吊装固定方式等再作一次详细的安全检查，同时确保安装现场有可靠对讲通信措施，统一人员指挥。

3. 塔体地面组装

参照本章5.2.3.1单管塔一节中的塔体地面组装。

4. 塔身主体安装

（1）吊车安装方式参照本章5.2.3.1单管塔一节中的吊车安装方式。

（2）扒杆吊装方式参照本章5.2.3.1单管塔一节中的扒杆吊装方式。

（3）吊装安全措施参照本章5.2.3.1单管塔一节中的吊装安全措施。

（4）采用法兰连接的节点，法兰接触面贴合率应不少于75%，且边缘最大间隙应不大于2mm。法兰间隙超过0.8mm时应用垫片垫实，垫片应镀锌，并做防腐处理。

检查数量：按节点数全数检查。

检验方法：用钢尺及0.3mm和0.8mm厚的塞尺现场检查，0.3mm塞尺插入深度的面积之和应不大于总面积的25%。

（5）采用节点板连接的节点，相接触的两平面贴合率应不少于75%。

检查数量：按节点数抽查10%，且应不少于10个。

检验方法：用钢尺及0.3mm的塞尺现场检查，0.3mm塞尺插入深度的面积之和应不大于总面积的25%。

（6）每安装完一段塔段后，必须按规定进行校正，继续安装上一塔段时，应考虑下一塔段的偏差值。

检查数量：垂直度双向、全部塔柱柱顶标高、全部对角线。

检验方法：用钢尺、水准仪、经纬仪检查。

整体及单层安装允许偏差表见表5－3。

表5－3　　塔架整体及单层安装允许偏差表

| 项　目 | | 允许偏差 |
|---|---|---|
| 塔体垂直度 | 整体垂直度 | ≤$H$/1500 |
| | 相邻两层垂直偏差 | ≤$H$/750 |
| 塔柱顶面水平度 | | ≤±2.00mm |
| 法兰顶面相应点水平高度差联结板孔距水平高差（每层断面相邻塔柱之间的水平高差） | | ≤±1.5mm |
| 塔楼平台水平度 | | ≤1/1000 |
| 塔楼梁高差 | | ≤10mm |
| 楼面板高差 | | ≤4mm |
| 工作平台高差 | | ≤1/750 |
| 塔体截面几何形状公差 | 对角线误差 | $D$≤4m时≤±2.00mm<br>$D$>4m时±3.00mm |
| | 相邻间距误差 | $b$≤4m时≤±1.5mm<br>$b$>4m时≤±2.5mm |
| 球形网架各层横杆断面不同度 | | ≤±5.00mm |

（7）起吊过程应统一指挥，协调操作，安装当天收工前必须构成一完整受力体，安装螺栓应穿向一致，不得垫两个以上垫圈或者以螺母代替垫圈。

（8）塔体构件安装中不得现场扩孔，如开孔大小与螺栓规格不符，应返厂修整或更换。安装时，受剪螺栓的螺纹不得进入剪切面，如螺栓的无扣长度不够长，应该用长一级的螺栓；且螺栓拧紧后外露丝扣长度不少于3扣。

（9）塔结构构件采用螺栓连接时，用于连接受力杆件的螺栓，其直径宜不小于12mm，主材接头螺栓每端不少于6个，腹杆每端不少于2个，辅助杆可用一个螺栓，接头应靠近节点。当受剪螺栓直径小于等于16mm时，螺栓孔径大于螺栓直径1mm；当螺栓直径大于16mm时，螺栓孔径大于螺栓直径1.5mm。铁塔结构的主材、斜杆、横杆等主要受力构件之间的连接螺栓，应使用双螺母或采取其他能防止螺母松动的有效措施。地脚锚栓应采用双螺母防松动。

（10）法兰的高强度等级普通螺栓连接应确保均匀、对称；在全部构件就位后应按高强螺栓终拧扭矩的30%拧紧，再用双螺母防松动。

（11）拧紧法兰螺栓，应按圆周分布角度对称拧紧；拧紧节点螺栓，应按从中心到边缘的顺序对称拧紧。

（12）铁塔接地点：铁塔按照主馈线接地要求预留接地位置。A点：平台上距抱杆底1～2m处每根抱杆各1处；B点：塔体下部1处。A、B点接地铜排建议采用$40\times4mm^2$铜条制作，孔洞建议采用椭圆形，接地端子数量满足远景无线系统要求。

5. 地锚与拉线紧固

（1）拉线张紧度适中，无断丝、锈蚀，紧固件无锈蚀现象。

（2）拉线上端与塔体连接点处，拉耳或U形卡连接可靠；拉线下端与女儿墙或房檐的连接应安全可靠。女儿墙无开裂、变形及松动现象。

（3）楼顶拉线塔：塔体重心在承重梁、拉线接点穿墙固定。

（4）拉线应分3～6个方向，拉线不得少于两层，每层应不少于3根，拉线回环后每端线夹数量保证每10cm一个，且合计不少于5个。拉线与塔身之间夹角不小于30°。

（5）拉线过墙要使用穿钉，穿钉与角钢连接不少于2处，拉线与角钢连接要使用U形卡。

（6）螺栓螺母、拉线、花栏、线夹、角钢、U形卡、穿钉须做防腐措施。

（7）拉线地锚应符合设计要求；拉线与拉线棒应成一直线，拉线的对地夹角允许偏差为1°，拉线水平投影间的夹角误差值应≤±5°。

（8）拉线塔的拉线地锚埋设深度允许偏差±50mm，地锚出土点位置允许偏差±50mm。埋设地锚的回填土应夯实，土堆整齐，地锚柄自然顺直。

（9）铁塔两层拉线之间的弯曲度应符合工程设计要求。

（10）拉线双螺旋调好后，螺杆端距螺旋内口尺寸，高度小于80m的铁塔，应在20～30mm之内。

6. 辅助设施安装

（1）避雷针安装。

避雷针安装位置及高度应符合工程设计要求，避雷针安装牢固、端正，允许垂直偏差不大于避雷针高度的5‰。

（2）抱杆安装。

1）按照设计要求的方位进行支架安装，以保证天线之间的有效距离和美观。

2）天线抱杆安装必须垂直于地面，抱杆水平高度偏差不超过 5cm。

（3）警示牌安装。

铁塔警示标识牌可采用加厚软质 PVC、铝制材料制作，或喷涂至塔体，要求样式一致、安装牢固，安装于塔身醒目或特殊指定位置，下沿离地≥1.8m。

（4）铁塔标识牌安装。

1）位置：安装于铁塔底部。

2）形式：标牌、安装型。

3）内容：国家电网有限公司 logo，设备名称、设备型号、投运时间、运维单位、联系方式。

4）字体：汉字为宋体，字母及数字为 Times New Roman，字体颜色为黑色。

5）规格：推荐 300mm×200mm（根据厂家的标准尺寸设计），长方形，左上角有国网标准 logo 及本单位信息。

6）材质：基材为铝，室外使用 10～15 年。

（5）室外走线架安装。

1）走线架安装应牢固，支撑、吊挂垂直整齐，横平竖直。

2）与塔身或机房连接的走线架可进行现场处理；现场处理部分须做防腐处理，处理方式符合设计要求。

3）采用馈线窗方式进入机房时，走线架的位置宜低于馈线口下沿 100mm 以上，走线架与塔身的连接端应不高于与机房的连接端。

4）垂直走线架的横撑间距为 80～150cm。

5）水平走线架支撑脚安装不能破坏楼面防水层，横撑间距为 500mm。

6）将走线架接地系统与大楼避雷带（或大楼主筋）做可靠连接；如无地网，引接地扁铁至地面，按照设计图纸要求单独做地网，接地装置的焊接及防腐要求同铁塔类地网制作要求，禁止假接地。

7）楼顶走线架安装馈线时，相应的位置应有可供馈线接地的孔洞。

8）接地良好，段与段间连接牢靠。

7. 塔架检查及校正

（1）塔架缺件检查与塔体防盗螺帽紧固：符合各型号螺栓扭力值标准。

（2）垂直度测定应在小于 2 级风、阴天或阳光未照射到结构上时进行。在塔架垂直度测定后，应进行塔架校正。采用纬仪测量塔架整体垂直度偏差，当塔高度不大于 75m 时，不得大于 $H/1500$。正交双向均应检查。

8. 铁塔接地连接

（1）铁塔通过接地扁铁与接地网可靠连接。用地阻仪抽样测试接地网的电阻值宜＜5Ω，高土壤电阻率地区因地理环境难以满足可放宽至 10Ω。

（2）接地体的连接部位应采取防腐措施，防腐范围应不少于连接部位两端各 100mm。

（3）当通信铁塔位于机房屋顶时，铁塔四脚应与楼顶避雷带就近不少于两处焊接连通，同时宜在机房地网四脚设置辐射式接地体，以利于雷电流散流。

9. 塔脚包封

参照本章 5.2.3.1 单管塔一节中的塔脚包封。

### 5.2.3.3 抱杆

1. 施工流程

抱杆安装施工流程图如图 5－10 所示。

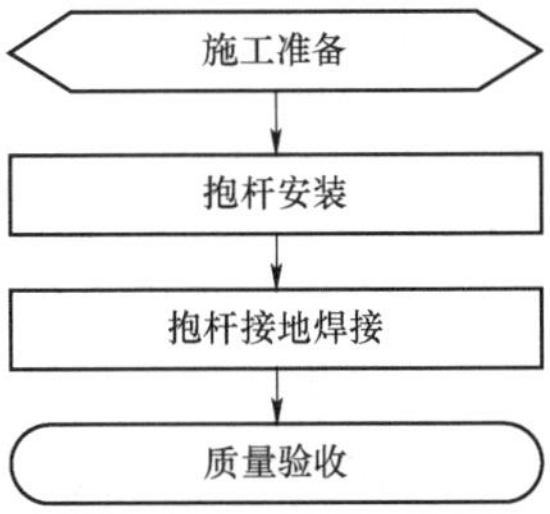


图 5－10 抱杆安装施工流程图

2. 施工准备

（1）技术准备：熟悉施工图纸、作业指导书，进行安全技术交底。

（2）人员组织：根据施工组织设计或施工安全技术措施，施工负责人、技术负责人、安全人员、安装作业人员等各级人员按要求组织到位。

（3）机具准备：经纬仪、电阻测试仪、电焊机、涂层测厚仪、测厚仪、扭力扳手等施工机具。

（4）抱杆到货检查：检查出厂检验报告内容是否齐全、数据是否符合标准要求。零件、构件制作运抵施工场地后，检查零件、构件的外形、几何尺寸、线缆接地点是否满足设计要求，材料焊接处是否满足规范要求。检查材料镀锌层是否均匀、无起泡、无翘皮、无返锈，当镀件厚度小于 5mm 时，锌层厚度应不低于 65μm，当镀件厚度大于或等于 5mm 时，镀锌层厚度应不低于 86μm。在运输、堆放和吊装等过程中造成的钢构件变形及涂层脱落，应进行矫正和修补。

（5）施工前，清除施工障碍，布置场地，设立安全警示标志。

（6）抱杆的直径选择范围以设计为准。抱杆的加固方式及抱杆的荷载应以 GB 50611—2011《钢结构焊接规范》、GB/T 50204—2015《混凝土结构工程施工质量验收规范》、JGJ 55—2011《普通混凝土配合比设计规程》、GB 50017—2017《钢结构设计规程》、GB 50135—2006《高耸结构设计规范》等相关规范和设计要求为准。

3. 抱杆安装

（1）附墙抱杆可直接固定在实心砖墙（必须为 240 墙）或混凝土构件上（如混凝土梁、柱、墙），不允许利用任何类型的轻质墙固定抱杆（如加气混凝土墙、轻质陶粒混凝土墙、空心砖墙、空斗砖墙、泰柏板墙等）。遇到轻质墙时，应将抱杆固定在轻质墙体内的混凝土构造柱上。穿墙钉要求与角钢连接不少于 2 处，并做防腐处理，附着梁、柱、墙应无裂缝。

（2）应根据设计文件进行抱杆安装，一般情况下：

1）出墙 2m 附混凝土柱外侧抱杆：混凝土柱截面尺寸不能小于 450mm，抱杆附着到柱子上的长度不小于 700mm。

2）出墙 3m 附混凝土柱外侧抱杆：混凝土柱截面尺寸不能小于 350mm，抱杆附着到柱子上的长度不小于 1200mm。

3）附女儿墙 3m 抱杆：当抱杆附着在女儿墙内侧且墙体无裂缝时选用此类型抱杆，要求女儿墙必须为 240 实心砖墙，女儿墙墙高不小于 700mm。

4）附外墙 3m 抱杆：女儿墙必须为 240 实心砖墙，抱杆附着到外墙上的长度不小于 700mm。

5）附外墙不出屋面抱杆：女儿墙必须为 240 实心砖墙，抱杆附着到外墙上的长度不小于 1800mm。

6）附女儿墙3m配重抱杆：女儿墙必须为240实心砖墙，女儿墙墙高不能小于300mm，抱杆附墙体两侧需要增加斜撑固定。

7）附外墙（混凝土柱）6m抱杆：墙体必须为240实心砖墙，抱杆附着到墙体（柱子）上的长度不小于2000mm。

8）配重抱杆安装时，应考虑楼面荷载。在配重块下方加橡胶缓冲垫，配重块应放置在主梁或构造柱上方。

9）独立基础上安装时，抱杆应与基础螺栓可靠连接固定。

（3）抱杆与角钢之间连接紧固、无锈蚀。

（4）美化天线主材及辅材螺栓、螺母连接紧固，主材要求双母一垫并做防腐处理。

（5）在楼面进行施工时，不应破坏楼面结构和防水层。

4. 抱杆接地连接

（1）抱杆通过接地扁铁与接地网可靠连接。用地阻仪抽样测试接地网的电阻值宜＜5Ω，高土壤电阻率地区因地理环境难以满足可放宽至10Ω。

（2）接地体的连接部位应采取防腐措施，防腐范围应不少于连接部位两端各100mm。

## 5.2.4 室内设备安装流程及工艺要点

### 5.2.4.1 机架式设备安装

1. 施工流程

机架式设备安装施工流程图如图5－11所示。

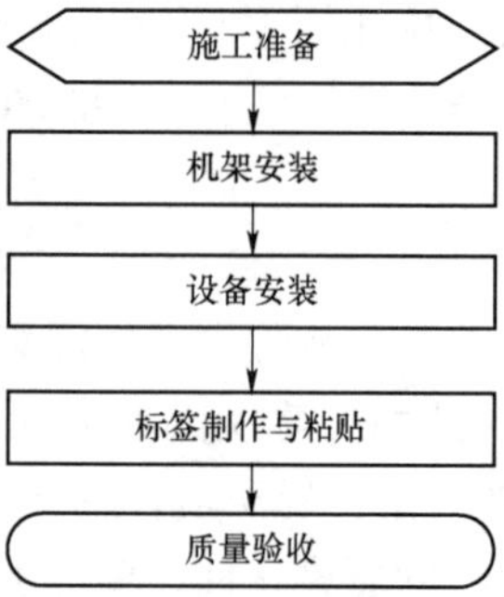


图5－11 机架式设备安装施工流程图

2. 施工准备

（1）设备检查。

1）检查设备和附件材料的箱件数应符合设计或送、到货要求；箱体应不损伤。

2）开箱验货时要会同监理单位人员、设备厂家人员同时开箱，对照装箱单检查箱内材料的数量质量应不缺、不坏。

3）开箱验货发现与设计不符时，及时与现场监理、厂家沟通，出具书面材料经监理确认签字后报上级有关部门处理，不得擅自处理，验收完毕后需要妥善保管设备及配件。

4）开箱后，设备结构应无变形，表面无损伤，指示仪表、按键和按钮、机内部件无碰损、无卡阻、无脱落、无损坏。

（2）机房环境及动力检查。

无线专网通信室内设备施工时需特别检查以下内容：

1）机房室内温湿度应符合设计要求。

2）机房内设备安装位置、线缆孔洞数量、接地排端子、走线架通道位置应满足设计要求。

3）机房电源容量、电源端子及电源防雷等均应符合设计要求。

（3）技术及人员准备。

1）技术准备：熟悉施工图纸、作业指导书，进行安全技术交底。

2）人员组织：根据施工组织设计或施工安全技术措施，施工负责人、技术负责人、安全人员、安装作业人员等各级人员按要求组织到位。

3）机具准备：卷尺、水平仪、冲击钻、铁锤、螺丝刀、剥线钳、斜口钳、网线钳、网线测试仪、光功率计、万用表、标签打印机等施工机具到位。

3. 机架安装

（1）机架安装位置应符合工程设计平面图要求。

（2）安装机架应垂直，允许垂直偏差小于等于 0.1%；同一列机架的设备面板应成一直线（每米偏差不超过 3mm），相邻机架的缝隙不超过 3mm（设计另有要求的除外）。相邻机架宜使用并柜螺栓进行并柜连接。

（3）机柜前后门应开、关顺畅，机柜表面及各部件油漆不应有脱落或碰伤，不得变形，应保持清洁。

（4）机架的抗震加固应符合 GB 50260—2013《电力设施抗震设计规范》的相关要求。

（5）防雷接地、防静电措施应满足 DL/T 548—2012《电力系统通信站过电压防护规程》的相关要求。

4. 设备安装

（1）按照设计要求，将无线室内设备子架安装于机柜指定位置，采用机柜两侧安装导轨或托板方式对设备进行支撑，设备子架两侧与机柜立柱应通过螺丝进行固定。螺栓应拧紧，同类螺丝露出螺帽的长度应一致。

（2）设备子架外壳与接地排良好接地，接地线缆的连接必须采用接线端子，布线宜短、直。设备的防雷接地、防静电措施应满足 DL/T 548—2012《电力系统通信站过电压防护规程》的相关要求。

（3）设备取电应符合设计要求。设备交流电源线、直流电源线、地线应分别采用不同颜色的线缆以便区分。电源线、信号线必须是整段，外皮完整，中间严禁有接头，采用阻燃型电缆。

（4）安装单板前需要佩戴防静电手套，以避免单板、电子部件遭静电损坏。将单板模块缓缓推入要安装的槽位，卡紧。

5. 标签制作与粘贴

（1）基站设备标签按相关要求在指定位置标明。

（2）所有布放的线缆两端都必须有标签，应统一编号，并按有关要求注明线缆属性和去向，标签应正确、内容齐全、字迹清晰。

（3）室外线缆标签要防水、防腐、抗老化。

（4）交直流电源线和开关、熔丝必须注明其用途、连接去向。

（5）所有标签粘贴整齐美观牢固，便于观看。同一处线缆的标签位置应一致。

（6）标签纸和内容应标准化、规范化。

### 5.2.4.2 落地式设备安装

1. 施工流程

落地式设备安装施工流程图如图 5－12 所示。

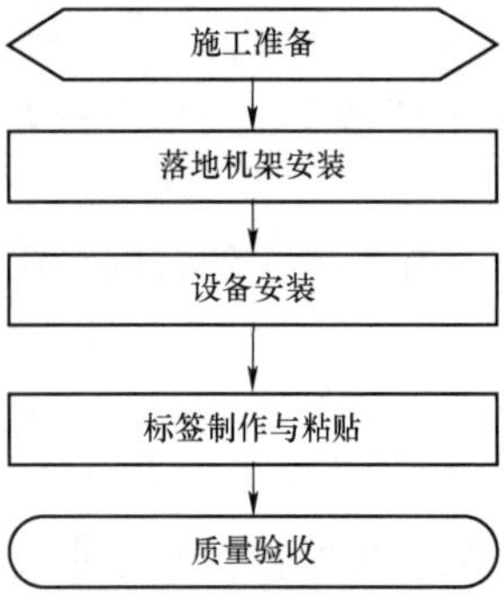


图 5－12　落地式设备安装施工流程图

2. 施工准备

落地式安装施工准备与机架式设备安装施工准备要求一致，参照本章 5.2.4.1 相关要求。

3. 落地机架安装

（1）落地机架安装位置应符合工程设计平面图要求。

（2）落地机架应垂直安装，允许垂直偏差小于等于 0.1%；同一列机架的设备面板应成一直线（每米偏差不超过 3mm），相邻机架的缝隙不超过 3mm（设计另有要求的除外）。

（3）机架前后门应开、关顺畅，机柜表面及各部件油漆不应有脱落或碰伤，不得变形，应保持清洁。

（4）落地机柜与机房内其他设备及墙体之间，应留有足够的维护走道空间和设备散热空间。前面板空间应大于 800mm，侧面板及后面板空间可根据具体设备要求靠紧安装或预留一定的空间。

（5）抗震加固应符合 GB 50260—2013《电力设施抗震设计规范》的相关要求。

（6）防雷接地、防静电措施应满足 DL/T 548—2012《电力系统通信站过电压防护规程》的相关要求。

4. 设备安装

落地式安装施工准备与机架式设备安装安装要求一致，参照本章 5.2.4.1 相关要求。

5. 标签制作与粘贴

落地式安装施工准备与机架式设备安装施工准备要求一致，参照本章 5.2.4.1 相关要求。

### 5.2.4.3　壁挂式设备安装

1. 施工流程

壁挂式设备安装施工流程图如图 5－13 所示。

2. 施工准备

壁挂式安装施工准备与机架式设备安装施工准备要求一致，参照本章 5.2.4.1 相关要求。

3. 壁挂机架安装

（1）壁挂机架安装位置应符合工程设计平面图要求。安装墙体应为水泥墙或砖（非空心砖）墙，且具有足够的强度。

（2）安装位置应便于线缆布放及维护操作，不影响机房整体美观。墙面安装面积应不小于 600mm × 600mm，壁挂机架与室内其他壁挂设备底部距地面高度宜保持一致或距地面 1.4m。壁挂机架安装应保证水平和竖直方向偏差均小于 ±1°，壁挂机架正面面板朝向应便于接线及维护。

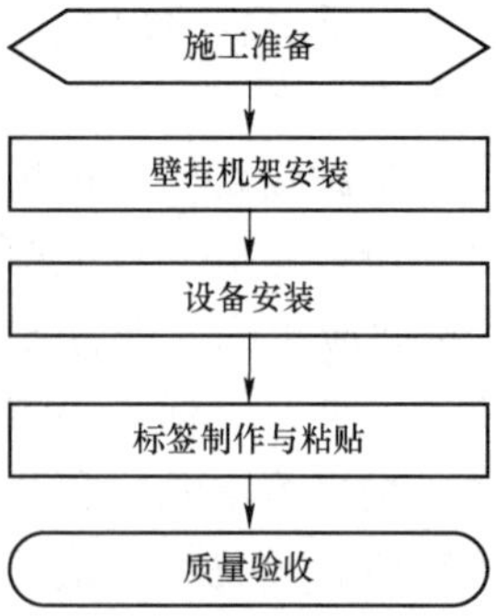


图 5－13　壁挂式设备安装施工流程图

（3）壁挂机架应垂直安装，允许垂直偏差小于等于 0.1%；同一列机架的设备面板应成一直线（每米偏差不超过 3mm），相邻机架的缝隙不超过 3mm（设计另有要求的除外）。

（4）壁挂机架前门空间应大于 800mm，以便操作维护，应开、关顺畅，机柜表面及各部件油漆不应有脱落或碰伤，不得变形，应保持清洁。壁挂机架两侧应预留空间便于散热。

（5）抗震加固应符合 GB 50260—2013《电力设施抗震设计规范》的相关要求。

（6）防雷接地、防静电措施应满足 DL/T 548—2012《电力系统通信站过电压防护规程》的相关要求。

4. 设备安装

壁挂机架内设备安装与机架式设备安装要求一致，参照本章 5.2.4.1 相关要求。

当采用设备子架壁挂时，安装工艺要求如下：

（1）设备子架安装墙体应为水泥墙或砖（非空心砖）墙，且具有足够的强度。

（2）设备子架安装位置应便于线缆布放及维护操作，不影响机房整体美观。墙面安装面积应不小于 600mm×600mm，设备子架与室内其他壁挂设备底部距地面高度宜保持一致或距地面 1.4m。设备子架安装应保证水平和竖直方向偏差均小于±1°，设备正面面板朝向应便于接线及维护。

（3）设备前面板空间应大于 800mm，以便操作维护。设备两侧应预留空间便于散热。

（4）设备子架的安装应符合相关设备供应商的安装及固定技术要求，设备安装完毕，所有配件应紧密固定，无松动现象。

（5）设备子架抗震和防雷接地等其他安装要求与落地安装方式要求相同，参照 5.2.4.1（3）相关内容的要求。

（6）设备取电应符合设计要求。设备交流电源线、直流电源线、地线应分别采用不同的颜色的线缆以便区分。电源线、信号线必须是整段，外皮完整，中间严禁有接头，采用阻燃型电缆。

（7）安装单板前需要佩戴防静电手套，以避免单板、电子部件遭静电损坏。将单板模块缓缓推入要安装的槽位，卡紧。

5. 标签制作与粘贴

落地式安装施工准备与机架式设备安装施工准备要求一致，参照本章 5.2.4.1 相关要求。

## 5.2.5 室外设备安装流程及工艺要点

### 5.2.5.1 射频拉远单元安装

1. 施工流程

射频拉远单元（Remote Radio Unit，RRU）安装施工流程图如图 5－14 所示。

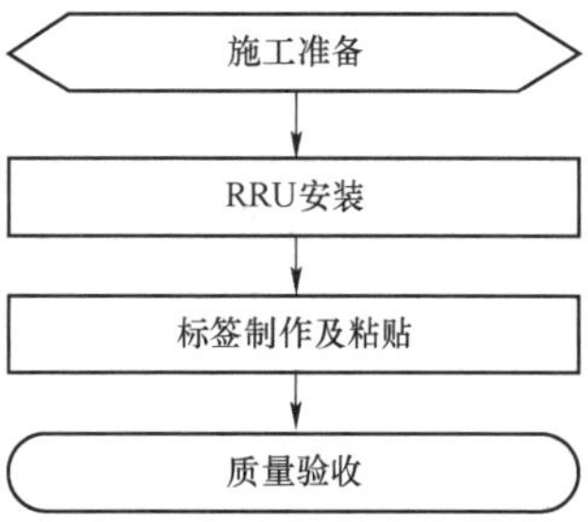

图 5－14 射频拉远单元安装施工流程图

2. 施工准备

（1）技术准备：熟悉施工图纸、作业指导书，进行安全技术交底。

（2）人员组织：根据施工组织设计或施工安全技术措施，施工负责人、技术负责人、安全人员、安装作业人员等各级人员按要求组织到位。

（3）机具准备：扳手、绳索、滑轮等施工机具到位。

（4）在开箱验货前应认真核实设备及配件情况，检查设备外观是否完好。开箱验货时要会同监理单位人员、设备厂家人员同时开箱，验货时要认真仔细。验货发现与设计不符情况，应及时与现场监理、厂家人员沟通，出具书面材料经监理确认签字后报上级有关部门，不得擅自处理，验收完毕后需要妥善保管设备及配件。

（5）电力无线专网 RRU 与其他无线系统 RRU 共抱杆或近距离安装时，应核对安装位置。

（6）检查 RRU 固定位置是否与设计图纸一致。

（7）核实电源容量是否满足新增设备功耗要求。

3. RRU 安装

（1）楼面抱杆安装。

1）设备安装应牢固、稳定，应考虑抗风、防雨、防震及散热要求。

2）应采用相关设备提供商配置的 RRU 专用卡具与抱杆进行牢固连接。

3）RRU 设备下沿距楼面最小距离宜大于 500mm，条件不具备时可适度放宽，但要注意 RRU 进线端线缆的平直和弯曲半径的要求，同时要便于施工维护并防止雪埋或雨水浸泡。

4）当 RRU 与天线同抱杆安装时，中间应保持不小于 500mm 间距，以便于施工和维护。

5）RRU 与天线间的跳线长度宜小于 5m，同时需要考虑后期设备运维方便；RRU 设备单独拉远时，同轴馈线长度应根据信号强度和 RRU 设备接口要求确定。

6）RRU 远端供电宜采用直流供电方式；采用交流供电时，宜加绝缘套管进行保护，以防止漏电。直流（交流）电源线缆应带有金属屏蔽层，金属屏蔽层应做三点防雷接地保护。

7）设备的防雷接地系统应满足 DL/T 548—2012《电力系统通信站过电压防护规程》的相关要求。

8）对于各种外部接线端子均应做防水密封处理。目前常见外部接线端子防水密封方案有传统胶泥胶带、热缩、冷缩、接头盒等 4 种，应根据基站实际情况选择合适防水密封方案。

（2）RRU 壁挂安装。

1）设备挂墙安装前，应检查墙体结构是否满足安装要求。

2）设备安装位置应选在方便施工安装、线缆连接和维护操作，且不影响建筑物整体美观的楼面墙体位置。

3）挂墙安装应符合相关设备供应商的安装及固定技术要求。

4）设备的水平和竖直方向偏差应小于±1°。

5）跳线、供电、接地和防水等安装要求与抱杆安装方式相同。

（3）RRU 塔上安装。

1）设备塔上安装前，检查塔身及平台的强度应满足土建结构核算的荷载要求。

2）RRU 设备的安装方式和安装位置宜便于工程施工和日后维护。

3）RRU 设备塔上安装时，根据塔的具体条件，可采用直接安装于塔身或塔顶平台的护栏上。当 RRU 设备无法直接安装于塔上时，宜采用塔身增加安装支架、平台上加装支架抱杆、平台上特制的安装装置等多种安装方式。

4）RRU 设备应安装牢固可靠，RRU 设备与天线间馈线距离宜小于 5m。

4. 标签制作及粘贴

（1）位置：粘贴于设备平整表面。

（2）形式：标签、粘贴型。

（3）内容：国家电网有限公司 logo，设备名称、设备型号、投运时间、运维单位、联系方式。

（4）字体：汉字为宋体，字母及数字为 Times New Roman，字体颜色为黑色。

（5）规格：推荐 70mm×50mm，长方形小圆角。上方 8mm 白色，左上角有国网标准 logo 及本单位信息，下方为国网标准色彩（C100 M5 Y50 K40 PANTONE 3292C，透明度 60%），如图 5－15 所示。

图 5－15 RRU 设备标签示意图

（6）材质：基材为聚合类材料，具备 1mm 厚度，背胶采用永久性丙烯酸类乳胶，室内使用 10～15 年（按照《标记标准和标签系统》（UL969）及《关于限制在电子电气设备中使用某些有害成分的指令》（Restriction of Hazardous Substances，ROHS）的技术要求测试并通过的材料）。

### 5.2.5.2 室外一体化设备安装

1. 施工流程

室外一体化设备安装施工流程图如图 5－16 所示。

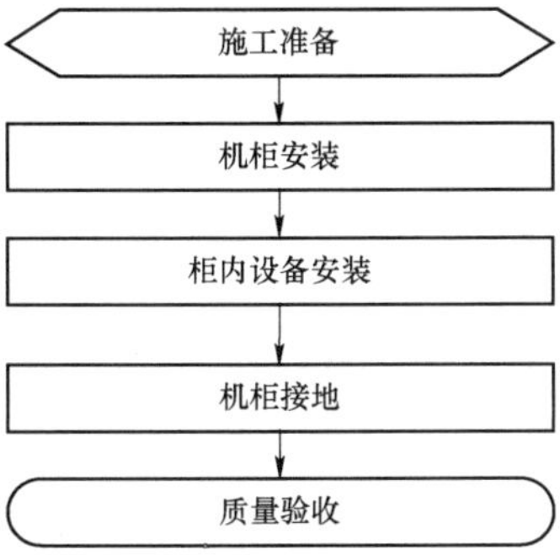


图 5－16 室外一体化设备安装施工流程图

2. 施工准备

（1）开箱验货：货物到达安装现场后拆开包装箱进行验货，验货由建设单位代表、监理和设备供应商授权人员共同完成。

核对物品类型、数量与装箱单是否一致，并在验货单上签字确认。对验货发现的与设计不符的情况，及时与现场监理、设备供应商代表沟通，出具书面材料经监理确认签字后报上级有关部门，不得擅自处理。

仔细检查机柜及部件，不应出现以下缺陷：

1）出现影响形状、配合和功能的变形或损坏，如铰链、锁具、插销等功能损坏。

2）脱层、空洞、剥皮、粉化、分层、鼓泡、碎裂、翘曲、戳穿、损伤、永久变形。

3）涂层、密封等部位的膨胀、开裂、脱落。

4）门开关不灵活、不可靠。

5）门、门锁盖等活动部件不灵活、关（锁）不住、卡死。

6）芯材发泡导致的板平面变形。

7）安装件、紧固件的弯曲、松动、移位或损坏。

（2）技术准备：施工前监理和施工督导应仔细阅读现场安装图纸及安全注意事项，与设计人员做好设计交底和安全交底，交底内容要充实，具有针对性和指导性。

（3）人员组织：根据施工组织设计或施工安全技术措施，施工负责人、技术负责人、安全人员、安装作业人员等各级人员按要求组织到位。

（4）机具准备：

1）测量工具：5m 卷尺。

2）画线工具：记号笔、墨斗、铅笔。

3）打孔工具：冲击钻（配套钻头$\phi$孔工、$\phi$孔工具若干），吸尘器。

4）紧固工具：一字螺丝刀（M3～M6）、十字螺丝刀（M3～M6）、活动扳手、套筒扳手（M6～M19）、梅花扳手（M6～M19）、两用扳手（M17～M19）、长臂扳手。

5）钳工工具：尖嘴钳、斜口钳、橡胶锤、羊角锤。

6）辅助工具：毛刷、裁纸刀、绝缘胶布、电工刀、电源接线板（含两相、三相插座各 3 个，电流容量大于 15A）。

7）专用工具：地阻测量仪、防静电腕带、防静电手套、剥线钳、压线钳、水晶头压线钳、打线刀、剪线钳、无感螺丝刀、多功能压接钳、打线钳。

8）仪表：数字万用表。

3. 机柜安装

（1）机柜安装位置正确，符合安装工程设计要求，机柜门可正常打开，满足施工、维护和散热需要。

（2）机柜安装牢固、无倾斜、无损伤、掉漆现象，各紧固部分应牢固无松动，各种零件不得脱落或碰坏，机柜内不应有线头等杂物。

（3）机柜必须明确标志便于理解，标识标志清楚；对电源系统应设立醒目警示标志；对有英文警示标志要翻译并贴于醒目处；各种文字和符号标志应正确、清晰、齐全。

（4）机柜应可靠接地，接地电阻及地线路由应符合工程设计要求。

（5）通风口换气良好，安全可靠。

（6）机柜下方安装挡板，做好封堵，防止虫、鼠等啮齿类动物侵入。

4. 柜内设备安装

（1）非共享共建机柜柜内室内基带处理单元（Building Base band Unite，BBU）安装工艺要求参照“室内设备安装”相关说明。

（2）共享共建机柜：公共区和专网区界面分离，不交叉，施工、维护和管理各自独立；机柜内部分为公共配套舱体和专网专用设备舱体，舱体之间相互独立，舱体的侧部铰接有可开闭的舱体门板组件，保证舱体有独立的门锁；专网专用设备舱体内壁侧部设有纵向设备支撑柱，内腔设有水平中间隔板，上部为安装托盘，下部为走线舱。BBU 安装在专用设备舱体内，背部走线沿走线仓进行，应避免与公共配套舱体或其他运营商专用舱体的走线交叉。

（3）电池作为备用供电方式，要求在市电中断时电池能正常为机柜设备供电，其连续供电时间应达到设计要求；电池安装后验收前，须对电池进行 10h 放电测试，测试比例为每期工程新建站数量的 10%，并在验收时提供相关数据。

（4）电源供给系统应符合工程设计和设备要求，设备电源线极性正确、连接可靠。

（5）蓄电池组、电源模块的位置、容量和型号应与工程设计相符合，设备固定应稳定、牢固。

（6）各种零件、配件安装位置正确，数量齐全，标志正确、齐全。

（7）交直流电缆、电池柜规格应与设计相符合。

（8）机柜设备采用 −48V 直流电源，由蓄电池和开关整流模块电源架供给，直流电压范围为 −57～−43V。

（9）当主电源发生故障时，备用电池设施应自动向通信设备供电并向操作维护中心（Operation and Maintenance Center，OMC）发出告警。

（10）电力电缆必须是整条电缆线料，严禁中间接头。一个端子上两根线芯不得同时并绕。

5. 机柜接地

（1）机柜应设置接地排，接地排应采用具有防腐涂层的铜排，其截面积应不小于 $50mm^2$，并预留合适数量的连接螺孔和配备相应的螺丝，满足远景设备配置下的接地需求。

（2）机柜的金属部分应互连并接至接地排，任意两点之间的连接电阻应小于 0.1Ω。

（3）机柜内其他设备的保护地应接至接地排。

（4）柜内所有接地连线应采用外护套黄绿相间的电缆，截面积应不小于 $16mm^2$。

（5）接地连接点应有清晰的接地标识。

（6）机柜必须接入室外接地系统，确保机柜及机柜内设备的接地安全。

## 5.2.6 天馈系统安装流程及工艺要点

### 5.2.6.1 天线安装

1. 施工流程

天线安装施工流程图如图 5－17 所示。

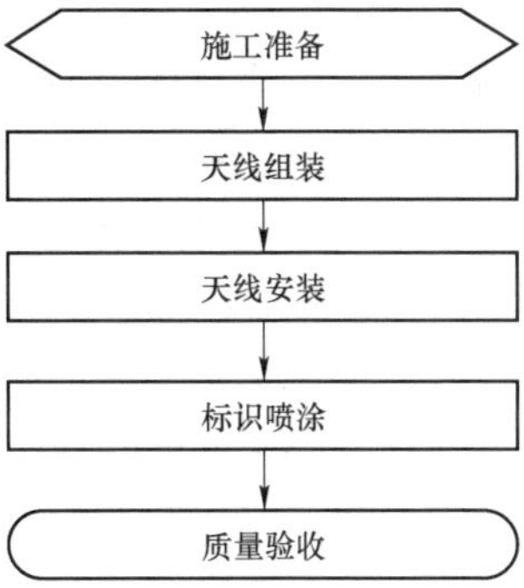


图 5－17 天线安装施工流程图

2. 施工准备

（1）技术准备：熟悉施工图纸、作业指导书，进行安全技术交底。

（2）人员组织：根据施工组织设计或施工安全技术措施，施工负责人、技术负责人、安全人员、安装作业人员等各级人员按要求组织到位。

（3）机具准备：吊车、扳手、绳索、滑轮等施工机具到位。

（4）在开箱验货前应认真核实设计中设备及配件情况。开箱验货时要会同监理单位人员、设备厂家人员同时开箱，验货时要认真仔细。验货发现与设计不符情况，及时与现场监理、厂家人员沟通，出具书面材料经监理确认签字后报上级有关部门，不得擅自处理，验收完毕后需要妥善保管设备及配件。

（5）对天线的数量、规格、型号和安装位置路由进行检查，应符合工程设计要求。特别应检查天线是否有内置倾角及波束宽度、增益、驻波比等指标。

（6）施工前应先勘查现场情况，制定起吊方案，征求建设单位意见。特别是市内楼房起吊，应先划出施工禁区，禁止车辆行人在施工区穿行。起吊点应尽量避开电线等障碍物。

（7）施工前，应对滑车进行检查，确保合格。当滑车边缘有裂纹或严重磨损、轴承变形、轴瓦磨损严重、吊钩外观检查有裂纹或明显变形时，均不得使用。应对吊钩索卡、卸扣进行外观检查，确保两端应有保险螺丝。应对起吊缆绳进行检查，确保起吊缆绳应无明显磨损或腐蚀、无严重火烧、无压变形或表面毛刺严重等现象，且穿过滑车的缆绳无接头。

（8）吊装人员必须佩戴安全帽，分工明确，统一指挥。塔上作业人员必须经身体健康检查，高空作业培训合格，持证上岗。

3. 天线组装

（1）天线组装时地点应平坦，做好防护措施，保证天线外表面不受损伤和污染；应使用专用安装附件按生产厂家安装说明书安装牢固，螺丝不能缺少或松动；1/2 室外跳线应先行与天线接好并作好防水包裹绑扎。

（2）天线宜增加国家电网有限公司标识喷涂。

4. 天线安装

（1）天线安装前，检查抱杆牢固情况、垂直度、隔离间距等，确保满足各系统间各项射频隔离指标要求，同时不影响各系统无线性能。

（2）吊装天线步骤：

1）吊装天线前应仔细检查把杆的承托及其他绑扎的部位是否牢固。

2）在塔身平台外延设置滑轮或使用专用把杆，设置起吊缆绳两端至地面。

3）起吊前检查吊装系统的可靠性，进行试吊，确认无问题后才可正式起吊。

4）在需要吊装的天线上设置可靠吊点与起吊系统的缆绳连接，另外从天线放置一根白棕绳至地面作为起吊控制绳，由施工人员在起吊过程中控制天线的角度和方位。

5）再次检查各连接点的可靠性，确认无安全隐患后进行起吊作业。

6）起吊过程中当天线翻越铁塔平台时，应有人在该处向外推开天线，以防挂住塔体构件碰坏天线，指挥人员应注意指挥拉控制绳尾绳的人员，使天线与铁塔保持一定距离，不可大幅度摆动，以防止天线碰在塔身上。

7）天线吊至固定位置后，根据设计图纸要求安装天线后拆除起吊缆绳和控制绳。

8）完工后滑轮、把杆等起吊设备，场地清理。

（3）安装天线过程中应设安全监护人员，登高人员必须系好安全带、穿软底鞋。安全带应拴在牢固可靠的构件上。

（4）塔上作业应尽量避免多层同时作业。塔上应用绳索传递物件。除了在铁塔周围布置安全网处，还必须注意小型物件的脱手掉落。

（5）5 级及以上大风天气严禁施工。

（6）天线方位角设定应符合系统设计要求，最大允许误差±5°。方位角正北为 0°，顺时针方向为正，不取负。用指南针测量，推行直角拐尺法。

（7）天线俯角的设定应符合设计要求，最大允许误差±1°，采用坡度仪在天线上取上、中、下三点的平均值。应考虑天线的预置内倾角；电调天线俯角为电调俯角与机械俯角之和，电调俯角根据天线厂家使用说明用专用工具读取。

（8）天线与抱杆间的固定必须使用不锈钢螺栓，重要部位应用双螺母紧固；抱杆顶端高出天线顶部不小于 200mm，同一系统各天线的高度宜保持一致。

（9）天线安装在楼顶围墙时，天线底部距离围墙最高部分应大于 500mm。

（10）天线安装在楼顶时，天线底到楼顶边与楼面的夹角应大于 60°。

（11）所有天线必须处于避雷针 45° 保护范围之中。

（12）天线安装完成后，测量记录天线高度。

5. 标识喷涂

（1）位置：天线背面。

（2）形式：喷涂。

（3）内容：国家电网有限公司 logo，扇区。

（4）字体：汉字为宋体，字母及数字为 Times New Roman，字体颜色为绿色。

（5）规格：根据天线类型喷涂于天线中上部。国网标准 logo 为国网标准色彩（C100 M5 Y50 K40 PANTONE 3292C，透明度 60%）。

（6）天线标识喷涂效果如图 5－18 所示。

图 5－18 天线标识喷涂效果

### 5.2.6.2 GNSS 天线安装

1. 施工流程

GNSS 天线安装施工流程图如图 5－19 所示。

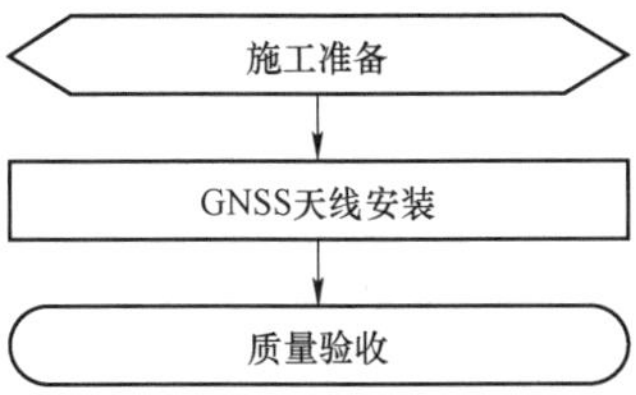


图 5－19 GNSS 天线安装施工流程图

2. 施工准备

（1）技术准备：熟悉施工图纸、作业指导书，进行安全技术交底。

（2）人员组织：根据施工组织设计或施工安全技术措施，施工负责人、技术负责人、安全人员、安装作业人员等各级人员按要求组织到位。

（3）机具准备：扳手、绳索、滑轮等施工机具到位。

（4）在开箱验货前应认真核实设计中设备及配件情况。开箱验货时要会同监理单位人员、设备厂家人员同时开箱，验货时要认真仔细。验货发现与设计不符情况，及时与现场监理、厂家人员沟通，出具书面材料经监理确认签字后报上级有关部门，不得擅自处理，验收完毕后需要妥善保管设备及配件。

（5）对 GNSS 天线的数量、规格、型号和安装位置路由进行检查，应符合工程设计要求。

3. GNSS 天线安装

（1）GNSS 天线安装必须严格按照设计要求施工，或遵守 GNSS 产品的要求，正确固定在天线抱杆上，固定连接件应采用不锈钢材料，禁止用绑扎带。

（2）GNSS 天线一般应安装在铁塔或楼顶南面可选择的最开阔处，与 GNSS 天线杆成 45° 角范围内应无阻挡。天线应垂直安装，误差在 1° 以内。

（3）GNSS 要与至少 4 颗卫星保持直线无遮挡连接，以正确解码。

（4）GNSS 应在避雷装置有效保护范围内。

（5）GNSS 与任何 Tx 天线在水平及垂直方向上至少应保持 4m 的距离。

### 5.2.6.3 馈线布放

1. 施工流程

馈线布放施工流程图如图 5－20 所示。

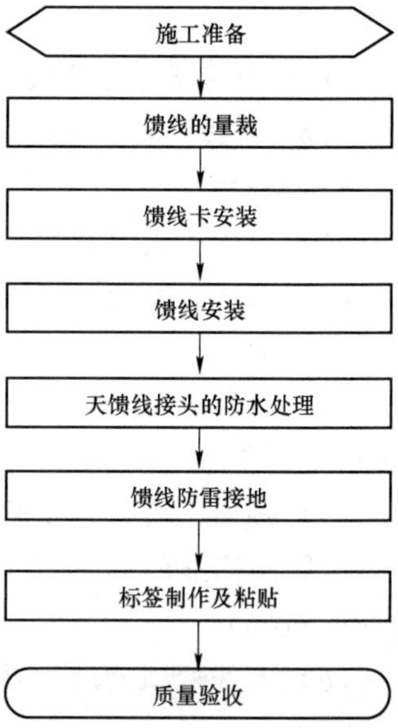


图 5－20 馈线布放施工流程图

2. 施工准备

（1）技术准备：熟悉施工图纸、作业指导书，进行安全技术交底。

（2）人员组织：根据施工组织设计或施工安全技术措施，施工负责人、技术负责人、安全人员、安装作业人员等各级人员按要求组织到位。

（3）机具准备：螺丝刀、扳手、绳索、滑轮等施工机具到位。

（4）施工位置安排：馈线安装路由应符合设计要求，安装位置应综合考虑后期扩容需要。馈线位置安排主要原则见表 5－4。

表 5－4 馈线位置安排

| | |
|---|---|
| 爬笼两侧支架上馈线位置安排 | 按建网先后先内侧后外侧，同网按从左到右 1、2、3 扇区的顺序 |
| 避雷器组架上馈线位置安排 | 据机架与避雷器相对位置按 1、2、3 扇区的顺序 |

3. 馈线的量裁

馈线的量裁应按照节约原则先量后裁。馈线的允许余量应不超过 5%。

4. 馈线卡安装

应使用专用馈线卡，馈线卡安装应牢固并在一条直线上，馈线卡螺丝应能卡紧馈线，馈线卡间距一般小于 0.9m。

5. 馈线安装

（1）馈线应分层排列，整齐有序，按室内避雷器的位置确定每根主馈线安放顺序，尽量避免交叉，主馈线布放应做到顺直牢固，馈线间间隔均匀、平行。

（2）馈线安装完成后表面不应有破皮划伤和明显扭曲。馈线靠近走线架一侧紧挨布放。

（3）天线的接口不能直接和 7/8″馈线连接，应先与室外专用 1/2″跳线连接，再连接 7/8″馈线。

（4）1/2″跳线的布放和绑扎应留有供优化调整用的余量，余量部分尽可能不打圈，如确需打圈，圈数不能满 2 圈，且弯曲半径应符合要求（大于外径 20 倍）。应用宽扎带和能长期不受风化的材料将馈线与桅杆或悬臂固定牢固，使经受大风时无明显摇摆。

（5）在铁塔平台上，馈线不要接触到尖锐的表面（例如不与铁塔角铁接触），馈线固定尽可能使用馈线卡。

（6）馈线由馈线窗进入室内时，必须用封洞板，并用护套密封。馈线入室前要做封口处理，穿入馈线窗孔洞不能过分用力，不能强行扭曲；要留有回水弯，回水弯半径应大于馈线规定的最小转弯半径（硬馈线大于20倍外径、软馈线大于10倍外径）；应能有效防止雨水顺馈线流入基站室内。各馈线的回水弯应一致，回水弯如过大应用馈线卡互相连接；未使用的入室孔洞口必须密封，整个密封窗应不透光。

（7）安装馈线时，距馈线头10～15cm内馈线不应打弯。

6. 馈线头制作

（1）馈线头应在塔下制作，制作馈线头应使用专用馈线刀，按馈线头厂家规定的规范步骤进行。

（2）切割外皮时不能划伤馈线外导体，馈线的内芯不得留有任何遗留物，如碎屑，灰尘、雨水、汗滴等，切割制作过程中使馈线头部向下，上头前用专用清洁毛刷除去杂物，用刀具去毛刺；尽可能防止手接触外内导体；应安装密封橡皮圈。

（3）天线与1/2″跳线的连接、7/8″馈线头与避雷器的接头连接必须紧固不松动、无划伤、不露铜。

7. 天馈线接头的防水处理

（1）室外所有天馈线接头连接处、接地线与馈线的连接处应用防水胶泥和防水胶布做密封防水处理，防止雨水渗入。建议根据产品材料说明书要求采用防水315法（或133法，采用3M2228胶泥时），即里面缠3层防水胶带，中间包1层防水胶泥（一卷胶泥包一处）并捏成橄榄型，外面再缠5层防水胶带，外层胶带应超出胶泥两端各5cm，末层胶带缠绕的方向由下向上，采用半重叠连续绕包，收尾时应用刀具割断，两端应用绑扎带扎好以免散开。

（2）包裹处不应在弯曲部位及底部，水平走线时的包裹处应适当抬高。

8. 馈线的防雷接地

（1）进入室内（或设备柜）的馈线要求ABC三点接地，接地线应短直，首尾（AC）两点、中间（B）一点；A点应选在平台上距馈线头50～200cm处，可就近选择直接接塔体（应避免复接），也可使用小接地铜块或长接地铜条先接铜体再接塔体；C点应选在进室内前或回水弯前的未弯曲部位，不可选在弯曲变形应力大的地方，C点接地线接到室外接地排上，一般应使铜鼻子头指下；B点应选在铁塔底部或者向过桥拐弯前1m左右的位置，或AC两点的中部（楼顶铺设）。如果两点间超过60m，必须增加接地点。

（2）接地线应采用设备原厂配套的专用馈线接地线，A、B两点一般用1m定长线，C点则根据现场需要裁剪，接到室外接地排上，配套铜鼻子须压制2道以上。接地连接线应采用截面积不小于10mm$^2$的多股铜线。

（3）接地线应尽可能顺直向下不弯曲，馈线接头处的接地线应朝下，接馈线端应高于接地排端，最小弯曲半径7.5cm。

（4）塔体接地点和接地线连接处要事先清除油漆和锈迹，接地线与防雷接地铜排或铁塔连接处要使用镀锡铜鼻子，并用螺栓固定连接，同时做防氧化处理。

（5）接地线禁止同面单点复接。

## 5.2.7 线缆布放流程及工艺要点

### 5.2.7.1 施工流程

机房内线缆敷设施工流程图如图5－21所示。

### 5.2.7.2 施工准备

（1）材料准备：根据施工图纸和现场实际情况核对线缆规格、数量和长度，确认线缆无机械损伤，准备尼龙扎带、热缩套管、魔术贴扎带、波纹管、水晶头、防火堵料等材料。

（2）技术准备：施工图纸交底，施工图、规范学习；核对施工图确认敷设路由和两端位置。

（3）人员组织：技术人员，安全、质量负责人、施工人员。

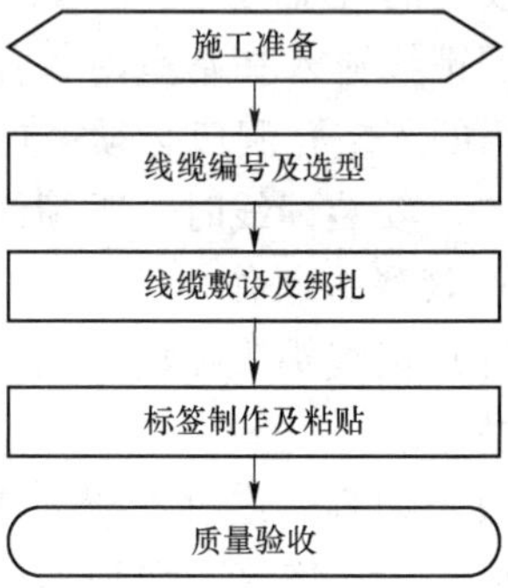


图 5－21 机房内线缆敷设施工流程图

（4）机具准备：剥线钳、热风枪、断线钳、电工刀、美工刀、网线钳、斜口钳、剪刀、红光笔、网线测试仪等。

### 5.2.7.3 线缆选型及编号

（1）通信直流电源线应采用红蓝分色电缆，蓝色为电源负极线，红色为电源正极线，正极应接地。保护地电缆一般情况下为黄绿相间色电缆。三相四线制交流电缆相线采用黄、绿、红色，零线采用蓝色。单相电缆的相线采用黄色，零线采用蓝色。

（2）室外用网线应选用带有室外防水层的阻水网线；室外用光纤宜采用室外型非金属光缆。

（3）电源线、尾纤/尾缆、网线敷设前应进行统一编号，编号应可区分不同设备的出线，防止错放。

### 5.2.7.4 线缆敷设及绑扎

1. 线缆敷设及绑扎的一般要求

（1）线缆敷设前应根据施工图纸对敷设路由和两端设备进行复核，确认线缆数量、长度和规格满足要求。

（2）电力无线专网通信设备与其他二次设备合用机房时，电缆沟内敷设应遵照从上到下，由强电到弱电的排列顺序。通信设备区电缆沟内的走线桥架，上层用于电力电缆的敷设，中层用于同轴电缆线缆的敷设，下层用于尾纤/尾缆、网线的敷设，尽量避免信号线与电源线的交叉。

（3）柜内线缆布放时，尾纤、网线等弱电线缆敷宜设在机柜的一侧走线区，电源电缆和较粗的电缆敷设在机柜对侧走线区，柜内空间无法满足左右两侧出线要求时，宜前后区分走线区。敷设在垂直走线区的线缆均应在垂直方向按类别分组，每隔 200mm 绑扎一次，每隔 300～600mm 固定一次，弯曲转弯处增加一次绑扎和固定，绑扎后的线缆应互相紧密靠拢，外观平直整齐。

（4）电力电缆与信号线缆应分离布放，平行布放间距应不小于 130mm，交叉布放间距应不小于 500mm（隔板分隔或穿管时可不小于 250mm）。

（5）缆线的布放应平直，不得产生扭绞、打圈等现象，不应受到外力的挤压和损伤，在桥架上敷设时无下垂现象。

（6）线缆绑扎时，应视不同情况使用不同规格的扎带，尽量避免使用两根或两根以上的扎带连接后并扎，以免绑扎后强度降低。扎带扎好后，应将多余部分齐根平滑剪齐，在接头处不得留有尖刺。线缆绑成束时扎带间距尽量一致，线扣结的位置和方向也应保持一致，线扣结应尽可能置于隐蔽处。线缆转弯前后应绑扎，转弯处不得绑扎。绑扎成束的线缆转弯时，应尽量采用大弯曲半径以免在线缆转弯处应力过大造成内芯断芯。

（7）在电缆沟或电气竖井内垂直敷设或大于 45°倾斜敷设的线缆应在每个支架上固定。在梯架、托盘或槽道内大于 45°倾斜敷设的线缆应每隔 2m 固定，水平敷设的电缆，首尾两端、转弯两侧及每隔 5～10m 处应设固定点。

（8）线缆敷设时不得损伤线缆绝缘层。线缆的布放须便于维护，并合理利用走线架或槽道，尽量预留后续扩容空间。

（9）线缆穿越外墙洞时应预留“S”弯。穿越墙壁或楼层的洞口两端应按要求用阻燃材料的盖板堵封洞口。

（10）钢架塔线缆绑扎固定宜采用线夹形式，固定间距≤2m。单管塔内部线缆固定宜采用线缆网套，每根线缆使用两个网套，塔顶采用封闭式网套，塔中部采用半封闭式网套，应根据线缆外径和每米重量选取合适规格网套。

2. 电源线敷设及绑扎要求

（1）交、直流电源线应分离布放，平行布放间距应不小于 100mm，交叉布放间距应不小于 500mm（隔板分隔或穿管时可不小于 250mm）。

（2）电源线最小弯曲半径一般应大于电缆直径的 6 倍。

（3）塔上设备的电源线应选择铠装电缆，铠装层应三点接地。A 点位于塔上设备安装处，就近接地；B 点位于塔底，就近接地；C 点位于建筑物入口处，就近接地。

（4）铠装电源线应沿电缆沟或直埋布放，直埋布放情况下埋地深度应大于 0.6m。铠装电源线从铁塔下端至建筑物入口处距离应大于 15m。

3. 尾纤/尾缆敷设及绑扎要求

（1）机房内尾纤应穿保护子管，一般用保护尾纤专用的波纹管。尾缆可不穿管直接布放。

（2）尾纤/尾缆敷设前用光源、光功率计进行检测，确保尾纤/尾缆性能完好。

（3）尾纤/尾缆布放时要先理顺，然后逐一布放，并且在布放中要边整理边布放。尾纤要收、发成对布放。不能把尾纤/尾缆折成直角，在拐弯处应弯成弧形并满足弯曲半径要求，尾纤/尾缆绑扎时不得过于勒紧。

（4）尾纤穿子管进柜时，子管需伸出机柜底部 100mm 后截断，截面应光滑平整，断口处应填充防火堵料妥善封堵。

（5）尾纤头部应保持清洁，备用尾纤应加盖防尘帽。

（6）多余尾纤/尾缆应盘留在盘纤单元内，可采用环形或 8 字盘绕方法，盘绕应松紧适度，不得过紧，也不应过松而出现明显的弧垂。在盘纤单元内尾纤的绑扎应使用魔术贴扎带。

（7）尾纤/尾缆弯曲半径宜至少为外径的 10 倍，在施工过程中至少为 20 倍。

4. 网线及敷设及绑扎要求

（1）非屏蔽和屏蔽 4 对对绞电缆的弯曲半径不应小于电缆外径的 4 倍。

（2）网络配线架内线缆布放应顺直，整齐美观、松紧适度。网线端接前应使用标尺确保端接后保留的预留长度相同，1个配线架中所有的网线在端接后全部等长。

（3）网线应平行布放在模块中间的走线槽内，其护套边沿与模块的边沿基本对齐。

#### 5.2.7.5 标签制作

（1）线缆敷设成端后两端应有标签，以表明起始和终端位置，标签书写应清晰、端正和正确。

（2）尾纤/尾缆布放及连接完成后，应在线缆两端粘贴标签，标签内容应包含线缆两端设备名称和端口号。

（3）网线敷设成端完成后，设备侧出线多根电缆统一挂牌，挂牌内容应包含线缆规格、两端设备名称和板卡号；业务侧出线应每一对业务线单独粘贴标签，标签内容应包含业务名称、两端设备名称和端口号。

## 5.3 工程调测

### 5.3.1 通电前检查

设备通电前检查包含下列内容：

（1）设备安装环境的温度、湿度、接地、电源供给系统及设备安装方式、位置等均应符合设备正常工作环境和工程设计文件要求。

（2）确认设备电源引入线极性正确、连接可靠、无短路，且设备电源开关处在关闭状态；供电电源线、地线规格和各级熔丝规格符合要求。

（3）机架的安装位置与工程设计文件相符，机架及线缆标识准确、清晰、完整、齐全；设备内部布线接线处牢固、正确，开关已置于指定位置。

（4）设备配置板卡数量、规格与工程设计文件相符。

（5）天馈线系统性能调测正常，驻波比应小于1.5。

（6）配套电力无线专网回传网络通道正常。

### 5.3.2 核心网和网管测试

#### 5.3.2.1 单机测试

核心网单机测试包含下列内容：

（1）核心网及配套传输设备按厂家提供的操作程序，逐级加电。

（2）设备通电后，检查所有变换器，确认输出电压符合规定。

（3）检查前、后插槽位符合规范，检查设备、配线架、以太网线缆等，检查端口资源表，确认核心网以太网口与组网方案一致。

（4）确认核心网机框及单板，交换机/路由器各级可闻、可见告警信号装置工作正常、告警准确。

（5）装入测试程序，通过人机命令或自检，对设备进行测试检查，确认硬件系统无故障。

#### 5.3.2.2 配置检查

配置检查内容包括：

（1）全局编号检查，全局编号符合《国家电网有限公司无线专网编号、IP 地址规划与设备命名管理细则》。

（2）核心网编号检查，包括 MME 编号、主机域名编号、核心网 VLAN 编号、业务承载网络编号符合《国家电网有限公司无线专网编号、IP 地址规划与设备命名管理细则》《国家电网有限公司电力无线专网业务安全接入通道划分及配置规范（试行）》。

（3）业务通道 IP 地址检查，IP 地址符合《国家电网有限公司无线专网编号、IP 地址规划与设备命名管理细则》《国家电网有限公司电力无线专网业务安全接入通道划分及配置规范》。

#### 5.3.2.3 功能检查

核心网功能测试内容包括：接入控制功能、移动性管理功能、会话管理功能、网元选择功能、路由选择和数据转发功能、QoS 功能、IP 地址分配、用户数据存储管理、用户鉴权和授权。功能检查应符合工程设计规定。

#### 5.3.2.4 性能测试

核心网性能测试包括：以太接口检查、接口冗余、静态路由功能、VPN 功能、主备倒换测试等，指标应符合现行企业标准 Q/GDW 11803《电力无线专网通用要求》、Q/GDW 11804《LTE－G 1800MHz 电力无线通信系统技术规范》、Q/GDW 11805《LTE－G 1800MHz 电力无线通信系统测试规范》、Q/GDW 11806《230MHz 离散多载波电力无线通信系统》。

#### 5.3.2.5 网管测试

网管测试包括：用户登录测试、配置数据备份和恢复、自动数据备份功能测试、当前告警监控、历史告警监控等测试，各项内容应符合工程技术规范书及工程设计文件要求。

#### 5.3.2.6 安全性测试

核心网安全性测试包含下列内容：

（1）网管系统安全管理功能检查应包含用户权限、操作日志等内容，各项内容应符合工程技术规范书及工程设计文件要求。

（2）分权分域管理安全验收测试应包含局数据、统计数据、告警信息的分权分域管理和账户的权限划分，各项内容应符合工程技术规范书及工程设计文件要求。

（3）网络设备安全验收测试应包含操作系统安全检查、防病毒检查、网络设备端口安全性检查等项目，各项内容应符合工程技术规范书及工程设计文件要求。

#### 5.3.2.7 可靠性测试

核心网单板级、网络级备份测试、异地容灾备份功能应符合工程设计文件要求。

#### 5.3.2.8 业务测试

业务测试应包含控制类业务、语音业务、采集类业务、其他业务（视频、图像），测试结果应满足 Q/GDW 11803《电力无线专网通用要求》给出的电力业务优先级及质量分类要求。

### 5.3.3 基站单站验证

#### 5.3.3.1 单机测试

基站单机测试包含下列内容：

（1）基站设备、配套传输设备按厂家提供的操作程序，逐级加电。

（2）设备通电后，检查所有变换器，确认输出电压符合规定。

（3）检查设备、配线架等，确认 BBU、RRU 以及配套传输设备各级可闻、可见告警信号装置工作正常、告警准确。

（4）装入测试程序，通过人机命令或自检，对设备进行测试检查，确认硬件系统无故障。

#### 5.3.3.2 参数验证

参数验证包括：

（1）基站参数：经纬度、海拔、TAC、NodeBID 等参数。

（2）小区参数：频段、主频点、小区带宽、Cell ID、PCI、根序列、RsPower、PDCCH 符号数、挂高、方位角、总下倾角等参数。

参数配置应与工程设计规定一致，符合《国家电网有限公司无线专网编号、IP 地址规划与设备命名管理细则》。

#### 5.3.3.3 性能测试

基站性能测试包括：单扇区呼叫质量拨打测试（Call Quality Test，CQT）测试指标统计、扇区间切换验证、基站路测（Driver Test，DT）测试覆盖范围等，指标应符合现行企业标准 Q/GDW 11803《电力无线专网通用要求》、Q/GDW 11804《LTE－G 1800MHz 电力无线通信系统技术规范》、Q/GDW 11805《LTE－G 1800MHz 电力无线通信系统测试规范》、Q/GDW 11806《230MHz 离散多载波电力无线通信系统》。

#### 5.3.3.4 安全性测试

基站安全性测试包含下列内容：

（1）网管系统安全管理功能检查应包含用户权限、操作日志等内容，各项内容应符合工程技术规范书及工程设计文件要求。

（2）分权分域管理安全验收测试应包含局数据、统计数据、告警信息的分权分域管理和账户的权限划分，各项内容应符合工程技术规范书及工程设计文件要求。

（3）网络设备安全验收测试应包含操作系统安全检查、防病毒检查、网络设备端口安全性检查等项目，各项内容应符合工程技术规范书及工程设计文件要求。

（4）单基站生产控制大区与管理信息大区回传通道应为两条物理隔离的 SDH 通道。

#### 5.3.3.5 可靠性测试

基站 BBU 单板级、网络级备份测试，应符合工程设计文件要求。

#### 5.3.3.6 业务测试

业务测试应包含控制类业务、语音业务、采集类业务、其他业务（视频、图像），测试结果应满足 Q/GDW 11803—2013《电力无线专网通用要求》给出的电力业务优先级及质量分类要求。

### 5.3.4 簇优化

#### 5.3.4.1 簇优化工作原则

（1）簇基站开通率高于 85%开展优化。

（2）簇内问题调整时优先调整新开基站，簇外问题需要判断是否由新开站引起。

（3）保持前后的测试设备、测试方式一致。天馈调整优先调整自身簇内天馈达到优化效果，尽量避免对其他簇结构产生影响。

（4）簇优化中，指标未达标的情况下，需要分析重叠覆盖。

（5）第二轮簇优化中碰到的问题点，也需要分析和记录，并进行跟踪。

#### 5.3.4.2 簇优化准备

（1）根据地形地貌、区域环境特征等信息划分基站簇。

（2）配置站点邻区等参数。

（3）获取站点设计图纸、勘察及单站验证报告、站点工参信息、无线参数配置数据、电子地图。

（4）确认基站簇状态：检查簇内站点运行状态，结合单站验证核查站点地理位置、无线参数、工程参数等，明确目标区域的覆盖范围。

（5）规划测试路线：根据工程建设要求，测试路线应囊括测试区域内高架、隧道、高速公路、密集城区街道等所有场景，尽可能保证双方向测试双行道，避免测试过程中遗留问题区域。测试起点和终点要求相对固定，测试中的路线和行走方向尽量保持每次测试一致，测试车辆的最大行驶速度建议不超过 60km/h。

（6）测试工具准备及检查：测试终端、扫频仪、笔记本电脑、车载逆变器、测试车辆。

#### 5.3.4.3 簇优化流程

簇优化流程图如图 5－22 所示。

测试准备阶段首先应该依据无线专网 KPI 指标合理划分片区，确定测试路线和测试方法，准备好簇优化所需的工具和资料，保证射频（Radio Frequency，RF）优化工作顺利进行。

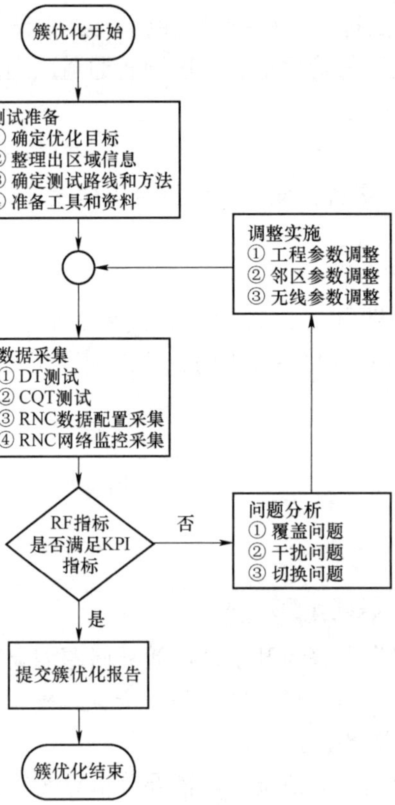


图 5-22　簇优化流程图

数据采集阶段的任务是通过路测（Driver Test，DT）、呼叫质量拨打测试（Call Quality Test，CQT）、无线网络控制器（Radio Network Controller，RNC）数据配置和网络监控采集等手段采集用户设备（User Equipment，UE）或扫频仪（Scanner）数据，为随后的问题分析阶段做准备。通过对以上数据采集分析，发现网络覆盖、无主导频和网络切换等问题。针对具体问题实施相应的调整策略，调整完毕后再次进行数据采集，如果测试结果满足目标 KPI 要求，即完成优化。反之进行新一轮问题分析、调整，直至满足所有 KPI 需求为止。

### 5.3.4.4　簇优化覆盖分析

信号覆盖问题主要分为弱覆盖、越区覆盖、上下行不平衡、无主服务小区。

1. *弱覆盖*

弱覆盖指的是覆盖区域导频信号不满足 RSRP≥-115dBm 且 SINR≥-3dB。

此类问题可实施以下优化措施：

（1）可以通过增加天线挂高、更换更高增益天线等，扩大覆盖范围，调整天线方向角和下倾角，优化区域覆盖。

（2）对于相邻基站覆盖盲区较大且盲区内用户较多时，应首先增加周边基站的覆盖范围，使两基站覆盖交叠深度加大、覆盖盲区变小，如单独通过基站调整手段无法优化即结构性缺站，此时应新建基站。要注意扩大基站覆盖范围或新增基站后的同邻频干扰问题。

（3）对于山坡、凹地、高大建筑物背部等特殊地形造成的弱覆盖区可新增基站，以优化信号覆盖范围。

（4）对于地下室、高大建筑物内部、电梯井、隧道等的信号盲区可以利用信号放大器、室内分布系统、泄漏电缆、定向天线等进行信号延伸覆盖。

2. 越区覆盖

越区覆盖一般是指某些基站的覆盖区域超过了规划范围，在其他基站的覆盖区域内形成不连续的主导区域。

这类问题通常采用以下应对优化措施：

（1）对于越区覆盖，可通过调整天线避免正对道路发射信号，或调整天线利用周边建筑物的遮挡效应，减少基站越区覆盖。调整同时需要注意基站同频干扰问题。

（2）对于基站挂点较高的情况，比较有效的方法是更换站址，但由于站点和设备安装等限制，往往找不到合适的替换站址；同时，大角度的天线机械下倾角会造成天线方向图畸变。所以往往只能调整导频功率或使用电下倾天线，以减小基站覆盖范围来减少越区覆盖问题。

3. 上下行不平衡

上下行不平衡指目标信号覆盖区域内，上下行对称业务出现上行覆盖良好而下行覆盖受限或相反的情况。这类问题通常采用以下应对优化措施：

（1）对于上行干扰产生的上下行不平衡，监控基站的 ISCP 告警情况可确认是否存在干扰，并参照相关指导书优化处理。

（2）其他原因也可能造成上下行不平衡的问题，如干放或直放站等设备上下行增益设置存在问题；收发分离系统中，收分集天馈故障等；NodeB 硬件原因，如功放故障等；这类问题一般应检查设备工作状态，可采用替换、隔离和局部调整等方法来处理。

4. 无主导小区信号

这类区域是指无主导小区或主导小区切换过于频繁的区域。

此类问题通常采用以下优化措施：调整方向角和天线下倾角等，增强区域内某一信号较强信号小区的覆盖，削弱其他弱信号小区的覆盖。

### 5.3.4.5 簇优化切换分析

簇优化中存在的切换问题主要为邻区优化和切换区域控制。

1. 邻区关系优化

邻区关系优化包括增加邻区和删除邻区两种方法。漏配邻区的影响是强的小区不能加入邻区列表导致干扰加大甚至掉话，此时需要增加必要的邻区关系；冗余邻区的影响是使邻区消息庞大，增加不必要的信令开销，而且在邻区满配时无法加入需要的邻区，此时需要删除冗余邻区关系。

在 RF 优化阶段，重点关注邻区漏配问题，增加邻区有如下方法。

（1）根据地理位置添加邻区。

（2）根据地理位置通过软件检查添加缺邻区小区。

（3）根据路测数据添加邻区。

（4）根据 scanner 数据添加邻区。

（5）根据 UE 测试数据添加邻区。

根据测试 RSRP 和 SINR 分布情况，对掉话和起呼失败事件进行分析，列出漏加邻区的小区。

2. 冗余邻区删除

（1）删除邻区前，必须做好邻区修改记录检查，确认拟删除的邻区非此次簇优化过程中添加的邻区关系。

（2）删除冗余邻区后，需再次进行全面的信号测试，包括路测和重点区域测试，确保没有信号异常情况产生，否则需要恢复邻区数据配置。

#### 5.3.4.6 簇优化报告要求

（1）簇优化所有报表及报告，均需按模板格式填写，体现优化前后 KPI 指标变化。

（2）报告中问题点，除需开通基站、新建站导致问题外，其余问题均需闭环。

## 5.4 施工安全

### 5.4.1 施工现场安全要求

（1）进入施工现场必须佩戴合格的安全防护用品。

（2）施工人员应阻止非工作人员进入施工作业区。

（3）施工人员有权拒绝违章指挥和强令冒险作业。当发现直接危及人身安全的紧急情况时，有权停止作业或者在采取可能的应急措施后撤离作业场所。

（4）特种作业人员必须持有国家/行业统一认定的资格证书上岗。

（5）施工现场的一切设备、安全设施、严禁他人随意拆除和移动。

（6）在施工现场入口处、施工起重机械、临时用电设施、出入通道口、孔洞口、人井口、铁塔底部等部位，设置明显的安全警示标识。

### 5.4.2 防火安全要求

（1）施工单位应当在施工现场建立消防安全责任制度，并确定消防安全责任人，制定各项消防安全管理制度和操作规程。

（2）施工现场应配备必要的消防器材。消防器材设置地点应合理，便于取用，使用方法应明示。

（3）人员首次进入施工现场，应首先了解消防设施、器材的设置点，不得随意挪动。

（4）不得堵塞消防通道、遮挡消防设施。

（5）电气设备着火时，必须首先切断电源，正确使用消防器材和灭火设施。

### 5.4.3 施工用电安全要求

（1）施工现场用电线路应采用绝缘护套导线。

（2）安装、巡检、维修、移动或拆除临时用电设备和线路，应由电工完成，并应专人监护。

（3）检修各类配电箱、开关箱、电气设备和电力工具时，应切断电源，并在总配电箱或分配电箱一侧悬挂警示牌，必要时设专人看管。

### 5.4.4 高处作业安全要求

（1）凡在坠落高度基准面 2m 及以上高处进行的作业，都应视作高处作业。

（2）凡参加高处作业的人员，应每年进行一次体检。患有不宜从事高处作业病症的人员，不得参加高处作业。

（3）高处作业均应先搭设脚手架、使用高空作业车、升降平台或采取其他防止坠落措施，方可进行。

（4）在屋顶以及其他危险的边沿进行工作，临空一面应装设安全网或防护栏杆，否则作业人员应使用安全带。

（5）在没有脚手架或者在没有栏杆的脚手架上工作，高度超过 1.5m 时，应使用安全带，或采取其他可靠的安全措施。

（6）高处作业人员应正确使用安全带，宜使用全方位防冲击安全带，杆塔组立、脚手架施工等高处作业时，应采用速差自控器等后备保护设施。安全带及后备防护设施应挂在结实牢固的构件上，并采用高挂低用的方式。高处作业过程中，应随时检查安全带绑扎的牢靠情况。

（7）安全带和固定安全带的绳索在使用前应进行外观检查。安全带应按《国家电网公司电力安全工作规程》相关规定定期抽查检验，不合格的不准使用。

（8）高处作业人员上下杆塔等设施应沿脚钉或爬梯攀登，在攀登或转移作业位置时不得失去保护。杆塔上水平转移时应使用水平绳或设置临时扶手，垂直转移时应使用速差自控器或安全自锁器等装置。禁止使用绳索或拉线上下杆塔，不得顺杆或单根构件下滑或上爬。

（9）高处作业应一律使用工具袋。较大的工具和材料应拴在牢固的构件上，上下传递物件应使用绳索，不得抛掷工件，边角余料应放置在牢靠的地方或用铁丝扣牢并有防止坠落的措施，不准随便乱放，以防止从高空坠落发生事故。

（10）在进行高处作业时，除有关人员外，不准他人在工作地点下方通行或逗留，工作地点下方应有围栏或装设其他保护装置，防止落物伤人。如在格栅式的平台上工作，为了防止工具和器材掉落，应采取有效隔离措施，如铺设木板等。

（11）高处作业区周围的孔洞、沟道等应设盖板、安全网或围栏并有固定其位置的措施。同时应设置安全标志，夜间还应设红灯示警。

（12）低温或高温环境下作业，应分别采取保暖或防暑降温措施，作业时间不宜过长。

（13）在 5 级及以上的大风以及暴雨、雷电、冰雹、大雾、沙尘暴等恶劣天气下，应停止露天高处作业。

（14）高处作业人员应做到“十不准”：一不准违章作业；二不准工作前和工作时间内喝酒；三不准在不安全的位置上休息；四不准随意往下扔东西；五不准在严重睡眠不足时进行高处作业；六不准打赌斗气；七不准乱动机构、消防及危险用品用具；八不准违反规定要求使用安全用品、用具；九不准在高处作业区域追逐打闹；十不准随意拆卸、损坏安全用品用具及设施。

### 5.4.5 起重安全要求

（1）起重设备需经检验检测机构监督检验合格，并在特种设备安全监督管理部门登记。

（2）起重设备的操作人员和指挥人员应经专业技术培训，并经实际操作及有关安全规程考试合格、取得合格证后方可独立上岗作业，其合格证种类应与所操作（指挥）的起重机类型相符合。起重设备作业人员在作业中应严格执行起重设备操作规程和有关安全规章制度。

（3）起重工作由专人指挥，明确分工；起重指挥信号应简明、统一、畅通。重大物件的起重、搬运工作应由有经验的专人负责，作业前应进行技术交底，使全体人员熟悉起重搬运方案和安全措施。

（4）雷雨天应停止野外起重作业。

（5）在起吊、牵引过程中，受力钢丝绳的周围、上下方、转向滑车内角侧、吊臂和起吊物的下面，禁止有人逗留和通过。

（6）吊物上不许站人，禁止作业人员利用吊钩来上升或下降。

### 5.4.6 基坑挖掘安全要求

（1）挖坑前，应与有关地下管道、电缆等地下设施主管单位取得联系，明确地下设施确切位置，做好防护措施。组织外来人员施工时，应将安全注意事项交待清楚，并加强监护。

（2）挖坑时，应及时清除坑口附近浮土、石块，坑边禁止外人逗留。在超过 1.5m 深基坑内作业时，向坑外抛掷土石应防止土石回落坑内，并做好临边防护措施。作业人员不准在坑内休息。

（3）在土质松软处挖坑，应有防止塌方措施，如加挡板、撑木等。不准站在挡板、撑木上传递土石或放置传土工具。禁止由下部掏挖土层。

（4）在下水道、煤气管线、潮湿地、垃圾堆或有腐质物等附近挖坑时，应设监护人。在挖深超过 2m 的坑内工作时，应采取安全措施，如戴防毒面具、向坑中送风和持续检测等。监护人应密切注意挖坑人员，防止煤气、沼气等有毒气体中毒。

（5）在居民区及交通道路附近开挖基坑，应设坑盖或可靠遮栏，加挂警告标示牌，夜间挂红灯。

本章详细介绍了电力无线专网施工工艺和测试方法，阐述了塔桅基础施工和塔桅安装的工艺、无线专网设备和天馈系统的安装工艺、线缆布放及通信终端的安装工艺、单站验证和簇优化测试的方法及要求，可用于规范化、标准化指导电力无线专网现场施工和测试工作。

# 6 电力无线专网工程验收

工程验收是建设投资成果转入生产或应用的重要阶段，也是全面考核投资效益、检验设计和施工质量的重要环节。电力无线专网的验收包括工厂验收、随工验收、阶段性（预）验收、竣工验收等环节。

## 6.1 工厂验收

工厂验收可根据项目需求或合同规定按需组织，由项目建设单位组织物资部门、设计单位、监理单位和运行单位等相关单位进行设备出厂前验收，按照设计文件、合同规定、设备测试要求、设备出厂质量证明文件和电力无线通信系统设备技术规范的技术指标和系统功能进行检测，工厂验收结束应形成工厂验收报告。

## 6.2 随工验收

### 6.2.1 一般要求

随工验收由监理单位或建设单位组织，对电力无线专网各单项工程进行检查验收。随工验收应按工程实施顺序对塔桅基础和钢结构、线缆走线架（槽道）、室内设备、室外设备、天馈线系统、线缆布放、防雷接地等进行检查和验收，重点对设备安装工艺、通信铁塔与基础、防雷接地等分项开展工程验收。隐蔽工程和特殊工程项目随工验收时，应留有影像资料。

### 6.2.2 塔桅

塔桅高度及中心垂直度、平台安装高度、天线支架高度及方位、螺栓选型数量及安装方式、塔身焊缝、法兰贴合率（如有）、结点板接触面贴合率（如有）、拉线及地锚（如有）、塔桅设备承重、塔桅抗风抗震及防雷接地应符合工程设计文件要求，塔桅基础施工工艺及塔桅安装工艺应符合本书 5.2.2、5.2.3 的要求，随工验收项目及标准参见附录 A 中表 A.1、表 A.2。

### 6.2.3 线缆走线架（槽道）

线缆走线架（槽道）的规格型号、安装位置、接地连接、固定和支撑等应符合工程设计文件要求，安装工艺应符合 Q/GDW 10759—2018《电力系统通信站安装工艺规范》相关要求，具体随工验收项目及标准参见附录 A 表 A.3。

### 6.2.4 室内设备

室内设备安装位置、防震加固、安装齐整度、进线方向、接口防水、维护空间预留、壁挂紧固方式（如有）、防静电措施、接地路由及接地电阻等应符合工程设计文件要求，安装工艺应符合本书 5.2.4 要求，具体随工验收项目及标准参见附录 A 表 A.4。

### 6.2.5 室外设备

室外设备安装位置及方式、安装基础、进线方向、接口防水、防雷接地措施、维护空间预留、壁挂紧固方式（如有）、所在屋顶及室外墙承重（如有）等措施应符合工程设计文件要求，安装工艺应符合本书 5.2.5 的要求，具体随工验收项目及标准参见附录 A 表 A.5。

### 6.2.6 天馈系统

天线规格型号（频段、通道数、增益、内置下倾角、可调电下倾角等）、安装位置、加固方式、接头密封、工程参数（方位角、机械下倾角等）、与塔身间距、天线间距（含与非本系统天线的间距）、与近场障碍物的距离、GNSS 天线安装位置、垂直度、上空净空要求、防雷接地措施、馈线（含 GNSS 馈线）的规格、型号、布放路由走向、单/多次弯曲半径、接头防水、接地方式、防水弯设置、绑扎方式及位置、实测馈线衰耗应符合工程设计文件要求，安装工艺应符合本书 5.2.6 要求，具体随工验收项目及标准参见附录 A 表 A.6。

### 6.2.7 线缆布放

线缆的规格型号（含外皮材料、颜色及金属铠装层）、布放位置及路由、下线顺序、接口密封、冗余数量及长度、顺直度及弯曲半径、绑扎方式及位置、防水弯设置、接地位置及方式应符合工程设计文件要求，线缆布放工艺应符合本书第 5 章 5.2.7 要求，具体随工验收项目及标准参见附录 A 表 A.7。

### 6.2.8 防雷接地

机房、塔桅和设备的防雷接地应符合工程设计文件要求，相关工艺应符合 DL/T 548—2012《电力系统通信站过电压防护规程》相关要求，随工验收项目参见附录 A 表 A.8。

### 6.2.9 标识标牌

标识标牌的设置应符合以下要求：

（1）标识标牌的内容应包含国家电网有限公司 logo、设备设施（或线缆）名称、规格型号、投运时间、制卡时间、运行维护单位名称、责任人及联系方式等，标识内容应满足Q/GDW 759—2012《电力系统通信站安装工艺规范》相关要求。连接线缆应注明对端站点名称和设备名称，存在部分预留的线缆应注明预留，同类线缆应以站点为单位统一进行编号。

（2）标识标牌的尺寸可根据设备设施（或线缆）尺寸进行统一规范。同一型号设备设施（或线缆）标识标牌应粘贴或悬挂在相对统一的位置，要求平整、美观、安全，不应覆盖遮挡设备设施（或线缆）出厂标识。线缆在进出管孔、沟道、房间及拐弯处应加挂标识，直线布放段应根据现场情况适当增加标识。

（3）标识标牌应采用环保、不易脱落、字迹清晰的材质。用于室外的，背胶宜采用永久性丙烯酸类乳胶，应满足不少于5年的牢固性要求。

（4）拉线、撑杆或线缆易遭外力破坏的薄弱处应加挂醒目警示标识，并注明警示内容。

## 6.3 阶段（预）验收

### 6.3.1 一般要求

阶段性（预）验收由建设单位组织开展，运行单位、监理单位和施工单位参与。阶段性（预）验收应在工程配套、基站和核心网等各单项工程安装调试基本完成，系统联调结束后组织进行。系统功能检查与测试结果应符合工程设计文件要求，工程文件应齐全。

阶段性（预）验收测试时，如主要指标和性能达不到要求，应由责任方及时处理，问题解决后再行测试。

阶段性（预）验收结束并合格后，由建设单位、运行单位签署验收意见，系统转入试运行。

### 6.3.2 基站

#### 6.3.2.1 基站设备硬件验收检查

在基站设备硬件验收前，应对基站配置及软件数据参数进行检查验收，要求如下：

（1）告警检查及排除：驻波比告警、功率告警、GPS告警以及其他影响业务的告警。

（2）基站天馈工程检查：天线型号、天线厂家、天线高度、天线方位角、电子下倾角、机械下倾角、馈线长度、与其他制式天线隔离度、天线连接情况、GNSS天线遮挡情况。

（3）无线参数检查：载频配置、时隙配置、PCI配置、不同业务空口时频域资源配置等。

（4）系统时间同步检查：小区之间空中接口的收发定时偏差应不大于±1.5μs。

（5）异系统影响检测：观察电力无线专网与异系统的站址部署，特别是与电力无线专网频段相邻系统的网络指标情况。

基站设备配置检查验收内容与要求参见附录A表A.9。

#### 6.3.2.2 基站设备硬件验收要求

基站设备硬件验收要求如下：

（1）电源测试：电源电压测量值应符合设计要求，电源告警功能正常。

（2）硬件功能测试：上电后指示灯状态正常。

（3）倒换和再启动测试：系统掉电重启动、单板再启动、主控板主备倒换功能正常。

（4）GE 或 FE 光口传输中断测试：GE 或 FE 光口传输中断后能够自行正常恢复。

基站设备硬件验收测试内容与要求参见附录 A 表 A.10。

### 6.3.3 核心网

#### 6.3.3.1 核心网设备硬件验收检查

在核心网设备硬件验收前，应对核心网配置及软件数据参数进行检查验收，要求如下：

（1）配置检查：核心网版本配置、网元数量及部署位置配置及不同业务大区业务接口配置应满足要求。

（2）软件数据参数检查：实现核心网具体功能的软件数据参数配置应符合产品文档，保证功能实现无遗漏。

#### 6.3.3.2 核心网设备硬件验收

核心网设备硬件验收要求如下：

（1）硬件配置检查：配置符合设计文件要求，网线、电源线等相关线缆的物理连接正确，标识正确。

（2）电源测试：电源电压测量值应符合设计要求，电源告警功能正常。

（3）硬件功能测试：上电后指示灯状态正常。

（4）倒换和再启动测试：系统掉电重启动、单板再启动、主控板主备倒换功能正常。

（5）核心网设备业务能力及性能指标应符合现行企业标准 Q/GDW 11804《LTE－G 1800MHz 电力无线通信系统技术规范》与 Q/GDW 11806《230MHz 离散多载波电力无线通信系统》要求。核心网功能验收内容与要求参见附录 A 表 A.11。

#### 6.3.3.3 网络管理系统

网络管理系统北向接口应符合现行企业标准 Q/GDW 11804 与 Q/GDW 11806 要求。网络管理系统的配置管理、故障管理、性能管理、拓扑管理等功能检查应符合设备技术规范要求。网络管理系统验收内容与要求参见附录 A 表 A.12。

## 6.4 试运行

### 6.4.1 一般要求

试运行应符合如下要求：

（1）试运行应从阶段性（预）验收通过后开始，时间应不少于三个月。

（2）试运行测试的主要性能和指标达到要求，方可进行工程竣工验收。如主要指标不符合要求，应在整改完成后从次月开始重新试运行。

（3）试运行期间，应确保各小区有通信终端联网运行。

### 6.4.2 观察项目及 KPI 指标

试运行观察项目包括系统的建立功能、信号方式、主要网络管理功能及设备的性能稳定性。试运行观察项目及指标的主要来源应包括话务统计、告警分析、在线率统计、路测分析及用户投诉分析。

试运行单小区性能、覆盖、网络质量、业务测试指标应符合相关要求，具体 KPI 指标参见附录 A 表 A.13。

## 6.5 竣工验收

### 6.5.1 竣工验收要求

竣工验收应在试运行阶段结束、遗留问题已有协商一致的处理意见、工程文件整理齐全后进行。由建设单位组织专家及工程相关建设、运行、监理和施工单位组成的工程验收委员会（小组）负责实施。在竣工验收中，应主要检验系统的稳定性、可靠性和安全性，并对以下项目进行检查：

（1）工程阶段性（预）验收提出的遗留问题处理情况。

（2）工程试运行情况报告。

（3）验收小组确定的系统指标抽测项目。

（4）竣工资料整理情况。

### 6.5.2 工程文件验收

#### 6.5.2.1 一般要求

工程文件验收的一般要求如下：

（1）工程文件包括工程前期文件、施工文件、监理文件及竣工验收文件。

（2）工程文件的积累、整理、归档工作应与工程建设同步进行，文件的验收、移交工作应与工程验收同步完成。

（3）各参建单位应根据要求完成各自职责范围或合同规定的工程文件编制和整理。

（4）工程竣工验收前，建设单位应组织设计、监理、施工调试及运行等有关单位，根据工程文件内容及要求进行自检，工程文件应完整、准确。

#### 6.5.2.2 参建单位职责

工程文件产生于工程建设全过程，其形成、积累和管理应列入工程建设计划和有关部门及人员的岗位责任，并有相应的检查及考核措施。各参建单位的职责如下：

（1）建设单位：负责收集和整理工程前期文件、验收文件；负责组织工程文件验收工作；负责对接收的工程文件进行汇总、归档，并按规定向有关部门移交。

（2）监理单位：负责向建设单位提交监理过程中形成的监理文件；负责协助监督、检查工程建设中相关文件收集、积累情况，审核、签署相关工程文件。

（3）设计单位：负责编制、收集整理设计过程中形成的文件；向建设单位移交设计文件。

（4）施工单位：负责编制、收集整理施工过程中形成的文件；向建设单位移交施工文件。

（5）运行单位：负责编制、收集整理试运行中形成的文件；向建设单位移交试运行文件。

#### 6.5.2.3 验收范围

验收范围包括整个工程全过程中形成的应归档文件。包括工程的立项、可行性研究、设计、招投标、采购、施工、调试、试运行、竣工等过程中形成的以文字、图表、声像材料等形式为载体的文件。竣工文件质量应符合以下要求：

（1）归档文件应为原件；因特殊原因无原件的，可归档具有凭证作用的文件材料。

（2）文字、图表应齐全完整、字迹清楚、图样清晰、图标整洁、签字完备。

（3）文字、图表不得用易褪色书写材料书写、绘制。

（4）破损的文件材料应予修整。

（5）电子文件存储应使用不可擦除型光盘。

（6）竣工验收报告应包含建设依据、工程概况、预验与试运行情况、竣工决算概况、工程技术档案的整理情况、经济技术分析、投产准备工作情况、备品备件等移交情况、收尾工程的处理意见、对工程投产的初步意见、工程建设的经验、教训及对今后工作的建议。

（7）案卷编制要求应符合 GB/T 11822—2008《科学技术档案案卷构成的一般要求》。

（8）文件载体应有纸质文件和相应的电子文件。

#### 6.5.2.4 竣工文件

竣工文件包括以下内容：

（1）档案目录。

（2）项目可研及立项审批。

（3）项目计划下达文件。

（4）项目初步设计及批复、施工图设计及审查文件。

（5）项目竣工报告、施工方案和安全技术措施。

（6）项目有关招投标文件、供货商投标文件、中标通知书和相关工程合同、协议。

（7）项目监理、施工、验收记录等资料，设计变更资料。

（8）设备合格证、出厂报告、产品核准号。

（9）施工单位安装、调试和工程参数验收（包括铁塔经纬度、方位、隐蔽工程影像资料，天线挂高、倾角等参数）及网络性能测试报告。

（10）项目竣工结算书和竣工图纸。

（11）结算核价审核资料。

（12）频率使用许可。

（13）环境影响评价报告和电磁辐射验收合格证（若有）。

（14）竣工验收报告。

（15）其他相关资料。

#### 6.5.2.5 移交工作

工程验收阶段，同步进行文件的移交工作，移交工作应符合以下要求：

（1）工程竣工验收后三个月内，建设单位应向运行单位及其他有关单位进行工程文件移交。有尾工的交 2 套文件，设计单位（或施工单位）应按合同约定提供竣工图。

（2）文件移交时应办理完备的移交手续，并提供移交文件的详细清单。

本章节介绍了设备采购的工厂验收，工程现场的随工验收、阶段性（预）验收、竣工验收，总结提炼了工程各阶段验收的技术标准，为建设单位高效优质完成专网工程建设提供参考。

7

# 电力无线专网业务接入

电力无线专网的应用最终通过具体业务实践落地得以体现。电力系统中实际业务需求众多，本章主要针对业务接入数量多、可靠性要求高以及业务类型新颖等几类典型业务，从业务概况、业务接入架构、业务接入实施方案进行阐述，为电力无线专网业务接入工程实施提供参考。

## 7.1 毫秒级源网荷储

### 7.1.1 业务概况

大规模源网荷储友好互动系统是精准负荷控制系统在江苏电网的具体实现和延伸，重点解决电网故障初期频率快速跌落、主干通道潮流越限、省际联络线功率超用、电网旋转备用不足等问题，主要分为毫秒级源网荷储系统和秒级源网荷储系统；其中毫秒级源网荷储系统主要针对频率紧急控制要求，实施第一时限控制快速切除部分可中断负荷，是无线专网基本业务中最重要的控制类业务。

（1）端到端时延要求：毫秒级控制系统时延包含故障信息采集及决策时间、通道传输时间、用户站点转接装置延时时间、分路开关跳开时间等，总体时延要求≤650ms；其中，从稳控装置故障判别所需条件全部满足开始，直至用户负控终端控制命令出口时延要求≤200ms；无线通信通道端到端时延≤50ms。

（2）业务工作周期：业务采集周期遥测 80ms。

（3）业务带宽：单个负控终端至控制子站间上下行业务速率≥280kbit/s。

（4）业务终端工作环境特征：终端固定，室内环境。

（5）无线通信质量等级要求：符合 3GPP TS 23.203 中 QCI5、优先级 1 等级服务质量要求。

### 7.1.2 业务接入架构

源网荷储系统的通信对象包括接入层电力大用户、燃煤电厂、翻水站、储能电站的负荷分路开关，以及骨干汇聚层各级上联汇聚站点。毫秒级控制系统由切负荷主站、切负荷子站及用户侧智能网荷互动终端构成，毫秒级控制系统控制指令等数据信息在智能网荷互动终端与切负荷子站、切负荷主站之间交互。

无线毫秒级源网荷储用户通过无线专网将信息汇聚传至市公司核心网，市公司核心网出口通过专用交换机连接至光传输网，传输至本地区 500kV 控制子站，形成用户至 500kV 控制子站的传输通道。无线毫秒级控制系统业务接入架构如图 7－1 所示。

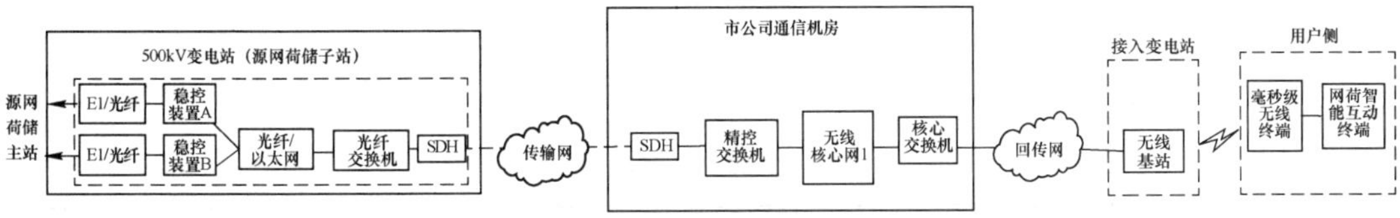


图 7－1　无线毫秒级控制系统业务接入架构

## 7.1.3　业务接入实施方案

1. 网络结构

用户通过无线专网将信息上传至市公司，市公司毫秒级业务接入交换机分别采用 2 块以太网板卡的以太网接口与地区核心层主环 A、B 网 SDH 设备以太网接口互联，通过地区核心层主环 A、B 网至 500kV 控制子站，控制子站侧地区核心层主环 A、B 网 SDH 设备分别采用 GE/FE 接口与控制子站光纤交换机以太网接口互联，形成用户至 500kV 控制子站的传输通道。

毫秒级系统无线通道组织方案示意如图 7－2 所示。

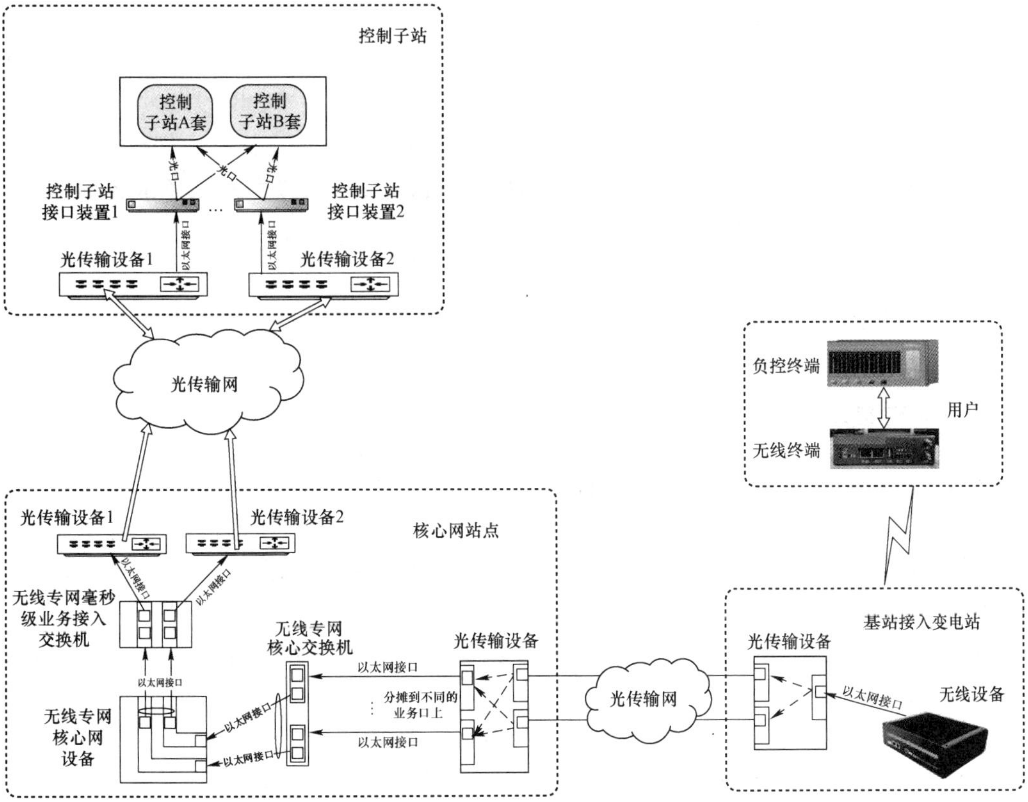


图 7－2　毫秒级控制系统无线通道组织方案

2. 通道设计原则

基站信号应对毫秒级源网荷储业务的无线终端所在区域实现双覆盖。毫秒级源网荷储业务应选择无线专网的生产控制大区进行承载，接入基站设备电源后备时间不应低于专用光纤接入变电站标准，接入的基站回传通道在核心网侧应尽量分摊至不同 SDH 设备、不同板卡或者端口。毫秒级源网荷储业务应采用独立的 VPN/APN 承载。

3. 通道技术要求

通道技术要求如表 7－1 所示。

表 7－1　　通道技术要求

| 网络层级 | 通道配置 | 带宽要求 |
|---|---|---|
| 核心网至控制子站通道 | FE 专线 | 传输通道应满足“双设备、双路由”要求，传输网络需提供 $N$×2Mbit/s 带宽（$N$ 为承载毫秒级源网荷储业务的终端汇聚至核心网数量） |
| 用户终端至核心网通道 | FE 专线 | 业务终端应选择无线专网的生产控制大区进行承载。传输网络需提供 $N$×2Mbit/s 带宽（$N$ 为承载毫秒级源网荷储业务的终端汇聚至核心网数量） |

4. 毫秒级业务接入交换机配置方案

（1）毫秒级业务接入交换机 1 个 GE 接口最大可接 500 个用户，具体接入用户数以营销提供数量为准。业务接入通道的通信终端和业务终端分配独立的 IP 地址段。

（2）毫秒级业务接入交换机具备双主控、双电源；具备 2 块以太网板，每块以太网板 GE/FE 接口≥2，满足建设要求。

（3）毫秒级业务接入交换机通过两条链路下行连接核心网设备，同时通过两条链路上行连接到一台光纤交换机（串接 SDH 设备）。精控交换机需将核心网设备发出的数据流量转发给光纤交换机侧的两个控制子站。为满足上述要求，在精控交换机上创建业务 VLAN，并与核心网设备间配置静态 LACP 链路聚合。精控交换机上行两条链路主备部署，通过 SDH 设备与控制子站光纤交换机互联。

# 7.2　秒级源网荷储

## 7.2.1　业务概况

秒级源网荷储系统是大规模源网荷储友好互动系统的重要组成，用于实现对源网荷储用户的负荷采集监测、终端状态运维和缺陷处理，实现对用户有序用电管理；同时还可以作为毫秒级源网荷储的后备系统，在系统频率没有降低，毫秒级源网荷储系统没法动作时，如发生部分地区潮流越限、联络线断面超用，可以启用秒级切负荷功能。

（1）端到端时延：从故障信息采集开始到终端跳开完成，秒级系统为 8.7s，无线通信通道端到端时延≤50ms。

（2）业务工作周期：业务采集周期遥测 80ms。

（3）业务带宽：单个负控终端至营销主站上下行业务速率≥200kbit/s。

（4）业务终端工作环境特征：终端固定，室内环境。

（5）无线通信质量等级要求：符合 3GPP TS 23.203QCI5、优先级 1 等级服务质量要求。

## 7.2.2 业务接入架构

秒级控制系统由营销主站和智能网荷互动终端构成，系统控制指令等数据信息在智能网荷互动终端与营销主站之间交互，智能网荷互动终端横向之间无数据交互，如图 7－3 所示。

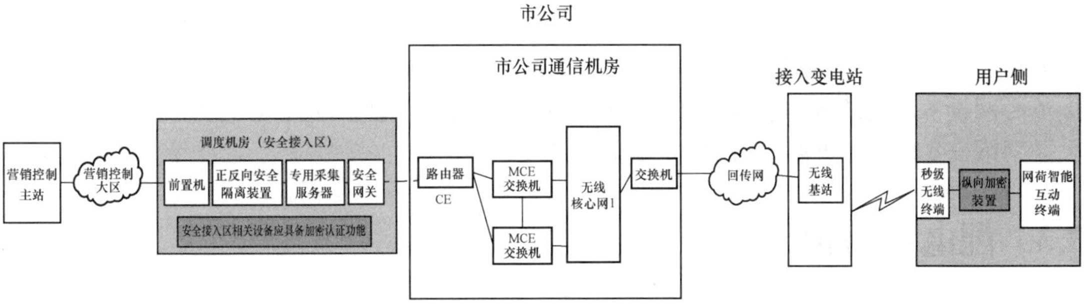


图 7－3 秒级控制系统业务接入架构

秒级源网荷储用户通过无线专网将信息上传至市公司，市公司 CE 路由器采用 GE 口与营销控制大区安全接入区互联，接入营销控制大区网络，将信息上传至营销主站。

## 7.2.3 业务接入实施方案

1. 网络结构

秒级源网荷储用户通过无线专网将信息上传至市公司核心网，市公司核心网出口配置 2 台堆叠的控制大区交换机，2 台控制大区交换机分别通过一条链路连接 1 台无线专网秒级业务接入路由器。无线专网秒级路由器分别通过两条链路与营销控制大区网络设备互联，通过营销控制大区网络将信息上传至营销主站，如图 7－4 所示。

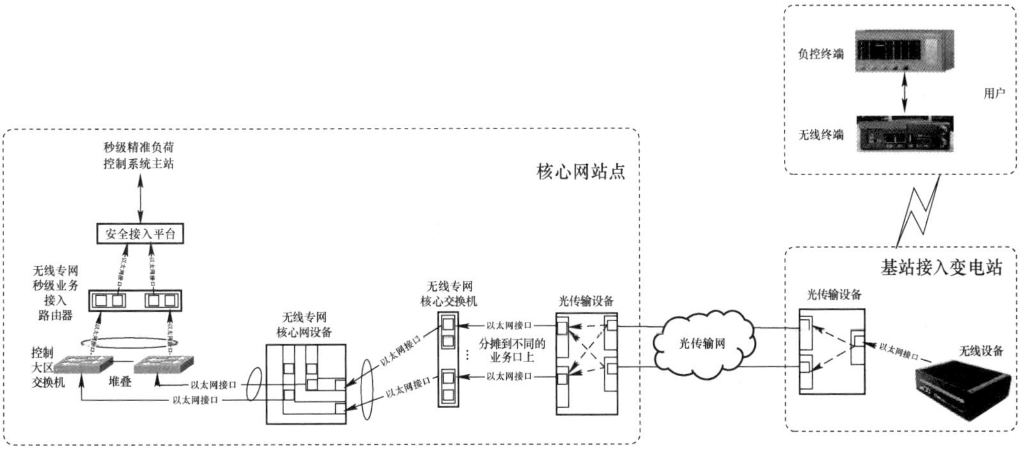


图 7－4 秒级控制系统无线通道组织方案

2. 通道设计原则

无线专网方式秒级源网荷储通信系统下，承载精准负荷控制业务的通道设计原则同无线专网毫秒级源网荷储通信系统。

3. 通道技术要求

无线专网方式秒级源网荷储通信系统下，承载精准负荷控制业务的基站至核心网通道技术要求同无线专网毫秒级源网荷储通信系统。

4. 秒级业务接入路由器配置方案

无线专网秒级业务接入路由器分别通过两条链路与营销控制大区网络设备互联，接口应为符合 IEEE 802.3 协议的以太网接口。控制大区交换机上配置跨设备链路聚合，分别连接核心网设备及无线专网秒级业务接入路由器。该路由器设备部署双链路上联至营销控制大区网络设备，并配置浮动路由实现链路冗余。

# 7.3 配电自动化

## 7.3.1 业务概况

配电自动化系统是实现配电网运行监视和控制的自动化系统，实现对配电网的监测、控制和快速故障隔离。配电自动化终端分为三遥和二遥，江苏全省供电区域分为 A+、A、B、C、D 五类区域，A+、A 类区域以“三遥”业务为主，B 类区域包括“三遥”“二遥”业务，C 类区域以“二遥”业务为主，D 类区域均为“二遥”业务。

配电自动化业务通信应符合 DL/T 814—2013《配电自动化系统技术规范》、Q/GDW 567—2010《配电自动化系统验收技术规范》、Q/GDW 1382—2013《配电自动化技术导则》的要求，包括以下方面：

（1）端到端时延要求：遥测模拟量由终端至主站时延应＜3s；遥信状态量由终端至主站时延应＜3s；遥控命令由主站至终端时延应＜2s。

（2）业务带宽：单个配电终端接入速率≥2.4kbit/s。

（3）业务终端工作环境特征：终端固定。

（4）无线通信质量等级要求：符合 3GPP TS 23.203 中 QCI6、优先级 2 等级服务质量要求。

## 7.3.2 业务接入架构

配电自动化系统由配电自动化系统主站（即配电网调度控制系统，简称配电主站）、配电自动化系统子站（简称配电子站）、信息交换总线、配电自动化终端（简称配电终端）等组成。

主站系统实现配电网调度管辖范围内电网设备的调控一体化功能，包括基本的 SCADA 功能、配电网故障隔离和网络重构、配电网管理功能、配电网调度管理功能，架构如图 7－5 所示。

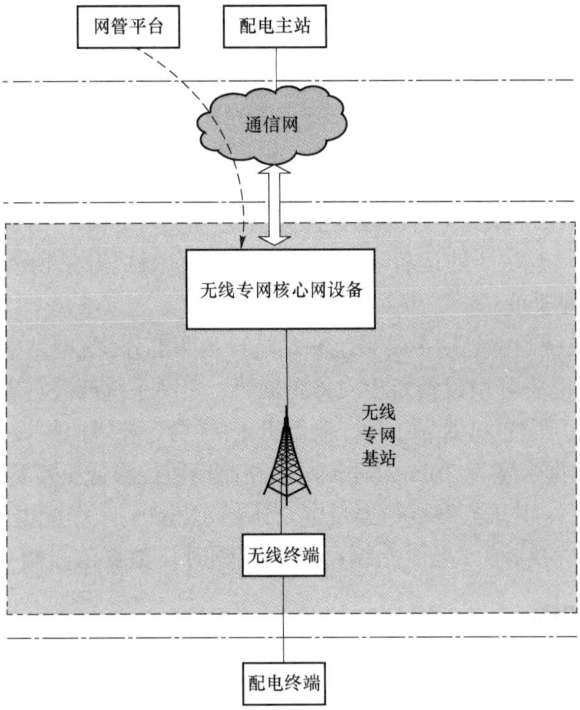


图 7-5 配电自动化业务接入架构

### 7.3.3 业务接入实施方案

1. 网络结构

专网通信中，遥信、遥测信号从配电终端发出，经无线终端，通过无线方式传输至基站，再经核心网和通信传输网络，传输至配电主站。遥控信号从配电主站发出，经通信传输网络和核心网，传输至基站，通过无线方式传输至无线终端，最后传至配电终端。

无线通道组织方案示意如图 7-6 所示。

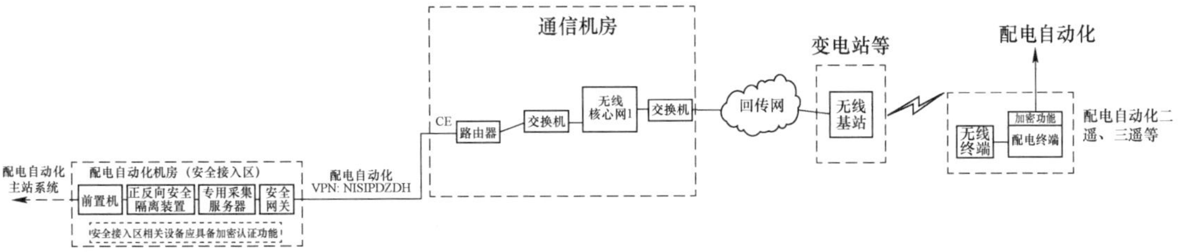


图 7-6 配电自动化无线通道组织方案

2. 通道设计原则

基站信号应对配电自动化业务的无线终端所在区域实现双覆盖。接入基站设备电源后备时间不应低于专用光纤接入变电站标准，接入的基站回传通道在核心网侧应尽可能分摊至不同 SDH 设备、不同板卡或者端口，配电自动化业务应采用独立的 VPN/APN 承载。

# 7.4 配电机器人采集

## 7.4.1 业务概况

配电站自动巡检系统利用专用巡检机器人和环境监控传感装置，可以对配电站设备（如电源、空调、水泵、风机等设备）、环境、视频等进行实时感知、监控预警与分析和可视化展示，从整体上实现配电站所的运行状况自动监测，有效提升站所管理水平，是无线专网基本业务中大带宽监控类业务。

配电站自动巡检系统通常包括主站系统和站端设备两部分。配电站端设备主要包括机器人、固定摄像机（可选）和动力环境设备及相应传感器等；主站系统部署在省公司，主要是服务器、大屏等。常见的配电站所配置机器人 1 台、摄像机 1～3 台、环境监控设备及传感器 1 套，带有高清摄像机的机器人数据带宽为 2M～4Mbit/s，1 路高清监控摄像机带宽 1M～4Mbit/s（与设定的图像清晰度和帧率有关），采集终端数据带宽 0.5M～1Mbit/s。1 个配电站每天主动上传的任务数据量约为 200M（不含视频）；当主站调用多路视频时，数据流量可达 8M～10Mbit/s。

## 7.4.2 业务接入架构

配电站房通过公专一体的 CPE 终端接入，当使用无线专网时，CPE 接入部署在地市公司的 LTE 电力无线专网核心网设备，并通过省—市业务承载网接入省公司信息安全第五区安全接入平台，最终进入部署在省公司内网的主站系统；当使用无线公网时，CPE 通过公网专线，直接接入第五区安全接入平台，如图 7－7 所示。

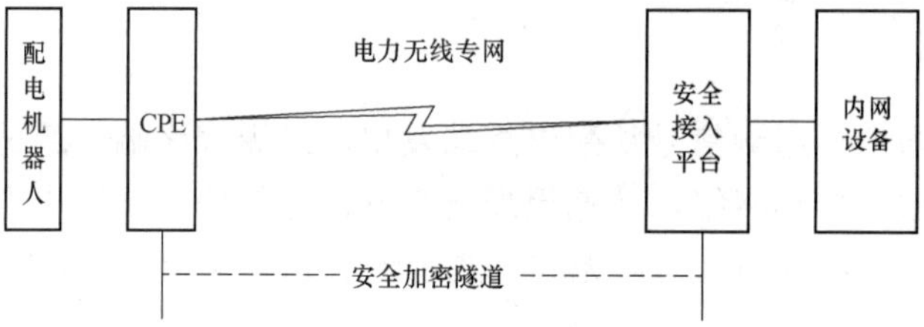


图 7－7　配电机器人业务接入架构

## 7.4.3 业务接入实施方案

1. 网络结构

配电机器人业务数据通过 CPE 接入到电力无线专网，在 CPE 与第五区视频安全接入平台间建立的 IPsec VPN 通道中进行安全加密传输，经过核心网、电力专网省市业务承载网传送至第五区安全接入平台，安全平台对业务数据解密，经防火墙传送至部署在内网的机器人视频服务器。

配电机器人业务接入详细网络拓扑如图 7－8 所示。

2. 通道设计原则

基站信号应对配电机器人业务的无线终端所在区域实现双覆盖。配电机器人业务应采用独立的 VPN/APN 承载。

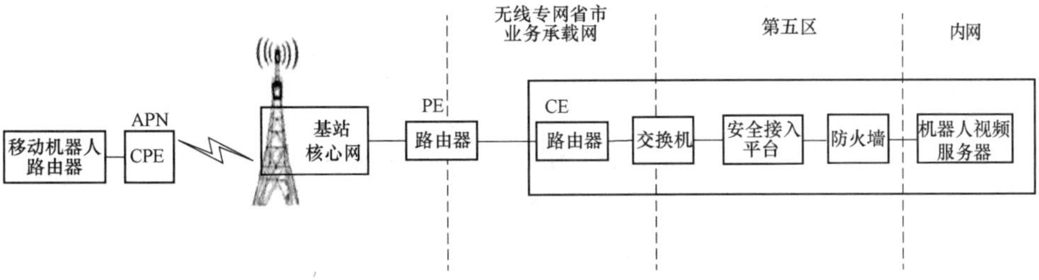


图 7－8 配电机器人业务接入网络拓扑

# 7.5 基站视频监控

## 7.5.1 业务概况

电力 4G 无线专网铁塔的建设有自建和租赁两种模式，对于自建模式，铁塔及基站主要建设在市公司和变电站内，安全责任明确，且具备开展视频监控的条件，为了更好落实公司对电力无线专网基站重点管控，实现对现场信息实时可视，有必要将电力无线专网基站现场图像、视频数据接入统一视频监控平台，实现现场数据可视化应用。

## 7.5.2 业务接入架构

集成加密芯片的 CPE 终端与主流摄像头（支持 B 接口）组合，通过无线传输到安全接入平台和统一视频监控平台，架构如图 7－9 所示。

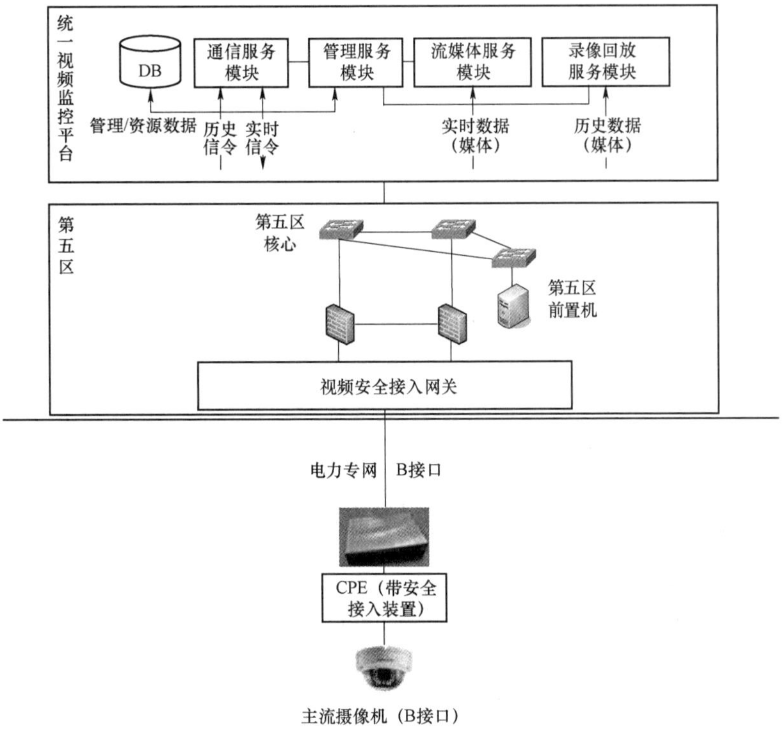


图 7－9 基站视频监控接入架构

### 7.5.3 业务接入实施方案

1. 网络结构

基站视频监控数据流通过专网基站上传至市公司核心网，业务再通过省市业务承载网传输至省公司路由器，经第五区传输至统一视频监控平台主站。

基站视频监控无线通道组织方案如图 7－10 所示。

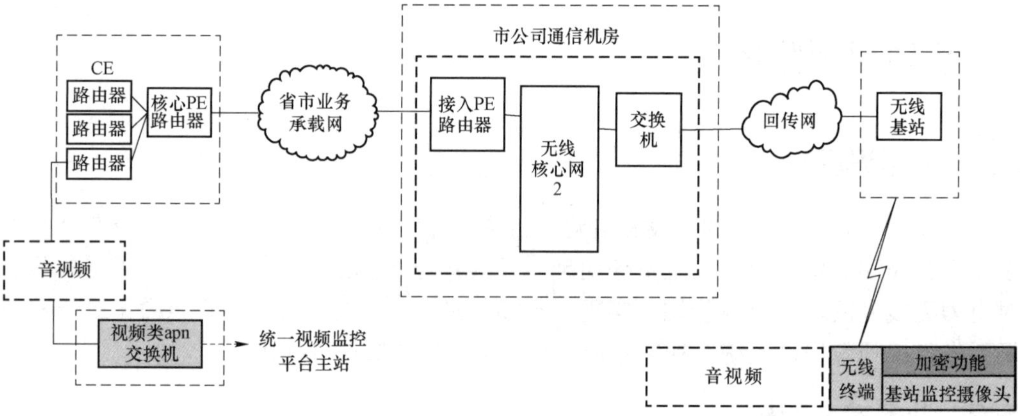


图 7－10 基站视频监控无线通道组织方案

2. 通道设计原则

接入基站设备电源后备时间不应低于专用光纤接入变电站标准，接入的基站回传通道在核心网侧应尽可能分摊至不同 SDH 设备、不同板卡或者端口。基站视频监控业务应采用独立的 VPN/APN 承载。

## 7.6 用电信息采集

### 7.6.1 业务概况

用电信息采集系统是对电力用户的用电信息进行采集、处理和实时监控的系统，实现用电信息的自动采集、低压集抄、计量异常监测、电能质量监测、用电分析和管理、相关信息发布、分布式能源监控、智能用电设备的信息交互等功能。用电信息采集系统架构由主站层、传输层、终端层组成。

用电信息采集主站部署在省公司，完成全省范围内的所有现场终端和表计的数据采集、存储和处理，地市公司不单独设立主站。

（1）端到端时延要求：该业务通信时延＜5s。

（2）业务带宽：用电数据采集业务应≥1.05kbit/s，负荷控制业务应≥2.5kbit/s。

（3）业务终端工作环境特征：终端固定。

（4）无线通信质量等级要求：符合 3GPP TS 23.203 中 QCI6、优先级 5 等级服务质量要求。

## 7.6.2 业务接入架构

用电信息采集系统架构由主站层、传输层、终端层组成，集成在营销应用系统中，数据交互由营销系统与其他应用系统进行接口，如图 7－11 所示。

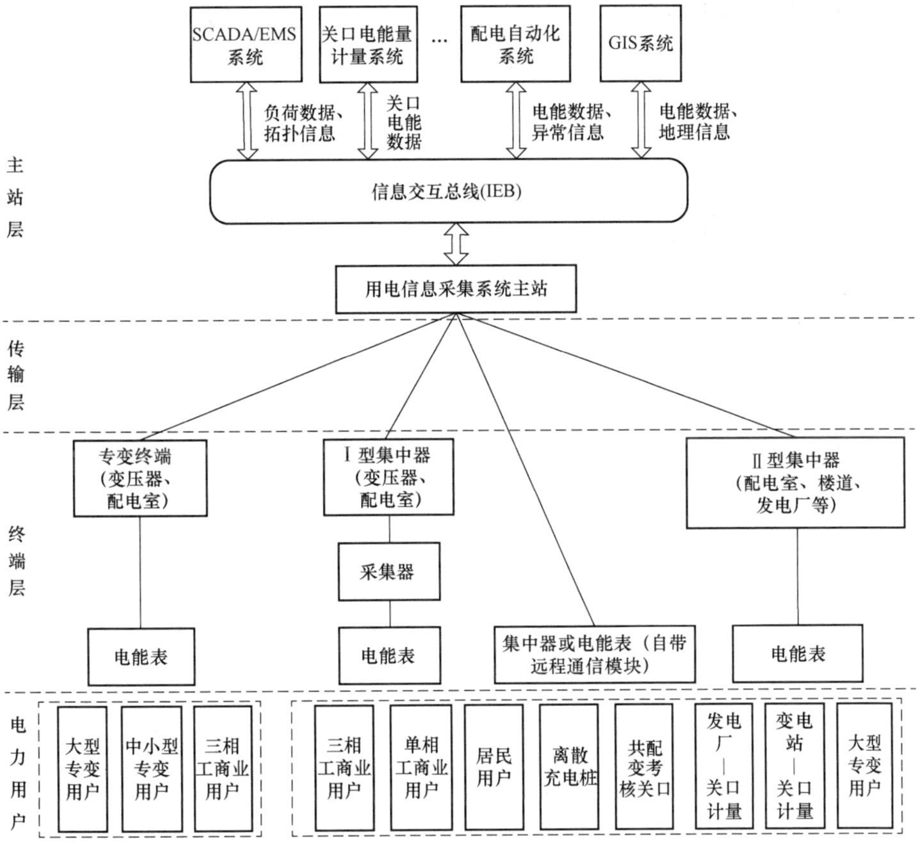


图 7－11 用电信息采集系统架构

## 7.6.3 业务接入实施方案

1. 网络结构

用户通过专网基站将信息上传至市公司核心网，业务再通过省市业务承载网传输至省公司路由器，再传输至用采前置机，最终至用采主站系统。

用采无线通道组织方案如图 7－12 所示。

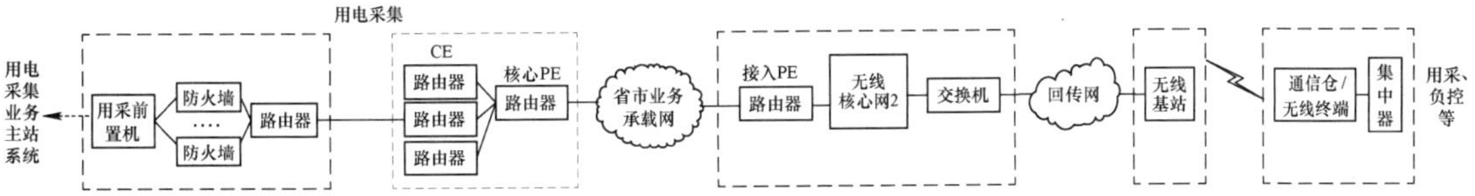


图 7－12 用采系统无线通道组织方案

2. 通道设计原则

基站信号应对用采业务的无线终端所在区域实现双覆盖。接入基站设备电源后备时间不应低于专用光纤接入变电站标准，接入的基站回传通道在核心网侧应尽可能分摊至不同SDH 设备、不同板卡或者端口。用采业务应采用独立的 VPN/APN 承载。

本章选取了典型的业务系统，对这几类业务系统的现状、与无线专网的对接方式和实施方案进行了顶层设计，为打通业务隧道提供了较好的技术示范。

8

# 电力无线专网实践典型经验

在工程建设中通常会遇到各种各样的难题，需要在实践中快速分析问题本质并合理解决。本章选取了电力无线专网工程实践中遇到的几个典型问题，加以归纳总结形成详实的实践经验，供读者参考借鉴。

## 8.1 电力铁塔共享

### 8.1.1 案例描述

国网江苏电力和江苏铁塔公司积极致力于杆塔资源共享方面的创新探索与实践，在南京江北新区三桥工业园 110kV 旺兰 1 线 3 号电力杆，综合考虑承重、防雷、电磁等安全因素，经过方案设计、会审确定、施工措施规范制定等流程操作后，用时 48h 完成运营商 5G 设备加挂和基站开通任务。

### 8.1.2 问题分析与解决方案

在运营商 5G 商业和电力无线 4G 专网大规模建设背景下，一方面铁塔资源面临紧缺，5G 设备体积大、重量高、迎风面大，对天线抱杆要求远高于 4G 设备，部分原有铁塔站址无法满足安装要求。另一方面新建站点面临诸多问题，如征地困难、居民物业关系紧张，建设周期较长，无法满足进度需求等。

针对以上问题，电力铁塔资源共享，深化合作，实现共赢是目前行之有效的解决方案之一。根据双方合作协议，电力铁塔共享方案流程包括需求对接、过程实施、交付起租、运行维护。

以 110kV 旺兰 1 号线 3 号电力杆为例，铁塔公司根据移动公司 5G 基站建设信号覆盖要求，对接电力公司提出江北新区三桥工业园区域共享杆塔需求（包含经纬度、允许偏差范围、天线挂高、挂载设备参数、拟选电力杆塔电压等级、拟选电力杆塔号），电力公司在接到铁塔公司需求后，调取杆塔原始设计、建设资料，组织协调三方检测单位对 110kV 旺兰 1 号线 3 号电力杆塔的钢材型号规格、连接情况、已有负荷情况进行核查、检测，对铁塔结构进行验算分析并做出可靠性鉴定。在确认杆塔满足需求后，电力公司委托设计单位对旺兰电力杆二层平台原挂设 4G 设备的抱杆进行改造设计，设计方案将原有 1.5m 抱杆更换为 3m 抱杆，并调整抱箍位置。设计方案经会审确认后，通过升降机将原有抱杆拆除更换，再恢复挂设 4G 设备，并在新抱杆下方位置加挂 5G 基站有源天线处理单元（Active Antenna Unit，AAU）设备，将线缆沿塔身布放至塔下，最后由铁塔公司完成塔下施工，将基站顺利开通。

### 8.1.3 实践效果

（1）单站建设周期从 30 天提速至 1 天，建设周期缩短 96.7%。

（2）单站建设资金从 36 万元节约至 1 万元，资金节约 97.2%。

（3）减少新建站址需求，减少征地面积，节约铁塔钢材。

（4）通过电力铁塔共享可解决运营商部分区域选址困难、信号弱覆盖问题。

（5）助力运营商 5G 商用建设进度提速、加快覆盖。

（6）共享模式可在全国复制，全面推广共享基站应用，优化整合资源，实现互惠互赢。

## 8.2 预制快装塔

### 8.2.1 案例描述

公司面对无线专网建设工期短，自有变电站内情况复杂且投运年龄跨度大等因素，急需有效解决无线专网设备专用塔的建设问题。

### 8.2.2 问题分析与解决方案

通过与通信运营商探讨，咨询设计单位，决定在南京专网建设中采用预制快装塔方案。

传统通信塔，特别是塔身高度超过 30m 以上的大型铁塔，根据地质条件的不同，一般采用人工挖孔桩、机械挖孔桩和大开挖基础形式。需要各种大型工程机械和工人配合施工，从准备开始到施工结束一般需要 10 天左右时间。完成混凝土浇筑进行保养，一般至少还需要 25 天。

变电站内通信塔施工会受到站内可用范围狭小、地下环境复杂（如强电、弱电线缆沟，变电站环网，消防水池，储油池等）、运维人员进站维保、巡检人员进站巡视等因素影响，不利于大型通信铁塔施工（如材料的运输、工程机械的进出场、大量土方外运和回填、长时间的钢筋焊接工作等）。

此次采用的两张规格快装塔，将大量施工工作转移到了工厂进行预制基础批量化生产。变电站内只需要勘测单位物勘后提供详细报告和图纸，在合适位置进行地勘取样，土建设计人员根据地勘部门提供的地勘报告针对不同地质情况进行承台设计。土建施工单位按照会审定稿的基础设计图纸在现场对应位置进行基础施工，相对人工挖孔桩、机械挖孔桩和大开挖基础施工占用场地和施工天数大大缩短。当承台强度达到设计强度值后（一般 25 天能满足设计要求），预制块和铁塔生产厂家将构件运输到变电站内完成吊装，一般仅需 6h

即可完成预制基础和塔身以及天线同步安装。

### 8.2.3 实践效果

（1）单站土建专业现场施工由原来的10多天缩短到4天内。

（2）施工过程中占用变电站内场地和道路用地大大减少。

（3）对在运变电站正常使用、维护保养、例行巡检等工作影响降到最低。

（4）在很大程度上缩短单站建设工期。

（5）与传统基础类型同高度铁塔在基础造价上的投资相比有适当减少。

（6）此类塔方便安装和拆卸，如有投诉和纠纷能快速进行拆卸安装到其他地方。

实施过程中的改进：

（1）为方便后期变电站内接地环网和塔基础的均压网以及铁塔本身防雷接地装置的检查维修，将与铁塔塔身焊接的接地方式改为在塔身底部焊接4个耳朵型接地连接件，连接件与均压网扁铁通过螺栓连接。

（2）为防止雨后或者潮湿环境下上塔进行设备维护保养发生滑落现象，要求铁塔生产厂家将原有塔钉端部进行打磨处理，增加摩擦力，保障塔工登塔作业安全。

预制快装塔安装过程照片如图8-1～图8-4所示。

图8-1 预制混凝土块吊装施工

图8-2 预制混凝土块吊装完成

图8-3 铁塔钢结构底座吊装施工

图8-4 铁塔吊装施工

## 8.3 岛屿电力无线专网覆盖

### 8.3.1 案例描述

为利用岛屿丰富的风、光、波浪能等自然资源，在岛上建设了一套风光储互补智能微电网系统。实施岛上电力无线专网覆盖，实现岛上微电网传感设备互联，探索泛在电力物联网在岛屿微电网的应用。

### 8.3.2 问题分析与解决方案

岛屿缆线布放困难，且海岛环境较差，风吹日晒，线缆较容易腐蚀，因此需要部署电力无线专网，实现微网运行及控制室、储能室配套的视频监控、动环监控等信息联网。

岛屿业务主要有5类：微网（光伏、风机）、IMS视频电话、视频会议、视频监控、动环监控。五类业务均采用无线方式采集传输，如图8－5所示。

岛屿无线专网覆盖方案：岛屿地形地貌呈陡峭梯田状，按常规的宏站建设模式建设无线基站，信号容易被高低落差较大的建筑物阻挡，且岛上建筑多为石块修筑，墙体厚实，信号不易穿透，故在岛上建设3个小微站分布在业务较集中的区域。

岛屿至陆地传输通道：采用建设微波通信设备的方式，在岛屿新增微波通信设备一套，在陆地侧新增微波通信设备一套，通过微波通信完成岛屿至落地的传输通道。

### 8.3.3 实践效果

本方案适用于海岛及微网业务较分散的场景、线缆不易施工的环境，可操作性较强，可供类似场景借鉴参考。

## 8.4 分段式防坠落绳设计

### 8.4.1 案例描述

电力无线专网自建塔多采用落地单管塔形式，此类型塔防坠落措施多采用整体式防坠落绳方案。无论塔身多高，有多少分段，都是从塔顶和塔底两点处固定整段钢丝绳。部分高度较高的铁塔（一般高度超过25m的铁塔），则会在其他塔身分段上设置穿绳件，钢丝绳从预留孔洞处穿过，用于稳定在大风条件下钢丝绳的晃动。

单管塔的安装顺序为，先安装塔底第一段塔身，第一段紧固后，塔工登塔至第一段塔身顶部处等待吊机将第二段塔身吊到安装位置，塔工将第二段塔身位置调正，后续第三段吊装同理。在塔体整体组装完成前，没有相应的防坠落措施保障塔上人员安全。

目前主流使用的整体式防坠落装置只能保障铁塔塔身安装完成后登塔作业的防坠落安全，无法保障塔工在安装塔身时的防坠落安全，给铁塔安装工作带来很大安全隐患。一旦操作不慎，会发生高处坠落事故。

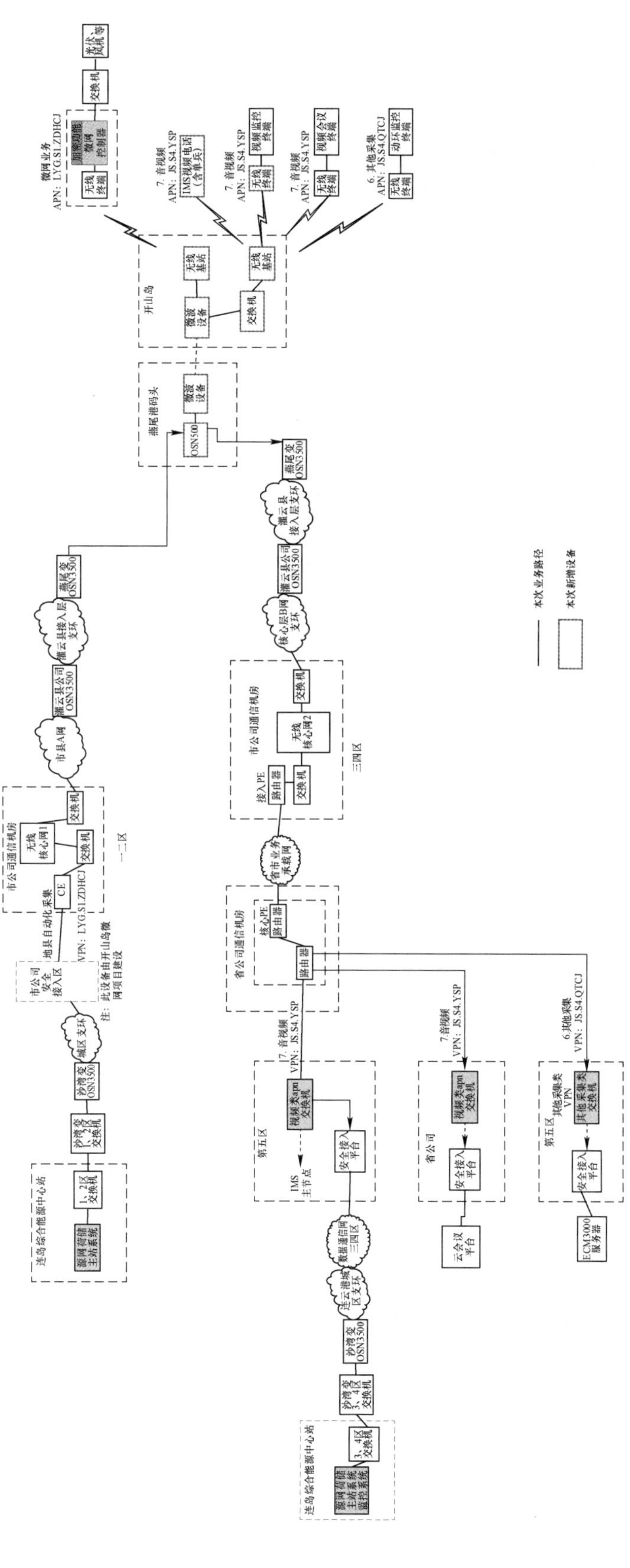


图8-5 岛屿业务通信方式

## 8.4.2 问题分析与解决方案

针对铁塔防坠落问题，需设计一种防坠落装置可保障塔上作业人员在铁塔安装期间的高处作业安全，新的防坠落装置应可随每段塔身分段安装，防坠落装置每段独立载荷应符合 GB 6095—2009《安全带》对爬升安全装置的要求。新的防坠落装置应简单实用，不增加额外制作成本。

根据以往使用经验和遇到的新要求、新情况，项目设计了塔身分段式防坠落装置。在塔身每段顶部和底部都设置防坠落装置固定件，在塔身地面拼装时将钢丝绳固定在固定件上，不再是以往从顶到底部一根贯通的钢丝绳。在塔身吊装时，塔工穿着的五点式安全带卡锁可以系扣在防坠落钢丝绳上，安装下一段塔身时，系扣在上一段防坠落钢丝绳上，这样从根本上杜绝安装中存在的安全隐患，保障塔身吊装工作的安全有序进行。

1. 安全爬升装置要求

（1）符合 GB 6095—2009《安全带》对爬升安全装置的要求。

（2）顶部托架静载负荷不低于 2200kg。

（3）安全锁载重（人体及附带工具）不超出 140kg。

（4）塔体与爬升装置顶部托架、导向件、底部托架的螺钉应拧紧，扭矩为 27～32Nm。

（5）底部托架用于调节钢丝绳松紧度，一般以拉紧为准，安装时要防止钢丝绳扭曲，螺钉拧紧，扭矩为 61Nm。

（6）施工及维护攀爬过程中，所配装的五点全身式安全带应具备至少两条可拆卸锁扣绳。

2. 安全爬升装置使用说明

（1）钢丝绳可选用不锈钢丝绳或镀锌钢丝绳。不锈钢丝绳应符合 GB/T 9944—2002《不锈钢丝绳》的规定，镀锌钢丝绳应符合 GB/T 8918—2006《重要用途钢丝绳》的规定，镀锌等级为 AB 级的热镀锌钢丝绳，其镀锌检验标准应符合 GB/T 1839—2008《钢产品镀锌层质量试验方法》规定。

（2）钢丝绳端采用绳卡固定。

1）绳卡的形式和尺寸应与钢丝绳的直径相适应，其 U 形环内侧净距比钢丝绳直径大 1～3mm，符合 GB 5976—2006《钢丝绳夹》的规定。

2）安装绳卡时，必须将螺栓拧紧，直至将钢丝绳压扁直径的 1/3～1/4 时为止，并应在钢丝绳受载 1～2 次后，再用绳卡螺母进一步拧紧，以保证接头连接牢固。

3）同一根钢丝绳上的绳卡方向要一致，即 U 形部分与绳头接触，卡座（压板）与主绳接触。

4）离套环最近的绳卡（第一个绳卡）应尽可能靠近索具套环（鸡心环），绳头处要用细铁丝捆扎。

5）离套环最远（离绳头最近）的绳卡不得先单独紧固。

（3）钢丝绳导向件 S02 通过两个 M10 螺栓安装在杆体爬升装置中间固定件上。

（4）底部托架 S08 通过两个 M12×50 螺栓安装在杆体底节爬升装置下端固定件上。

（5）钢丝绳拉杆组件 S05 安装在底部托架 S08 上，铝垫片用于保护拉杆螺纹。

（6）安全带通过防坠落装置与钢丝绳相连。

（7）S01 件、S07 件、S08 件位于同一竖直线上，水平角度位置应满足施工及维护过程中的攀爬便捷需要。S01 件距离塔段顶的竖向距离 $A$，对于顶部塔段根据实际需求确定，其

余下部塔段 $A=400$mm+本段套接长度。S08 件距离塔段顶的竖向距离 $B$，对于底部塔段 $B$ 取 2000mm，其余上部塔段 $B$ 取 100mm。

（8）S01 件、S07 件、S08 件于可灵活调整与塔身连接位置，合理避让其他零件，但应满足安装完成后，相邻 S01 件与 S08 件中心距不大于 500mm。

## 8.4.3 实践效果

目前，该分段式防坠落装置已应用于电力无线专网多处单管塔安装，并根据应用情况对防坠落装置进行了改进，本次改进的分段式防坠落措施样图，与整体式防坠落措施在局部有着明显区别，如图 8-6 所示。

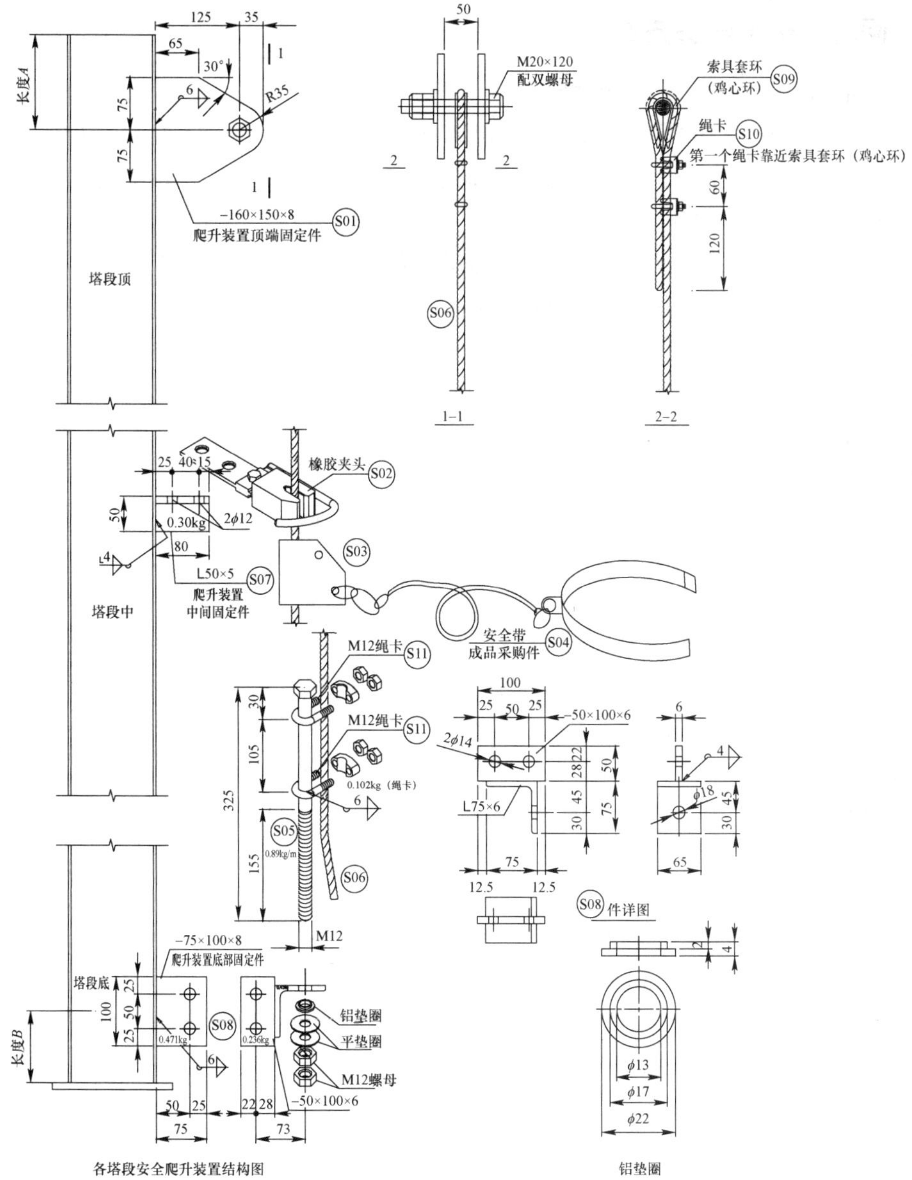


图 8-6　改进的分段式防坠落措施大样图

# 8.5 单基站多核心网配置

## 8.5.1 案例描述

电力无线专网核心网按照业务类型分别建设了生产控制大区和管理信息大区两套核心网，分别承载一、二区业务和三、四区业务。按照核心网建设思路，基站侧需要建设两套eNodeB设备，分两个频率建设两张一样的无线接入网。由于基站规模庞大，建设两套基站设备势必会造成投资成本的翻倍和频谱资源的浪费。

## 8.5.2 问题分析与解决方案

根据《国家电网公司电力无线专网信息安全防护方案》，生产控制大区与管理信息大区可采用同一套基站进行组网，需提出一种可以多套核心网共享一套eNodeB硬件资源和频率资源的方案，满足业务安全、经济效益和资源利用率等多方面要求，该方案需要通过时频资源调度策略重点保护生产控制大区业务。

研究团队联合设备厂家开展研讨，并向运营商学习借鉴，提出基于无线接入网共享（Radio Access Network Sharing，RAN Sharing）的电力无线专网接入网架构。

3GPP TS 23.251定义了两种基于E－UTRAN网络的RAN Sharing架构，一种为多运营商核心网（Multi－Operator Core Network，MOCN），多运营商仅共享RAN，核心网相互独立。另一种为网关核心网（Gateway Core Network，GWCN），多运营商除了共享RAN，也共享部分核心网网元。

对于电力专网，第一种MOCN方式更适用，专网eNodeB需要与两个核心网均建立S1链路。该方案主要涉及以下两个关键技术：

（1）无线接入网载频共享。

两类业务具有不同的PLMN，分别与同一个基站连接，共享RAN资源，包括载频资源和eNodeB硬件资源。两类业务共享相同的小区，但在共享小区内区分两种广播PLMN，每个小区广播两类业务的PLMN。两类业务可以通过共享基站分别接入对应的核心网。

1）eNodeB根据eUE选择的PLMN ID所指示的核心网来选择S1接口，从而连接到合适的核心网供eUE接入。

2）多个核心网使用唯一的基站标识和唯一的小区标识，用于对共享的基站和小区进行寻址。

3）在eNodeB上配置两块传输板，分别连接不同的核心网。

（2）RAN Sharing下的QoS管理。

多PLMN的RAN Sharing组网场景下QoS，普通场景下，不同业务可以配置不同的空口资源比例来保证公平共享资源；特定场景下，高优先级业务可以抢占并释放其他业务，保证高优先级接入和QoS保障，甚至可以独占全部资源。

1）当所有业务的下行或者上行方向RB分配比例之和小于100%时，可以将未配置的资源分配给等级高的业务。

2）当某类业务的RB资源空闲时，其他业务可以使用其空闲的RB资源。

### 8.5.3　实践效果

电力无线专网实现了以上共享基站配置，在同一物理基站下通过 PLMN 和 IP 层实现两个逻辑基站功能，既达到了网络建设的性能要求，又节约了基建投入。

## 8.6　地铁干扰问题处置

### 8.6.1　案例描述

电力无线专网采用 1790MHz～1800MHz 频段，与南京地铁使用的 1785MHz～1805MHz 列控专网频率发生重叠，如不采取有效措施，双方网络将相互干扰，影响双方业务开展，如图 8－7 所示。

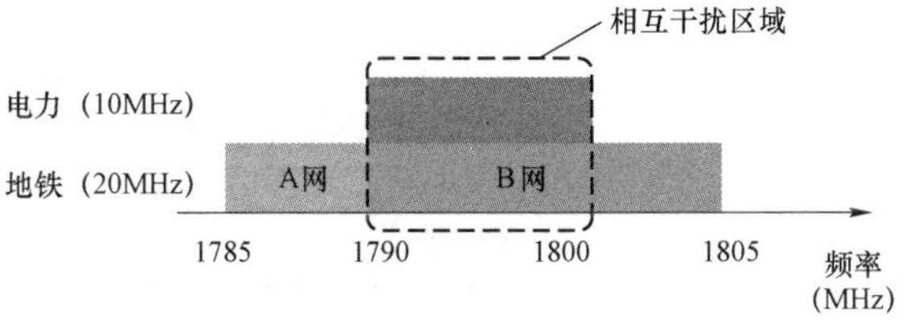


图 8－7　电力无线专网与地铁频段干扰

经过干扰协调论证分析，提出了频率共用和干扰协调工程实施方案并进行实施。

### 8.6.2　问题分析与解决方案

经过分析发现共有四类干扰，如图 8－8 所示，其中主要的干扰是第一类和第三类。第一类是电力基站对地铁车辆顶部天线的干扰，发生在双方基站同时发射的时隙；第三类是地铁车辆段基站对电力基站的干扰，发生在地铁基站发射、电力基站接收的时隙。

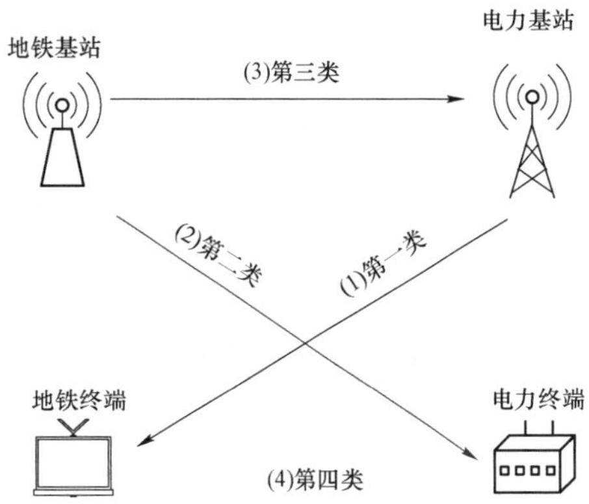


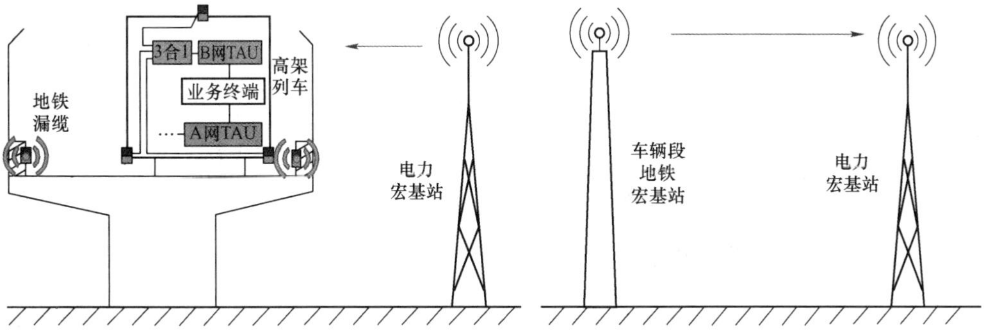


图 8－8　第一类干扰和第三类干扰

车辆行驶在某道路部分路段时，距离某酒店宏基站1500m处检测到较强信号，强度达到−95dBm，对地铁有较大干扰。

问题路段在某酒店宏基站扇区1主覆盖方向1500m处信号较强，降低酒店宏基站扇区1功率15dB。

为避免新开站点对地铁产生影响，测试时现场临时对有干扰小区执行降功率操作，以控制小区覆盖。

### 8.6.3 实践效果

针对目前电力无线专网和地铁专网遇到的干扰问题，建议从规划期制定规避干扰的覆盖方案、基站建成后以干扰优化的方式调整，具体建议如下：

（1）在设计规划期，避免在地铁周边1km内规划正对地铁方向小区。

（2）对于覆盖方向有大量水体的小区，优化时应注意镜面反射造成覆盖距离大于理论值的情况。

（3）优化时，注意实际覆盖和规划不符情况，避免天馈接反和插花影响优化效果。

（4）不同场景下正对地铁方向小区干扰处理建议见表8−1。

表8−1　干扰处理建议

| 场景＼与地铁距离 | 1km以内 | 1～3km | 3～5km | 5～7km | 7km以上 |
|---|---|---|---|---|---|
| 建筑物密集城区 | 下倾角10°以上 | 下倾角7°～10° | 下倾角不小于4° | 干扰较小 | 干扰较小 |
| 郊区 | 避免规划 | 下倾角10°以上 | 下倾角8°～10° | 下倾角7°～9° | 下倾角7°～8° |
| 地铁高架附近 | 避免规划 | 下倾角10°以上 | 下倾角9°以上 | 下倾角8°～9° | 下倾角7°～9° |

干扰源为40m以上较高基站时对应下倾角可增大1°～2°，具体实施还需考虑当地的实际情况。

## 8.7 终端覆盖增强

### 8.7.1 案例描述

电力无线专网终端分为独立终端、嵌入式终端和移动终端三类。独立CPE终端独立供电，上联接口为无线专网空中接口，下联接口支持标准以太网口、串口和本地无线接入协议，无线CPE是目前一种常用的独立终端，具体分为室外型CPE和室内型CPE两种。嵌入式终端依赖嵌入业务终端的接口供电，上联接口为无线专网空中接口，下联接口为业务终端定义的通信扩展接口。移动终端需要具备人机交互能力。

### 8.7.2 问题分析及解决方案

电力无线专网终端应用关键技术要求终端应同时符合通信网络协议要求，以及电力业务的安全、性能和环境要求。为满足上述要求，电力室外终端应采用高规格的室外三防技术和高性能处理器单元；室内设备应采用工业级设计和高电磁兼容性的电路设计，以应对高电磁辐射环境。移动终端应采用日光下清晰可读的高亮显示器、大容量电池等技术以应对室外严苛的工作环境。

终端信号延伸分为上联（天馈线）延伸和下联（以太网、串口、本地无线等）延伸两种方式。

1. 无线终端天馈线延伸方案

（1）适用场景。终端天馈线延伸方案适用于信号需要延伸距离较短、室外有无线信号、室内无线终端连接室外天线的馈线长度小于20m的场景。如：配电房、环网柜、箱式变压器等站点。

（2）典型方案。无线CPE天线安装在室外接收无线信号，通过馈线（射频信号电缆）延伸到室内的CPE主机，如图8－9所示。

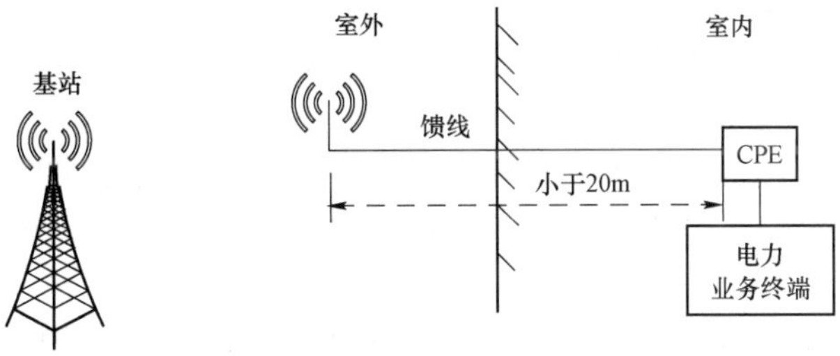


图8－9　终端天馈线信号延伸示意图

（3）设计要求。室外信号强度大于－105dBm，天线及馈线的插入损耗低于5dBm，保证无线终端接收电平在－110dBm以上。

（4）施工要求。终端馈线延伸方案中天馈线施工要求与一体化放大器天馈线设计要求相同。环网柜侧面开孔需做好防水处理，如图8－10所示。

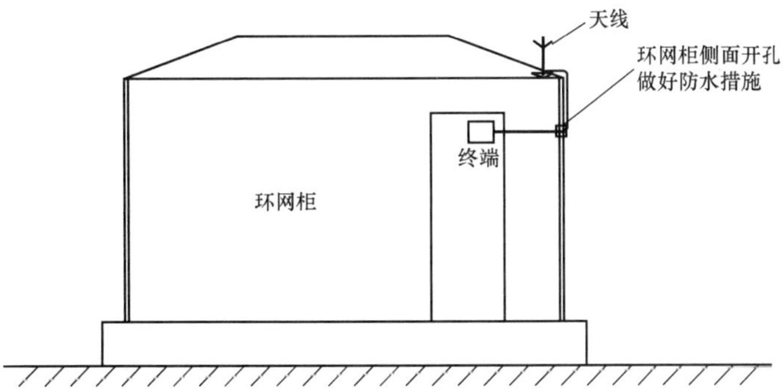


图8－10　终端天馈线延伸施工图

2. 无线终端上联共馈线方案

对于新建接入终端处存在已建设无线延伸馈线的站点，例如负控系统，可以复用已建馈线，采用以下方案开展终端接入，如图8－11所示。

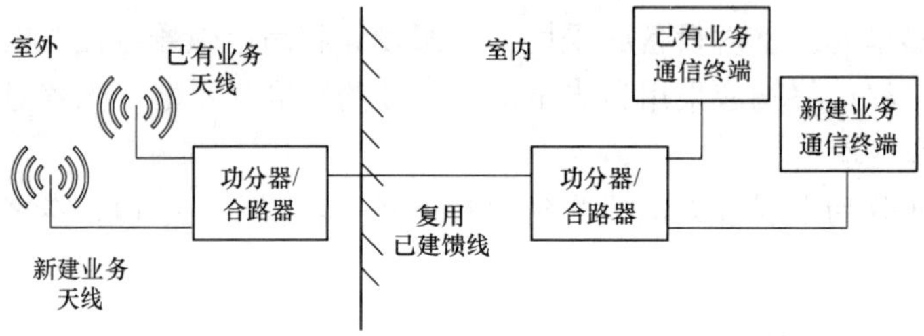


图 8－11　终端共馈线示意图

共馈线方案要求：

（1）室内功分器/合路器的端口支持的通信频率，应与业务终端使用的频率匹配，室外功分器/合路器的端口支持的通信频率，应与天线的频率匹配。

（2）全向天线增益大于 3.5dBi。

（3）定向天线增益大于 8dBi。

（4）天线驻波比小于 1.5。

（5）分路器/合路器耦合损耗小于 1dB，分路器/合路器到天线间的馈线距离应小于 20m。

3. 无线终端以太网下联延伸方案

（1）适用场景。无线终端以太网延伸方案适用于信号需要延伸距离较远，室外有信号的位置距离室内业务终端走线长度大于 20m 的场景，如位于工厂、商铺或地下车库的 IP 业务终端接入等。

（2）典型方案。无线终端安装在室外（需采用室外型设备）接收无线信号，通过网线或串口线延伸到室内的业务终端；或者无线终端挂壁安装，天线穿墙安装在室外，通过延长网线或串口线延伸到室内的业务终端，如图 8－12 所示。

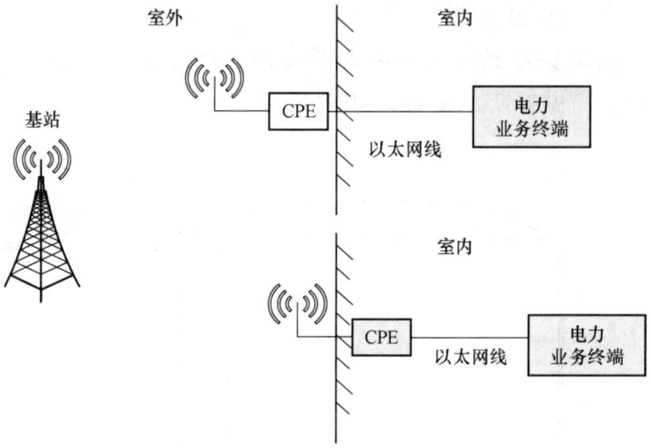


图 8－12　终端下联延伸示意图

（3）设计要求。保证无线终端接收电平在－110dBm 以上，网线延伸长度小于 100m。

（4）施工要求。无线终端设备宜通过配电房取电，终端安装在室外时应采取防水措施，如图 8－13 所示。

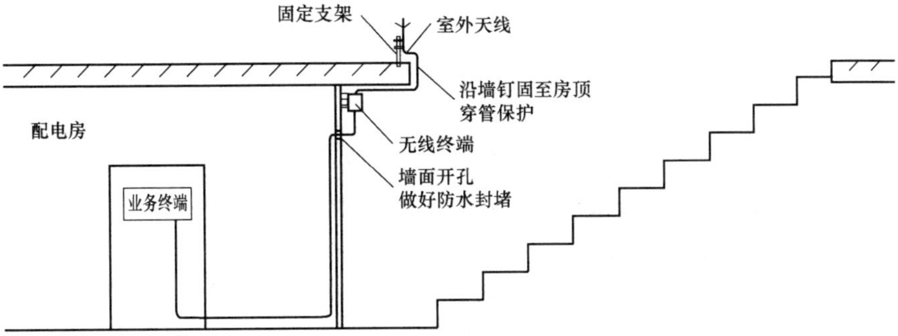


图 8-13 终端下联延伸施工图

### 8.7.3 实践效果

通过信号延伸优化提升了信号强度，大幅提高信道传输效率和质量，节省了建设投资，具有广泛推广价值。

本章节结合电力无线专网建设情况，给出了 7 个具有示范、推广和指导意义的典型经验，并从案例描述、问题分析、解决方案、实践效果等方面对各个典型经验进行了深入的阐释。

# 缩　略　语

| | |
|---|---|
| 3GPP | 3rd Generation Partnership Project 第三代合作伙伴计划 |
| AES | Advanced Encryption Standard 高级加密标准 |
| AKA | Authentication and Key Agreement 密钥协商机制 |
| AMBR | Aggregate Maximum Bit Rate 聚合最大比特速率 |
| AMC | Adaptive Modulation and Coding 自适应调制编码 |
| AMPS | Advanced Mobile Phone System 高级移动电话系统 |
| APN | Access Point Name 接入点名称 |
| ARP | Address Resolution Protocol 地址解析协议 |
| ARP | Allocation Retention Priority 分配与保持优先级 |
| ARQ | Automatic Repeat Request 自动重传请求 |
| AS | Access Stratum 接入层 |
| AS | Autonomous System 自治系统 |
| BBU | Base Band Unit 基带处理单元 |
| BDM | Buildings Distribution Model 建筑分布模型 |
| BF | Beam Forming 波束成形 |
| BGP | Border Gateway Protocol 边界网关协议 |
| C/I | Carrier to Interference 载干比 |
| CCE | Control Channel Element 控制信道元素 |
| CCIR | International Radio Consultative Committee 国际无线电咨询委员会 |
| CDMA | Code Division Multiple Access 码分多址 |
| CE | Customer Edge 用户边缘路由器 |
| CIF | Common Intermediate Format 通用影像格式 |
| COST | European Cooperation in Science and Technology 欧洲科技合作组织 |
| CPE | Customer Premise Equipment 客户前置设备 |
| CQI | Channel Quality Indicator 信道质量指示 |
| CS | Circuit Switched 电路交换域 |
| CW | Continuous Wave 等幅连续波 |
| DEM | Digital Elevation Model 数字高程模型 |
| DES | Data Encryption Standard 数据加密标准 |
| DFT | Discrete Fourier Transform 离散傅里叶变换 |
| DL | Down Link 下行 |
| DNS | Domain Name System 域名系统 |
| DOM | Digital Orthophoto Map 数字正射影像图 |
| DRA | Diameter Routing Agent 路由代理节点 |
| DRB | Data Resource Block 数据资源块 |

| | |
|---|---|
| DWDM | Dense Wavelength Division Multiplexing 密集型波分复用 |
| DwPTS | Downlink Pilot Time Slot 下行导频时隙 |
| EIRP | Equivalent Isotropic Radiated Power 等效全向辐射功率 |
| EMM | Evolved Mobility Management 演进移动性管理 |
| ENodeB | Evolved Node B 基站 |
| EPC | Evolved Packet Core 演进型分组核心网 |
| EPON | Ethernet Passive Optical Network 以太网无源光网络 |
| EPS | Evolved Packet System 演进分组系统 |
| E–RAB | Evolved Radio Access Bearer 演进的无线接入承载 |
| ESIM | Embedded–SIM 嵌入式 SIM 卡 |
| ESM | EPS Session Management EPS 会话管理 |
| E–UTRAN | Evolved UMTS Terrestrial Radio Access Network 演进的 UMTS 陆地无线接入网 |
| FDD | Frequency Division Duplexing 频分双工 |
| FDM | Frequency Division Multiplexing 频分多路复用 |
| FDMA | Frequency Division Multiple Access 频分多址 |
| FEC | Forward Error Correction 前向纠错 |
| FFR | Fraction Frequency Reuse 部分频率复用 |
| FFT | Fast Fourier Transform 快速傅里叶变换 |
| GBR | Guaranteed Bit Rate 保证比特速率 |
| GNSS | Global Navigation Satellite System 全球导航卫星系统 |
| GP | Guard Period 保护间隔 |
| GPON | Gigabit–Capable PON 千兆位无源光网络 |
| GPRS | General Packet Radio Service 通用分组无线服务 |
| GPS | Global Positioning System 全球定位系统 |
| GSM | Global System for Mobile Communications 全球移动通信系统 |
| GTP–U | GPRS Tunnel Protocol–User GPRS 隧道传输协议用户 |
| GW | Gate Way 网关 |
| HARQ | Hybrid Automatic Repeat Request 混合自动重传请求 |
| HSS | Home Subscriber Server 归属签约用户服务器 |
| ICIC | Inter Cell Interference Coordination 小区间干扰协调 |
| IFFT | Inverse Fast Fourier Transformation 反向快速傅里叶变换 |
| IGP | Interior Gateway Protocol 内部网关协议 |
| IMEI | International Mobile Equipment Identity 国际移动设备识别码 |
| IMS | IP Multimedia Subsystem IP 多媒体子系统 |
| IMSI | International Mobile Subscriber Identification Number 国际移动用户识别码 |
| IMT | International Mobile Telecom 国际移动电话系统 |
| IP–CAN | IP–Connectivity Access Network 网络之间互连的协议 |
| IP | Internet Protocol 互联网协议 |
| IS–IS | Intermediate System–to–Intermediate System 中间系统到中间系统 |

| | |
|---|---|
| ISI | Inter Symbol Interference 符号间干扰 |
| ITU | International Telecommunication Union 国际电信联盟 |
| KI | Individual Subscriber Authentication Key 用户鉴权密钥 |
| KPI | Key Performance Indicator 关键绩效指标 |
| LA | Link Adaptation 链路自适应 |
| LDM | Line Digital Model 线状地物模型 |
| LTE | Long Term Evolution 长期演进 |
| MAC | Multiple Access Channel 多址接入信道 |
| MANO | Management and Orchestration 管理和编排 |
| MAPL | Maximum Allowable Path Loss 最大路损 |
| MBR | Maximum Bit Rate 最大比特速率 |
| MCS | Modulation and Coding Scheme 调制与编码策略 |
| MIMO | Multiple – Input Multiple – Output 多输入多输出 |
| MME | Mobility Management Entity 移动管理单元 |
| MP – BGP | Multiprotocol BGP BGP 多协议扩展 |
| MP – iBGP | Multiprotocol Internal Border Gateway Protocol 内部 BGP 多协议扩展 |
| MPLS VPN | Multiprotocol Label Switching VPN 多协议标记转换 VPN |
| MR | Measurement Report 测量报告 |
| MTBF | Mean Time Between Failure 平均无故障时间 |
| NAS | Non – Access Stratum 非接入层 |
| NFV | Network Function Virtualization 网络功能虚拟化 |
| NFVI | NFV Infrastructure 网络功能虚拟化基础设施 |
| NR | New Radio 新空口 |
| OCS | Online Charging System 在线计费系统 |
| OFCS | Offline Charging System 离线计费系统 |
| OFDM | Orthogonal Frequency Division Multiplexing 正交频分复用 |
| OFDMA | Orthogonal Frequency Division Multiple Access 正交频分多址 |
| OP | Operator Variant Algorithm Configuration Field 运营商可变算法配置域 |
| OPC | Operator Variant Algorithm Configuration Field Code 对 OP 的加密编码 |
| OSPF | Open Shortest Path First 开放式最短路径优先 |
| OTN | Optical Transport Network 光传送网 |
| PAPR | Peak to Average Power Ratio 峰均比 |
| PCC | Policy Control and Charging 策略控制和计费 |
| PCFICH | Physical Control Format Indicator Channel 物理控制格式指示信道 |
| PCI | Physical Cell Identifier 物理小区标识 |
| PCRF | Policy and Charging Rules Function 策略与计费规则功能单元 |
| PDCCH | Physical Downlink Control Channel 物理下行控制信道 |
| PDN | Packet Data Network 分组数据网 |
| PDT | Police Digital Trunking 警用数字集群 |

| | |
|---|---|
| PE | Provider Edge 运营商边缘设备 |
| P－GW | Packet Gateway 数据网关 |
| PHICH | Physical Hybrid ARQ Indicator Channel 物理混合自动重传指示信道 |
| PLMN | Public Land Mobile Network 公共陆地移动网络 |
| PMS | Production Management System 生产管理系统 |
| PPP | Point to Point Protocol 点对点协议 |
| PRACH | Physical Random Access Channel 物理随机接入信道 |
| PSS | Primary Synchronization Signal 主同步信号 |
| PTN | Packet Transport Network 分组传输网 |
| PUCCH | Physical Uplink Control Channel 物理上行控制信道 |
| QAM | Quadrature Amplitude Modulation 正交振幅调制 |
| QCI | QoS Class Identifier 业务质量等级标识 |
| QoS | Quality of Service 服务质量 |
| RAN | Radio Access Network 无线接入网 |
| RB | Resource Block 无线资源块 |
| RF | Radio Frequency 射频 |
| RMS | Root Mean Square 均方根 |
| RRC | Radio Resource Control 无线资源控制 |
| RRU | Remote Radio Unit 射频拉远单元 |
| RS | Reference Signal 参考信号 |
| RSRP | Reference Signal Receive Power 参考信号接收功率 |
| SAE | System Architecture Evolution 系统架构演进 |
| SDF | Service Data Flow 业务数据流 |
| SCADA | Supervisory Control And Data Acquisition 数据采集与监视控制系统 |
| SCDMA | Synchronous Code Division Multiple Access 同步码分多址 |
| SC－FDMA | Single－carrier Frequency－Division Multiple Access 单载波频分多址 |
| SDH | Synchronous Digital Hierarchy 同步数字体系 |
| SDH/MSTP | Synchronous Digital Hierarchy/Multi－Service Transfer Platform 基于同步数字体系的多业务传送平台 |
| SEG | Security Gateway 安全网关 |
| S－GW | Serving Gateway 服务网关 |
| S－GW | Signal Gateway 信令网关 |
| SID | Silent Insertion Description 静默插入描述 |
| SIM | Subscriber Identification Module 用户身份识别 |
| SINR | Signal to Interference plus Noise Ratio 信号与干扰加噪声比 |
| SON | Self－Optimizing Network 自优化网络 |
| SPM | Standard Propagation Model 标准传播模型 |
| SPR | Subscription Profile Repository 签约数据仓库 |
| SRB | Signal RB 信令资源承载 |

| | |
|---|---|
| SRS | Sounding Reference Signal 探测参考信号 |
| SSS | Secondary Synchronization Signal 辅同步信号 |
| TA | Tracking Area 跟踪区 |
| TAI | TA Indicatior 跟踪区标识 |
| TAU | TA Update 跟踪区更新 |
| TCP | Transmission Control Protocol 传输控制协议 |
| TDD | Time Division Duplex 时分双工 |
| TDM | Time Division Multiplexing 时分复用 |
| TMSI | Temporary Mobile Subscriber Identity 临时用户身份 |
| TTI | Transmission Time Interval 传输时间间隔 |
| UE | User Equipment 用户设备 |
| UL | Uplink 上行 |
| UMTS | Universal Mobile Telecommunications System 通用移动通信系统 |
| UpPTS | Uplink Pilot Time Slot 上行导频时隙 |
| USIM | Universal Subscriber Identity Module 全球用户身份识别 |
| VLAN | Virtual Local Area Network 虚拟局域网 |
| VNFs | Virtual Network Functions 虚拟网络功能 |
| VoIP | Voice over IP 基于 IP 的语音传输 |
| VPN | Virtual Private Network 虚拟专用网络 |
| WCDMA | Wideband Code Division Multiple Access 宽带码分多址 |

# 附 录 A

**表 A.1 塔桅基础和钢结构随工验收测试表**

| 验收项目 | 验收子项 | 规范标准 | 测试工具及方法 | 验收结果 |
|---|---|---|---|---|
| 塔桅基础公共部分 | 材料选用 | 不同品种、不同厂家、不同标号的水泥不应在同一个连续浇筑体中混合使用。同一基础中使用不同水泥时，应分别制作试块，并作记录 | 审图、现场检查 | |
| | 基础强度 | 基础混凝土强度应以试块强度为依据。试块强度应符合工程设计文件要求 | 审图、现场检查 | |
| | 周边环境 | 地势不应低洼，不应设置在边坡（以站点所处位置为参照点，相对四周地势而言） | 目测（近距离或望远镜辅助） | |
| | | 周围无安全隐患，如地面塌陷、屋面或墙面开裂、塔下堆积易燃物等。存在安全隐患区域的基站宜设置围墙、栅栏等有效防护措施；距离居民区、学校等容易攀爬或靠近道路且易被盗的自建站点，宜设置围墙 | | |
| | 基础外观 | 铁塔基础的外观尺寸、标高、根开、预埋件定位应符合工程设计文件要求；不应有蜂窝、麻面、孔洞、夹渣、露筋、裂缝、疏松等现象 | 现场检查、卷尺 | |
| 现场浇筑基础 | 现场浇筑 | 基础现场浇筑前应支模，模板应采用刚性材料并支护可靠，表面应平整且接缝应严密 | 现场检查 | |
| | 地脚螺栓 | 1. 现场浇筑基础中的地脚螺栓安装前应除去浮锈，螺纹部分应予以保护，地脚螺栓及预埋件应安装牢固，在浇筑过程中应随时检查位置的准确性 | 现场检查 | |
| | | 2. 同组地脚螺栓中心或插入角钢形心对设计值偏移不应大于 10mm | | |
| | | 3. 地脚螺栓露出混凝土面高度允许偏差应为－5～+10mm | | |
| | 混凝土振捣 | 现场浇筑混凝土的振捣应采用机械搅拌、机械捣固的方式 | 现场检查 | |
| | 试块制作 | 每基铁塔基础应不少于一组 | 现场检查 | |
| | 钢筋骨架 | 1. 主筋间距允许偏差应为±10mm | 游标卡尺 | |
| | | 2. 箍筋间距允许偏差应为±20mm | | |
| | | 3. 钢筋骨架直径允许偏差应为±10mm | | |
| | | 4. 钢筋骨架长度允许偏差应为±50mm | | |
| | 混凝土养护 | 1. 在终凝后 12h 内开始浇水养护，当天气炎热，干燥有风时，应在 3h 内开始浇水养护，养护时应在基础横板外侧加遮盖物，浇水次数应能够保持混凝土表面始终湿润 | 现场检查 | |
| | | 2. 外露的混凝土浇水养护时间不宜少于 5 昼夜 | | |
| | | 3. 5 日平均气温低于 5℃时，不得浇水养护 | | |
| | 混凝土表面 | 保护层厚度的负偏差不得大于 5mm，混凝土表面缺陷的处理应符合现行国家标准 GB 50204—2015《混凝土结构工程施工质量验收规范》的有关规定 | 游标卡尺 | |

续表

| 验收项目 | 验收子项 | 规范标准 | 测试工具及方法 | 验收结果 |
|---|---|---|---|---|
| 混凝土灌注桩基础 | 成孔 | 1. 孔径的负偏差不得大于 50mm | 游标卡尺 | |
| | | 2. 孔垂直度应小于桩长 1% | | |
| | | 3. 孔深不应小于设计深度 | | |
| | 钢筋骨架 | 1. 主筋间距允许偏差应为±10mm | 游标卡尺 | |
| | | 2. 箍筋间距允许偏差应为±20mm | | |
| | | 3. 钢筋骨架直径允许偏差应为±10mm | | |
| | | 4. 钢筋骨架长度允许偏差应为±50mm | | |
| | 桩基础 | 混凝土灌注到地面后应清除桩顶部浮浆层，单桩基础可安装桩头模板，找正地脚螺栓，灌注桩头混凝土。桩头模板与灌注桩直径应吻合，不得出现凹凸现象。地面以上桩基础应表面光滑。群桩基础的承台应在桩的整体性检测合格后施工 | 现场检查 | |
| | 灌注桩 | 灌注桩应按设计要求验桩，基础混凝土强度等级应以试块为依据，试块的制作应每桩取一组，承台及连梁试块的制作数量应每基取一组 | 现场检查 | |
| 塔桅塔身公共部分 | 出场报告 | 应具备铁塔出厂合格证明、出厂镀锌检测报告、铁塔出厂检验报告 | 审图、现场检查 | |
| | 塔身外观 | 塔身主要构件（含塔柱、横杆、斜杆）无明显变形，焊缝无开裂，无缺失 | 目测（近距离或望远镜辅助） | |
| | 塔身螺栓 | 塔身主要受力螺栓（含塔柱连接螺栓、塔脚螺栓）应用双螺母拧紧，100%无缺失，100%穿孔，穿入方向一致，外露丝扣不少于 3～5 扣螺纹长，螺栓级别符合工程设计文件要求。普通螺栓连接应牢固、可靠，拧紧后外露丝扣不应少于 2 扣（双螺母防松时，丝扣平接即可），螺栓穿入方向在同层同种节点中应一致。单管塔法兰螺栓、角钢塔塔柱螺栓应采用双螺母锁紧。紧固程度以用活动扳手较难紧固为准 | 现场检查、力矩扳手 | |
| | | 使用力矩扳手检查螺栓扭矩值应满足：M12≥30、M16≥70、M18≥100、M20≥120、M22≥150、M24≥180、M27≥200、M30≥240（数值按 4.8 级螺栓确定，8.8 级、10.9 级螺栓的紧固力矩可乘 1.5 倍，塔型参见设计资料，三管塔、角钢塔等桁架类塔：选择合适的螺栓公称直径，使用力矩扳手读出拧紧力矩，每个塔柱不应少于 5 个；法兰型单管塔：由地面往上，每节选 3 个点测试；所有塔型地脚螺栓全部测试。80%所抽查测试螺栓的紧固力矩全部达到要求为合格） | | |
| | 塔身构件 | 塔身构件主要构件尺寸（含塔柱、横杆、斜撑的规格、地脚螺栓的直径）应满足设计规格（使用卷尺和超声波测厚仪测量塔桅构件（角钢测边宽和壁厚，抽测 3 个塔柱构件、2 个横杆或斜杆；三管塔、四管塔、增高架测外径和壁厚，抽测 3 个塔柱构件、2 个横杆或斜撑；单管塔、拉线塔测量 2 个塔段壁厚）；使用游标卡尺测量地脚螺栓的直径。检查结果全部达到设计要求方为合格 | 卷尺、游标卡尺、超声波测厚仪 | |
| | 平台栏杆 | 各类塔身平台栏杆允许偏差：<br>平台高度±15mm，平台水平度≤1/1000mm，平台梁高差≤10mm，平台板面高差≤4mm，栏杆高度±15mm，栏杆立柱间距±15mm | 游标卡尺 | |
| | 天线支架 | 天线支架无倾斜、方位准确、安装稳固、无变形、无锈蚀、无缺损、无松动，整体垂直地面。抱杆水平高度偏差不超过 5cm，所有构件安装使用的螺杆应全部螺帽在下，螺杆朝上 | 目测（近距离或望远镜辅助） | |

续表

| 验收项目 | 验收子项 | 规范标准 | 测试工具及方法 | 验收结果 |
|---|---|---|---|---|
| 塔桅塔身公共部分 | 爬梯 | 爬梯牢固可靠、无锈蚀，爬钉或角钢部分无缺失、弯折、松脱现象；走线架连续，宽度不小于 400mm，横档间距不大于 800mm，横档宽度不小于 50mm，横档厚度不小于 5mm（依照铁塔安装图纸，现场核查，如是单管塔则要检查有无安全绳且是否紧固） | 目测（近距离或望远镜辅助） | |
| | 塔身附挂物 | 塔体上无遗留杂物及其他无关附挂物（如有附挂物，备注说明） | 目测（近距离或望远镜辅助） | |
| | 塔体镀锌 | 塔体镀锌厚度测试，构件厚度＜5mm 时，镀锌厚度≥65μm；构件厚度≥5mm 时，镀锌厚度≥86μm（使用镀锌测厚仪测量构件镀锌层厚度，抽测 2 个构件，每个构件选测 5 个点，80% 达到要求为合格 | 镀锌测厚仪 | |
| | 塔身表面 | 表面光滑，连接处无毛刺、漫瘤和多余结块 | 目测（近距离） | |
| 自立塔（包括单管塔、三管塔、四管塔、角钢塔、灯杆塔、景观塔、桅杆塔等） | 混凝土基础 | 塔基无不均匀沉降、无覆土流失；基础钢筋无外露，保护层完好 | 目测（近距离） | |
| | 混凝土回弹 | 测量基础混凝土回弹值（铁塔基础回弹测试：圆形基础每 90°划分一个区域，每个区域取样 16 个点；方形基础以每个侧面为一个区域，每个区域取样 16 个点。合格标准：C25 混凝土≥30MPa，C30 混凝土≥34MPa） | 回弹仪 | |
| | 塔身垂直度 | 测量垂直度及偏移。三管塔及角钢塔≤$H$/1500，单管塔≤$H$/750。使用经纬仪，利用水平度盘测量出角度值，再计算出垂直度偏差，如下：<br>1. 单管塔上下端部四点在经纬仪物镜十字丝竖丝单丝的切线点在水平度盘 $H$ 对应的角度值 $A_1$、$A_2$、$B_1$、$B_2$。单管塔顶部直径为一定值（如某常规单管塔顶部直径为 600mm）；计算出实际垂直度偏差＝$(600/\lvert B_2-B_1\rvert)\times(\lvert\lvert A_2-B_2\rvert-\lvert B_1-A_1\rvert\rvert/2)$。得出数据如果大于 $H$/750 值则在偏差范围外，小于等于 $H$/750 值则在偏差范围内<br>2. 三角塔、四角塔测量上下两斜撑交叉点的螺帽是否与物镜十字丝竖丝重合，根据螺帽中心点的偏差得出垂直度偏差值 | 经纬仪、卷尺 | |
| | 法兰贴合率 | 不少于 80%抽检法兰贴合率≥75%（法兰式单管塔、三管塔检查此项）。法兰间隙不大于 3mm（用塞尺（0.02～1.00）对法兰的贴合率进行检查：法兰间隙不大于 0.3mm；塞尺转动不大于 90°；三管塔、四管塔抽测 5 对法兰；单管塔抽测 2 对法兰）法兰间隙超过 0.8mm 时应用垫片垫实，垫片应镀锌，垫入后其边缘应与法兰盘焊接，然后作现场防腐蚀处理 | 塞尺 | |
| | 塔脚包封 | 塔脚包封无破损，无地脚螺杆外露，整体美观，若未包封则检查防盗和防锈处理是否符合要求（检查塔脚上层螺母是否为防盗螺母，螺栓是否做防锈处理） | 目测（近距离） | |
| | 手孔人孔 | 塔身的手孔盖闭合完整，无缺失（单管塔检查此项） | 目测（近距离） | |
| 拉线塔（包含拉线桅杆塔、拉线塔、增高架） | 混凝土基础 | 塔基、拉锚点无松动、无开裂、无位移，地锚周边无沉降、滑移、无水土流失（地面）。工字钢底座无锈蚀（屋面） | 目测（近距离） | |
| | 混凝土回弹 | 测量基础混凝土回弹值（铁塔基础回弹测试：圆形基础每 90°划分一个区域，每个区域取样 16 个点；方形基础以每个侧面为一个区域，每个区域取样 16 个点。合格标准：C25 混凝土≥30MPa，C30 混凝土≥34MPa） | 回弹仪 | |

续表

| 验收项目 | 验收子项 | 规范标准 | 测试工具及方法 | 验收结果 |
|---|---|---|---|---|
| 拉线塔（包含拉线桅杆塔、拉线塔、增高架） | 塔身垂直度 | 测量垂直度，全塔≤*H*/750（垂直度测试方法同上单管塔的测量方法） | 经纬仪、卷尺 | |
| | 拉线地锚 | 拉线塔的拉线地锚埋设深度允许偏差±50mm，地锚出土点位置允许偏差±50mm。拉线水平投影间的夹角误差值应≤±5° | 钢尺、经纬仪 | |
| | 桅杆拉线拉点 | 屋面桅杆拉线的拉点做法应满足设计要求，并应与结构构件可靠连接 | 审图、现场检查 | |
| | 塔身拉线 | 拉线无断股、锈蚀；四方受力均匀；拉线与拉线棒呈一直线（同一锚点挂两层拉线除外）；拉线固定环和拉线金具完好无锈蚀现象；拉线护套、警示套管完好（按需） | 目测（近距离） | |
| | 拉线初应力 | 桅杆拉线的初应力应符合工程设计要求，其误差值应≤±10%，同一层拉索的预应力宜同时施加 | 现场检查 | |
| | 塔桅拉线夹角 | 拉线与地平面的水平夹角小于65° | 坡度尺 | |
| 铁塔防雷 | | 接地体材料规格符合工程设计文件要求。防雷接地焊接：搭接处为满焊，焊接接头部位需做防腐处理，扁钢与扁钢搭接为扁钢宽度的2倍，不少于三面施焊；圆钢与扁钢的搭接为圆钢直径的10倍，双面施焊；且搭接长度不小于10cm（规格：L50mm×5mm热镀锌角钢、40mm×4mm热镀锌扁铁，具体数量以工程设计文件为准） | 卷尺、超声波测厚仪 | |
| 铁塔接地 | | 符合本书5.2.3和工程设计文件要求 | 接地电阻测试仪 | |
| 新增荷载查验 | | 新增天线荷载不应超出铁塔承载极限，楼面新增机柜、电池荷载不应超出楼面承载极限 | 审图、现场检查 | |
| 验收结论： | | | | |
| 验收人： | | | | |
| 验收时间： | | | | |

**表A.2　　楼顶抱杆随工验收检查记录表**

| 验收项目 | 验收子项 | 规范标准 | 测试工具及方法 | 验收结果 |
|---|---|---|---|---|
| 材料选用 | 塔身材料 | 抱杆结构采用的钢材应符合工程设计要求，应有抗拉强度、伸长率、屈服强度和硫、磷含量的合格证明，焊接结构应有碳含量的合格证明。所有材料均应符合质检要求，应有书面鉴定。焊接结构以及重要的非焊接承重结构采用的钢材还应有冷弯试验的合格证明 | 现场检查<br>（合格证明或书面鉴定） | |
| | | 抱杆的钢材宜采用Q235普通碳素结构钢、Q345低合金结构钢、20号优质碳素结构钢，有条件也可采用Q390钢或钢材强度等级更高的结构钢，其质量标准符合现行国家标准。施工中如采用进口钢材或代用材料时，应提供该材料的机械性能及化学成分，并进行抽样检查，经设计同意后方可采用。杆身及支撑均采用热轧无缝钢管，且不允许拼接 | 现场检查<br>（合格证明或书面鉴定）<br>钢尺和游标卡尺 | |
| | 连接材料 | 抱杆结构的焊接宜采用手工电弧焊，选用的焊条应符合GB/T 5117—2012《非合金钢及细晶粒钢焊条》或GB/T 5118—2012《热强钢焊条》，焊条型号应与构件钢材的强度相适应：对于Q235钢，宜选用E43型焊条；对于Q345钢，宜选用E50型焊条；对于不同强度钢材的连接焊缝，可采用与低强度钢材相适应的焊条。采用自动焊接或半自动焊接时，焊丝和相应的焊剂应与主体金属强度相适应，不同强度的钢材相焊接时，可按强度较低钢材选用焊接材料。焊丝应符合GB/T 14957—1994《熔化焊用钢丝》的规定 | 现场检查<br>（质量合格证明文件、中文标志及检验报告） | |

续表

| 验收项目 | 验收子项 | 规范标准 | 测试工具及方法 | 验收结果 |
|---|---|---|---|---|
| 材料选用 | 连接材料 | 采用法兰连接时宜选用高强度材料的普通螺栓或高强度螺栓，并应符合现行国家标准。螺栓、螺母机械性能应符合 GB/T 3098.1—2010《紧固件机械性能螺栓、螺钉和螺栓》及 GB/T 3098.2—2015《紧固件机械性能　螺母》的规定。4.8 级螺栓质量标准应符合 GB/T 5780—2016《六角头螺栓 C 级》及 GB/T 41—2016《Ⅰ型六角螺母 C 级》的规定；6.8 级、8.8 级、10.9 级螺栓质量标准应符合 GB/T 5782—2016《六角头螺栓》及 GB/T 6170—2016《Ⅰ型六角螺母》的规定 | 现场检查<br>（质量合格证明文件、中文标志及检验报告） | |
| 构造与工艺技术要求 | 制作要求 | 抱杆结构的制作应符合设计要求和现行标准规范 | 现场检查（设计文件） | |
| | | 构件制造应符合 GB 50205—2001《钢结构工程施工质量验收规范》、YD/T 5132—2005《移动通信工程钢塔桅结构验收规范》有关规定 | 现场检查（质量合格证明） | |
| | 镀锌防腐要求 | 铁塔构件均应热镀锌、防腐处理 | 观察检查 | |
| | | 铁塔的镀层应均匀并达到规范厚度，不起泡、不翘皮、无返锈现象 | 观察检查 | |
| | | 镀锌附着量和锌层厚度：镀件厚度小于 5mm 时，锌附着量应不低于 460g/m$^2$，即锌层厚度应不低于 65μm。镀件厚度大于或等于 5mm 时，锌附着量应不低于 610g/m$^2$，即锌层厚度应不低于 86μm | 磁性法抽检 | |
| | | 均匀性：镀件的锌层应均匀，用硫酸铜浸蚀 4 次不露铁 | 观察检查 | |
| | | 附着性：镀锌的锌层应与基本金属结合牢固，经锤击试验，锌层不剥离、不凸起或按 GB 2694—2018《输电线路铁塔制造技术条件》测定 | 观察检查 | |
| | | 严格控制浸锌过程的构件热变形，每根构件的长度伸缩量≤$L$/5000，弯曲变形≤$L$/1500（$L$ 为构件长度） | 观察检查和钢尺测量 | |
| | 焊接要求 | 焊缝表面不得有裂纹、焊瘤等缺陷。一级、二级焊缝不得有表面气孔、夹渣、弧坑裂纹、电弧擦伤等缺陷。且一级焊缝不得有咬边、未焊满、根部收缩等缺陷 | 观察检查或使用放大镜、焊缝量规和钢尺，或渗透或磁粉探伤 | |
| | | 二级、三级焊缝外观质量标准应符合 GB 50205—2001《钢结构工程施工质量验收规范》的规定。三级对接焊缝应按二级焊缝标准进行外观质量检验 | 观察检查或使用放大镜、焊缝量规和钢尺 | |
| | | 焊缝尺寸允许偏差应符合 GB 50205 的规定 | 焊缝量规 | |
| | | 焊缝感观应达到：外观均匀、成型较好，焊道与焊道、焊道与基本金属间过渡较平滑，焊渣和飞溅物基本清除干净 | 观察检查 | |
| | 安装要求 | 抱杆结构的安装应符合设计要求和现行标准规范 | 现场检查（设计文件） | |
| | | 安装焊缝的质量标准应符合设计要求。所有现场焊缝须按 3 级焊缝进行检查 | 观察检查或使用放大镜、焊缝量规和钢尺 | |
| | | 露出基础顶面的螺栓在钢结构安装前应涂防腐材料，并妥善保护，防止钢筋锈蚀与损伤 | 观察检查 | |
| | | 柱底角板（法兰）与基础之间的空隙（为调整塔柱底板水平高差而预留之空隙），在主要荷载加载之前应用细石混凝土浇筑密实 | 观察检查和小锤敲击 | |
| | | 天线支架杆件不应弯曲变形 | 观察检查 | |

续表

| 验收项目 | 验收子项 | 规范标准 | 测试工具及方法 | 验收结果 |
|---|---|---|---|---|
| 构造与工艺技术要求 | 安装要求 | 连接螺栓应符合下列要求：<br>1. 与基础连接的构件应上双螺母；<br>2. 连接螺栓穿向应一致；<br>3. 螺母拧紧后螺栓外露丝扣应不小于 2 扣；<br>4. 抱杆应使用双帽螺栓，螺栓紧固后，螺栓丝扣外露不得小于 3～5 扣。螺栓紧固应符合设计要求，螺栓的紧固率达到 100%，螺栓应由下往上、由里往外穿 | 观察检查、螺栓实物复验报告、小锤敲击检查或扳手检查 | |
| | 工艺与接地要求 | 抱杆采用四方支撑时水平面内支撑大致成 90°角，抱杆采用两方支撑时水平面内支撑大致成 90°角 | 观察检查 | |
| | | 抱杆结构应有防雷与接地设施。抱杆可设置一根 4mm×40mm 扁钢，上端与避雷针相连，下端与接地系统或所在房屋接地系统连通。接地电阻需满足通信基站接地要求 | 观察检查 | |
| 验收结论： | | | | |
| 验收人： | | | | |
| 验收时间： | | | | |

**表 A.3　　线缆走线架或槽道工程验收检查记录表**

| 验收项目 | 验收子项 | 规范标准 | 测试工具及方法 | 验收结果 |
|---|---|---|---|---|
| 线缆走线架（槽道） | 规格型号 | 符合 Q/GDW 10759—2018《电力系统通信站安装工艺规范》相关要求和工程设计文件要求 | 审图、现场检查 | |
| | 安装位置与高度 | 符合工程设计文件要求。线缆走线架（槽道）扁钢平直，无明显扭曲或歪斜。组装好的线缆走线架（槽道）应平直，各横铁规格一致 | 审图、目测 | |
| | 水平度和垂直度 | 沿墙水平线缆走线架（槽道）应与地面平行，沿墙垂直线缆走线架（槽道）应与地面垂直。与墙壁或机列水平偏差不应大于 2.0‰ | 审图、目测、钢尺 | |
| | 端点固定和支撑 | 符合 Q/GDW 10759—2018《电力系统通信站安装工艺规范》相关要求和工程设计文件要求 | 审图、目测 | |
| | 电气连接 | 所有走线架（槽道）应连接在一起且有效接地 | 现场检查 | |
| | 接地 | 线缆走线架（槽道）应有可靠接地。室外走线架（槽道）始末两端均应作接地连接，在机房进线口处的接地应单独引接地线至地网 | 现场检查 | |
| 验收结论： | | | | |
| 验收人： | | | | |
| 验收时间： | | | | |

**表 A.4　　室内设备随工验收检查记录表**

| 验收项目 | 验收子项 | 规范标准 | 测试工具及方法 | 验收结果 |
|---|---|---|---|---|
| 室内设备 | 安装位置 | 设备安装应端正牢固，用吊垂测量，垂直偏差不应大于 3mm | 审图、钢尺、吊垂 | |
| | 抗震加固 | 符合本书 5.2.4 和工程设计文件要求 | 现场检查 | |
| | 齐整度 | 同一列设备正面面板应朝向一致且成一直线，误差应不大于 5mm。设备机架门应开、关自如，相邻设备机架间缝隙应不大于 3mm | 审图、钢尺 | |

续表

| 验收项目 | 验收子项 | 规范标准 | 测试工具及方法 | 验收结果 |
| --- | --- | --- | --- | --- |
| 室内设备 | 进线方向 | 符合本书 5.2.4 和工程设计文件要求 | 现场检查 | |
| | 接口防水 | 符合本书 5.2.4 和工程设计文件要求 | 现场检查 | |
| | 接地路由及电阻 | 符合现行国家标准 GB 51120—2015《通信局（站）防雷与接地工程验收规范》以及 DL/T 548—2012《电力系统通信站过电压防护规程》要求 | 现场检查 | |
| | 维护空间预留 | 设备前面板空间应大于 800mm。设备与机房内其他设备间应预留出用于扩容的设备空间 | 审图、目测 | |
| | 壁挂紧固方式 | 墙面安装面积应不小于 600mm×600mm，设备底部与室内其他壁挂设备底部距地面高度宜保持一致，上端不超过 1.8m | 现场检查 | |
| | 防静电措施 | 符合本书 5.2.4 和工程设计文件要求 | 现场检查 | |
| | 标识标牌 | 符合本书 5.2.4 和工程设计文件要求 | 审图、目测 | |
| | 设备外表面 | 机架上各种零件不得脱落或碰坏，机架和设备油漆完好 | 目测 | |
| 验收结论： | | | | |
| 验收人： | | | | |
| 验收时间： | | | | |

**表 A.5　　室外设备随工验收检查记录表**

| 验收项目 | 验收子项 | 规范标准 | 测试工具及方法 | 验收结果 |
| --- | --- | --- | --- | --- |
| 室外设备 | 安装位置 | 设备安装应端正牢固，用吊垂测量，垂直偏差不应大于 1.0‰ 或 3mm | 审图、钢尺、吊垂 | |
| | 安装基础 | 设备下沿距室外楼面最小距离宜大于 500mm，便于施工维护并防止雪埋或雨水浸泡 | 审图、钢尺 | |
| | 进线方向 | 符合本书 5.2.5 和工程设计文件要求 | 现场检查 | |
| | 接口防水 | 符合本书 5.2.5 和工程设计文件要求 | 现场检查 | |
| | 接地路由及电阻 | 符合现行国家标准 GB 51120—2015《通信局（站）防雷与接地工程验收规范》以及 DL/T 548—2012《电力系统通信站过电压防护规程要求 | 现场检查 | |
| | 维护空间预留 | 设备前面板空间应大于 800mm | 审图、目测 | |
| | 壁挂紧固方式 | 符合本书 5.2.5 和工程设计文件要求 | 现场检查 | |
| | 防静电措施 | 符合本书 5.2.5 和工程设计文件要求 | 现场检查 | |
| | 标识标牌 | 符合本书 5.2.5 和工程设计文件要求 | 审图、目测 | |
| | 塔上承重核算 | 承重核算报告 | 报告审查 | |
| | 设备外表面 | 机架上各种零件不得脱落或碰坏，机架和设备油漆完好 | 审图、目测 | |
| 验收结论： | | | | |
| 验收人： | | | | |
| 验收时间： | | | | |

表 A.6　　天馈线系统随工验收检查记录表

| 验收项目 | 验收子项 | 规范标准 | 测试工具及方法 | 验收结果 |
|---|---|---|---|---|
| 天线 | 规格型号 | 符合本书 5.2.6 和工程设计文件要求 | 审图、现场检查 | |
| | 安装位置 | 定向天线离塔体距离宜不小于 0.5m。天线安装支架顶部应低于抱杆顶端 0.2m，天线安装支架底部应高于抱杆底端 0.2m。天线安装在楼顶围墙内侧抱杆时，天线底部应高出围墙顶部最高部分，距离应大于 0.5m | 审图、钢尺 | |
| | | 全向天线离塔体距离应不小于 1.2m。全向天线护套顶端应与支架齐平或略高出支架顶部。全向天线与避雷针不在同一抱杆上安装时，它们之间的水平间距应不小于 2.5m。全向天线在屋顶上安装时尽量避免产生盲区 | | |
| | 加固方式 | 符合本书 5.2.6 和工程设计文件要求 | 现场检查 | |
| | 接口密封 | 符合本书 5.2.6 和工程设计文件要求 | 现场检查 | |
| | 防雷接地 | 所有室外天线都应在避雷针的±45° 保护角之内 | | |
| | 方位角 | 定向天线方位角允许偏差为±5°内 | 审图、罗盘 | |
| | 机械下倾角 | 定向天线下倾角允许偏差为±1°内 | 审图、坡度仪 | |
| | | 全向天线应保持垂直，误差应小于±2° | | |
| | 内置电下倾角 | 符合本书 5.2.6 和工程设计文件要求 | 厂家调测设备 | |
| | 标识标牌 | 符合本书 5.2.6 和工程设计文件要求 | 审图、目测 | |
| GPS 天线 | 安装位置 | GPS 天线应垂直安装在较空旷位置，与周围尺寸大于 200mm 的金属物体的水平距离不宜小于 1500mm。GPS 天线不应是本区域内至高点。落地塔基站宜将 GPS 接收天线安装在机房建筑物屋顶上 | 目测 | |
| | | GPS 应与铁塔南向的一角保持至少 1m 的距离 | | |
| | 垂直度 | GPS 天线安装垂直度各向偏差不得超过 1° | 目测 | |
| | 上空净空 | 上方 90°范围内（至少南向 45°）应无建筑物遮挡，或在仰角 10°以上区域的遮挡不超过 25% | 目测 | |
| | 防雷接地 | 所有室外天线都应在避雷针的±45°保护角之内，抱杆应与接地线焊接以使整个抱杆处于接地状态 | 目测 | |
| | 接收性能 | GPS 应与至少 4 颗卫星保持直线无遮挡连接 | GPS 测试仪 | |
| 馈线 | 标识标牌 | 符合本书 5.2.6 和工程设计文件要求 | 审图、目测 | |
| | 规格型号 | 符合本书 5.2.6 和工程设计文件要求 | 审图、现场检查 | |
| | 路由走向 | 馈线布放整齐，由塔而下尽量平直，路由符合工程设计文件要求。馈线无明显的折、拧、扭绞、破损现象，应绑扎整齐、平直，弯曲度一致 | 审图、目测 | |
| | 弯曲半径 | 馈线拐弯应圆滑均匀，硬质馈线最小弯曲半径应不小于馈线外径的 20 倍。软馈线最小弯曲半径应不小于馈线外径的 10 倍，不得重复弯曲 | 审图、现场检查 | |
| | 接头防水 | 所有馈线接头按“1 层胶布+3 层胶泥+3 层胶布”方式进行密封，并在胶带收口部位用扎带扎紧。射频线接头 300mm 以内，线缆不应有折弯 | 审图、现场检查 | |
| | 接地方式 | 每间隔不大于 0.9m，用馈线卡子将馈线固定牢靠，馈线拐弯处两端固定 | 审图、现场检查 | |
| | 绑扎方式位置 | 馈线卡安装牢固，间距相同且不大于 0.9m。室外接天线的跳线应沿铁塔支架横杆或抱杆可靠固定 | 审图、目测 | |

续表

| 验收项目 | 验收子项 | 规范标准 | 测试工具及方法 | 验收结果 |
|---|---|---|---|---|
| 馈线 | 防水弯 | 馈线进入机房前应有防水弯，防水弯最低处应低于馈线窗下沿 | 审图、目测 | |
| | 防火封堵 | 馈线进入机房处应填充防火堵料妥善封堵 | 审图、目测 | |
| | 驻波比 | 天馈线系统驻波比要求小于 1.5 | 驻波比测试仪 | |
| | 标识标牌 | 符合本书 5.2.6 和工程设计文件要求 | 审图、目测 | |
| 验收结论： | | | | |
| 验收人： | | | | |
| 验收时间： | | | | |

**表 A.7　　线缆布放随工验收检查记录表**

| 验收项目 | 验收子项 | 规范标准 | 测试工具及方法 | 验收结果 |
|---|---|---|---|---|
| 线缆布放 | 三线分开 | 强电、弱电、信号应分开走线，三线间隔距离不少于 20cm | 目测、钢尺 | |
| | 路由走向 | 线缆应顺直、整齐，按顺序下线 | 现场检查 | |
| | 电源线缆布放 | 使用有外屏蔽层的电缆为基站室外单元供电时，应在电缆两端就近接地，当电缆长度大于 60m 时，应增加一处接地，接地点宜在电缆中部。使用非屏蔽电缆时，应在电缆两端安装防雷保护装置 | 现场检查 | |
| | 电缆弯曲半径 | 电缆弯曲半径宜≥60～120mm；铠装电缆大于 12 倍外径；塑包软电力电缆大于 6 倍半径 | 现场检查 | |
| | 电源线连接 | 机架和电源之间电缆正负极应连接正确 | 现场检查 | |
| | 配套光缆布放 | 配套光缆没有铠甲时，可加装 PVC 套管保护。光缆应使用光缆固定卡具固定在线缆走线架上，水平走线时固定间隔为 300mm，垂直走线时固定间隔为 400mm，光缆垂直部分过长时应考虑缩短固定间隔 | 现场检查 | |
| | 引入线缆 | 光、电缆在进入通信站时，应采用沟（管）道方式，经 2 条及以上不同路由引入。架空线路进入通信站的终端杆宜立在距通信楼外墙 10m 以外，并避开厂站大门正面 | 现场检查 | |
| | | 通信站的引入光缆的余缆应放入余缆箱（架）。不设余缆箱（架）时应将余缆移至站外终端杆上，机房侧余缆盘应留在防静电地板下 | | |
| | | 进入通信站的通信线缆应与通信站内原有线缆走向、排列和施工工艺一致，保持整齐 | | |
| | | 线缆穿过楼板孔或墙洞应加装子管保护，在电缆沟内部穿阻燃子管保护，并分段固定在支架上。保护管外径不应小于 35mm，并应做好封堵和防小动物措施 | | |
| | 屏内走线 | 进入屏内电缆的外层护套宜在进屏后 150～300mm 的高度统一剥去，所有缆线应从屏两侧走，所有细线缆应捆扎成普通电缆粗细的小把，然后与其他电缆排列成纵向（从前后看）的直线队列 | 现场检查 | |
| | | 所有缆线在水平、垂直走线过程中，均应与周围的线缆排列整齐、成排，每排缆线在同一平面或纵面，线线或缆缆之间应平行靠紧，无交叉缠绕。线缆较多，一排不能排下时，可分多层排列。排列成排的线缆的固定扎线应有均匀间隔：垂直方向间隔 200～300mm，屏内线缆水平方向间隔 100mm，终端线把间隔 50mm。每处扎结用的材料，扎结的位置、方向和式样应一致 | | |
| | | 所有连接线均应采用规范的线缆，不应使用护套线、裸露线 | | |

续表

| 验收项目 | 验收子项 | 规范标准 | 测试工具及方法 | 验收结果 |
|---|---|---|---|---|
| 线缆布放 | 机房内走线 | 强、弱电电缆应分开布放，弱电电缆宜分类布放 | 现场检查 | |
| | | 机房内尾纤应穿保护子管 | | |
| | | 所有线缆在室内走线应绑扎。线缆水平方向间隔 500mm，终端线把间隔 50mm。每处扎结用的材料，扎结的位置、方向和式样应一致。绑扎后的线缆应互相紧密靠拢，外观平直整齐。线扣间距均匀，松紧适度。用麻线扎线时应浸蜡 | | |
| | | 在活动地板下布放的线缆，应注意顺直不凌乱，尽量避免交叉，并且不应堵住送风通道 | | |
| | | 馈线安装符合现行行业标准 YD/T 5141—2015《SDH 数字微波设备安装工程验收规范》 | | |
| | 端头处理 | 接线端子处的裸线及铜鼻柄需加热缩套管，不得露铜 | 目测 | |
| | 接地方式 | 机架、走线架应接地，线缆颜色应为黄绿线。使用有外屏蔽层的电缆为基站室外单元供电时，应在电缆两端就近接地，当电缆长度大于 60m 时，应增加一处接地，接地点宜在电缆中部。使用非屏蔽电缆时，应在电缆两端安装防雷保护装置 | 审图、目测 | |
| | 绑扎质量 | 扎带绑扎整齐，线扣间距 10cm，松紧适度，收口朝向一致，扎带扎好后应将多余部分齐根平滑剪齐，剪切处不得带有尖刺，线缆在电缆走道的每一根横铁上均应绑扎，绑扎线扣松紧适度，绑扣一致，打结在隐蔽处 | 现场检查 | |
| | 连接质量 | 线缆剖头不伤及芯线，剖头长度一致，在剖头处套上合适的套管或缠上胶布，其长度和颜色一致，露铜小于 2mm；$10mm^2$ 以下单芯线可用打接头圈连接，$10mm^2$ 以上线缆用合适的线鼻子连接，电源线及地线应采用整段的线料，不得由两段以上线缆连接而成 | 现场检查 | |
| | 标识标牌 | 符合本书 5.2.7 和工程设计文件要求 | 审图、目测 | |
| 验收结论： | | | | |
| 验收人： | | | | |
| 验收时间： | | | | |

**表 A.8　　防雷接地系统随工验收检查记录表**

| 验收项目 | 验收子项 | 规范标准 | 测试工具及方法 | 验收结果 |
|---|---|---|---|---|
| 防雷接地 | 接地方式 | 新建通信站采用联合接地，站内应采取等电位连接、馈线接地分流、雷电过压保护和直击雷防护等 | 现场检查 | |
| | 接地引入线 | 机房接地引入线应为 40mm×4mm 热镀锌扁钢或 $95mm^2$ 多股铜线 | 现场检查 | |
| | 避雷针设置 | 基站室外单元和天线等设备均应在建筑物避雷针或其他避雷保护装置的 45°保护范围之内且天线上沿距避雷针顶点应不小于 1m 的距离 | 现场检查 | |
| | 变电站内塔桅防雷 | 塔桅、塔桅地网与机房地网应作两点以上的可靠焊接，所有焊点均应作好防锈处理。连接点之间间距应大于 5m，采用规格不小于 40mm×4mm 的镀锌扁钢，长度不得小于 15m | 现场检查 | |
| | | 水平接地体埋设时，两接地体间的水平距离不应小于 5m，接地体敷设应平直。遇倾斜地形宜沿等高线埋设 | | |
| | | 垂直接地体的间距应大于其长度的 2 倍，且不应小于 5m。垂直接地体安装结束后应在上端敲击部位进行防腐处理 | | |

续表

| 验收项目 | 验收子项 | 规范标准 | 测试工具及方法 | 验收结果 |
| --- | --- | --- | --- | --- |
| 防雷接地 | 变电站内塔桅防雷 | 塔桅避雷针应正直，有变形或弯曲应校直后方可安装。避雷针应安装牢固、端正，允许垂直偏差应不大于避雷针高度的5‰ | 现场检查 | |
| | | 避雷针或与避雷针有电气连接的金属抱杆，应采用直径不小于 $95mm^2$ 的多股铜导线或 40mm×4mm 的镀锌扁钢可靠接地，镀锌扁钢接地时，焊接长度宜不小于 100mm，以确保搭接电阻小于 0.1Ω | | |
| | | 应符合 DL/T 548—2012《电力系统通信站过电压防护规程》相关要求和工程设计文件要求 | | |
| 验收结论： | | | | |
| 验收人： | | | | |
| 验收时间： | | | | |

**表 A.9　基站设备配置检查验收表**

| 验收项目 | 验收内容 | 验收结果 | 备注 |
| --- | --- | --- | --- |
| 基站配置 | 告警检查 | □通过　□未通过 | 驻波比告警、功率告警、GNSS 告警等 |
| | 天线产品 | □通过　□未通过 | 型号、厂家等 |
| | 天线工程参数 | □通过　□未通过 | 天线方位角、电子下倾角、机械下倾角等 |
| | 天馈线系统连接 | □通过　□未通过 | |
| | 无线系统参数配置 | □通过　□未通过 | 频配置、时隙配置、PCI 配置、不同业务空口时频域资源配置 |
| | 系统时间同步 | □通过　□未通过 | 系统时间同步 |
| | 异系统影响检测 | □通过　□未通过 | |
| 验收结论： | | | |
| 验收人： | | | |
| 验收时间： | | | |

**表 A.10　基站设备验收测试表**

| 验收项目 | 验收内容 | | 验收结果 | 备注 |
| --- | --- | --- | --- | --- |
| 基站硬件设备验收 | 电源测试 | | □通过　□未通过 | 测量值、告警功能符合要求 |
| | 硬件功能测试 | | □通过　□未通过 | 包括 BBU 和 RRU 或一体化基站 |
| | 时频域资源分配隔离测试 | | □通过　□未通过 | 通过灵活调整物理资源分配实现业务大区逻辑隔离 |
| | 倒换和再启动测试 | | □通过　□未通过 | 系统掉电重启动、单板再启动、主控板主备倒换功能正常 |
| | 传输中断测试 | | □通过　□未通过 | GE 光口传输中断能够正常恢复 |
| 基站设备性能验收 | 全网覆盖测试 | | □通过　□未通过 | |
| | 单小区性能测试 | 小区平均吞吐量 | □通过　□未通过 | 符合 Q/GDW 11803《电力无线专网通用要求》要求 |
| | | 小区边缘吞吐量 | □通过　□未通过 | |
| | | 用户多点吞吐量 | □通过　□未通过 | 包括近、中、远点用户吞吐量测试 |

续表

| 验收项目 | 验收内容 | | 验收结果 | 备注 |
|---|---|---|---|---|
| 基站设备性能验收 | 单小区性能测试 | 单用户峰值吞吐量 | □通过　□未通过 | 不同带宽下峰值吞吐量不同，参见基站设备技术规范 |
| | | 单用户 Ping 包时延 | □通过　□未通过 | 单用户 Ping 包时延不大于 100ms |
| | | 网络时延（加入时延、控制面时延及切换时延） | □通过　□未通过 | 符合 Q/GDW 11803《电力无线专网通用要求》要求 |
| | 网络质量测试 | 连接建立成功率和连接建立时延测试 | □通过　□未通过 | |
| | | 终端掉线率测试 | □通过　□未通过 | |
| | | 切换成功率测试以及切换时延测试 | □通过　□未通过 | |
| | 电力业务测试 | 适配性测试 | □通过　□未通过 | |
| | | 小区边缘速率及业务测试 | □通过　□未通过 | |
| | | 业务 QoS 及业务抢占测试 | □通过　□未通过 | |
| | | 业务隔离测试 | □通过　□未通过 | |
| 验收结论： | | | | |
| 验收人： | | | | |
| 验收时间： | | | | |

**表 A.11　　核心网设备验收测试表**

| 验收项目 | 验收内容 | 验收结果 | 备注 |
|---|---|---|---|
| 核心网功能验收 | 接入控制功能 | □通过　□未通过 | |
| | 移动性管理功能 | □通过　□未通过 | |
| | 会话管理功能 | □通过　□未通过 | |
| | 网元选择功能 | □通过　□未通过 | |
| | 路由选择和数据转发功能 | □通过　□未通过 | |
| | QoS 功能 | □通过　□未通过 | |
| | IP 地址分配 | □通过　□未通过 | |
| | 用户数据存储管理 | □通过　□未通过 | |
| | 用户鉴权及授权 | □通过　□未通过 | |
| | 网元/板卡级业务隔离 | □通过　□未通过 | |
| | 网络安全设备 | □通过　□未通过 | |
| 验收结论： | | | |
| 验收人： | | | |
| 验收时间： | | | |

**表 A.12　　网络管理系统验收测试表**

| 验收项目 | 验收内容 | | 验收结果 | 备注 |
|---|---|---|---|---|
| 网管功能 | 用户接口 | 图形界面 | □通过　□未通过 | |
| | | 命令行接口 | □通过　□未通过 | |
| | 安全管理 | 权限管理 | □通过　□未通过 | |
| | | 数据安全 | □通过　□未通过 | |
| | 维护管理 | 设备维护 | □通过　□未通过 | |
| | | 状态查询 | □通过　□未通过 | |
| | 配置管理 | 数据配置 | □通过　□未通过 | |
| | | 配置查询 | □通过　□未通过 | |
| | | 软件管理 | □通过　□未通过 | |
| | 性能管理 | 系统的测量和统计 | □通过　□未通过 | |
| | | 服务质量指标项 | □通过　□未通过 | |
| | 故障管理 | 告警收集 | □通过　□未通过 | |
| | | 告警保存 | □通过　□未通过 | |
| | | 告警查询 | □通过　□未通过 | |
| | | 告警屏蔽 | □通过　□未通过 | |
| | | 告警处理 | □通过　□未通过 | |
| | 日志管理 | 日志记录、日志查询功能 | □通过　□未通过 | |
| 验收结论： | | | | |
| 验收人： | | | | |
| 验收时间： | | | | |

**表 A.13　　无线专网试运行阶段指标要求表**

| KPI 指标集 | | 无线专网指标要求 | | | 验收结果 | 备注 |
|---|---|---|---|---|---|---|
| | | 网管 | 单站验证 | 簇优化 | | |
| 规划建设类指标 | 规划基站入网率 | 100% | — | — | □通过　□未通过 | |
| | 规划通信终端入网率 | 100% | — | — | □通过　□未通过 | |
| 覆盖类指标 | 信号覆盖度 | MR 平台查询 | — | A+、A 类供电区域不低于 95%，B 类、C 类、D 类区域不低于 90% | □通过　□未通过 | |
| | 速度覆盖度 | — | — | A+、A 类供电区域不低于 95%，B 类、C 类、D 类区域不低于 90% | □通过　□未通过 | |
| | 重叠覆盖问题点率 | — | — | ≤10% | □通过　□未通过 | |
| 呼叫建立类指标 | RRC 建立连接成功率 | ≥98.5% | — | — | □通过　□未通过 | |
| | E-RAB 建立连接成功率 | ≥99.0% | — | — | □通过　□未通过 | |

续表

<table>
<tr><th colspan="2" rowspan="2">KPI 指标集</th><th colspan="3">无线专网指标要求</th><th rowspan="2">验收结果</th><th rowspan="2">备注</th></tr>
<tr><th>网管</th><th>单站验证</th><th>簇优化</th></tr>
<tr><td>呼叫建立类指标</td><td>无线接通率</td><td>≥97.5%</td><td>每个小区连续拨测 10 次，失败次数为 0</td><td>—</td><td>□通过　□未通过</td><td></td></tr>
<tr><td rowspan="3">呼叫保持类指标</td><td>RRC 连接异常掉话率</td><td>≤2%</td><td>—</td><td>—</td><td>□通过　□未通过</td><td></td></tr>
<tr><td>E-RAB 掉话率</td><td>≤2%</td><td>—</td><td>—</td><td>□通过　□未通过</td><td></td></tr>
<tr><td>无线掉线率</td><td>—</td><td>每个小区连续拨测 10 次，每次保持 10s，掉线次数及时长为 0</td><td>—</td><td>□通过　□未通过</td><td></td></tr>
<tr><td rowspan="4">切换类指标</td><td rowspan="2">基站内切换成功率</td><td rowspan="2">≥98%</td><td rowspan="2">切换不少于 6 次（每个小区正反向各一次），失败次数为 0</td><td rowspan="2">—</td><td>□通过　□未通过</td><td></td></tr>
<tr><td>□通过　□未通过</td><td></td></tr>
<tr><td>基站间切换成功率</td><td>≥98%</td><td>—</td><td>—</td><td>□通过　□未通过</td><td></td></tr>
<tr><td>簇内切换成功率</td><td>—</td><td>—</td><td>≥95%</td><td>□通过　□未通过</td><td></td></tr>
</table>

# 参 考 文 献


[1] 刘振亚. 智能电网技术 [M]. 北京：中国电力出版社，2010.

[2] 赵子岩，张大伟. 国家电网公司“十二五”电力通信业务需求分析 [J]. 电力系统通信，2011，05：56－60.

[3] 曹津平，刘建明，李祥珍. 面向智能配用电网络的电力无线专网技术方案[J]. 电力系统自动化，2013，37（11）：76－80.

[4] 姚继明，郭经红，张浩，等. 基于功率优先级的电力LTE专网随机接入技术 [J]. 电力系统自动化，2016，40（10）：127－131. DOI：10.7500/AEPS20150820005.

[5] 曹津平，刘建明. 一种应用于电力无线专网的两级双门限本地频谱感知技术研究 [J]. 中国电机工程学报，2015，35（10）：2471－2479.

[6] 赵然. LTE关键技术原理及其应用探讨 [J]. 邮电设计技术，2012，02：21－26.

[7] 石际. 电力通信及其在智能电网中的应用 [J]. 数字技术与应用，2012，06：50－51.

[8] 李文伟，陈宝仁，吴谦，赖木波. TD－LTE 电力无线宽带专网技术应用研究 [J]. 电力系统通信，2012，11：82－87.

[9] 杨鹏，李波. LTE的关键技术及其标准演进 [J]. 电信网技术，2009，01：40－42.

[10] 陈昌川，廖晓锋，赵川斌. TD－LTE无线接入网介绍 [J]. 通信技术，2009，03：103－105.

[11] 张同须. LTE现状及未来发展综述 [J]. 电信工程技术与标准化，2010，11：1－6.

[12] 刘蕾，李思逸，王凤敏，何成峰. 浅谈电力通信技术在智能电网中的应用 [J]. 通讯世界，2014，02：75－76.

[13] 周建勇，陈宝仁，吴谦. 智能电网电力无线宽带专网建设若干关键问题探讨 [J]. 南方电网技术，2014，01：46－49.

[14] 李文宇，宋丽娜，何秀淼. LTE产业发展分析和展望 [J]. 电信科学，2014，03：6－11.

[15] 王勇，利韶聪，陈宝仁. 电力通信业务应用及发展分析 [J]. 电力系统通信，2010，11：44－47+52.

[16] 曹敏，蒲翰，周峰，罗俊. LTE业务发展现状及重点业务浅析 [J]. 电信科学，2013，02：13－18.

[17] 肖清华，毛卓华，凌文杰，张建国. TD－LTE容量能力综合分析 [J]. 邮电设计技术，2012，04：36－40.

[18] 李新. TD－LTE无线网络覆盖特性浅析 [J]. 电信科学，2009，01：43－47.

[19] 曲嘉杰，龙紫薇. TD－LTE容量特性及影响因素 [J]. 电信科学，2009，01：48－52.

[20] 莫宏波，朱新宁，果敢，魏然. LTE TDD与LTE FDD的关键过程差异分析 [J]. 电信科学，2010，02：74－79.

[21] 胡恒杰，朱强，孟繁丽，刘煜鹏. TD－LTE组网策略研究 [J]. 移动通信，2010，05：49－53.

[22] 蒋远等. TD－LTE原理与网络规划设计 [M]. 北京：人民邮电出版社，2012.

[23] 陈晓冬，熊尚坤，王庆扬. LTE小区间干扰抑制技术分析 [J]. 电信科学，2010，05：16－21.

[24] 房秉毅，张云勇. LTE/LTE－A技术及标准进展 [J]. 电信网技术，2010，05：25－28.

[25] 沈嘉. LTE－Advanced关键技术演进趋势 [J]. 移动通信，2008，16：20－25.

[26] 张长青. TD－LTE小区切换技术分析和建议 [J]. 移动通信，2013，02：45－52.

[27] 钱蔓藜，李永会，黄伊，周一青，石晶林，杨学志. LTE 系统自适应软频率复用技术研究［J］. 计算机研究与发展，2013，05：912－920.
[28] 毕奇，谢伟良，陈鹏. LTE 多天线技术发展趋势［J］. 电信科学，2014，10：1－7.
[29] 林斌，蔡丹森. TD－LTE 无线网络规划设计［J］. 硅谷，2011（8）：9－9.
[30] 季智红. 4G 无线网规划建设与优化［M］. 北京：人民邮电出版社，2018.
[31] 黄韬，张智江，刘韵洁. EPS 系统的 QoS 机制［J］. 中兴通讯技术，2008，14（06）：45－49.
[32] 王婧，李小文，万丹. SAE 系统中 QoS 体系及 EPS 承载的研究与分析［J］. 广东通信技术，2013，33（03）：25－28＋62.
[33] 苏源. TD－LTE 无线网络的设计方法分析［J］. 通讯世界，2016（10）：11－12.
[34] 王飞. TD－LTE 无线网络规划与仿真［J］. 中国新通信，2018，20（19）：8－9.
[35] 李屹，董和磊. 论数字地图精度对无线仿真的影响［J］. 中国新通信，2013，15（21）：125－126.
[36] 杨召绪，黄文高. 移动通信基站的防雷地网综合设计［J］. 广西气象，2006（S2）：20－22.
[37] 卢胜杰，卢胜敏. 变电站增加微波塔后的防雷措施［J］. 电力系统自动化，2000（01）：71－72.
[38] 沈清华，赵云，高扬明. 电力角钢塔的通信基站建设方法探讨［J］. 电信快报，2018（11）：43－45.
[39] 王学武，柏树春. 电力微波通信站的防雷保护［J］. 沈阳电力高等专科学校学报，2002（03）：30－31.
[40] 刘家芳. 电力微波通信站防雷技术［J］. 怀化学院学报（自然科学），2006（05）：26－28.
[41] 鲍敏铎. 几起微波站雷害事故原因分析［J］. 华东电力，1995（01）：14－18.
[42] 周配明. 微波通信站的接地和过电压保护［J］. 华中电力，1991（03）：8－11＋32.
[43] 郭希曾. 微波通信站的雷电保护及静电防护［J］. 西山科技，1995（01）：11－15＋23.
[44] 米贯杰，高丽华，孙一兵. 调度微波通信站的防雷措施［J］. 农村电气化，2004（02）：13－14.